Yogurt
low fat milk
low fat milk

베이직 영양학

Basic Nutrition

지구문화사
JIGU PUBLISHING Co.

머리말 PREFACE

오늘날 경제적 수준의 향상과 의료기술의 발달로 평균수명이 연장되면서 삶의 질을 높이는 일에 대한 중요성이 부각되고 있습니다. 이제 사람들은 단순한 수명의 연장보다는 건강한 삶의 영위를 소망하며, 이를 위해서는 생활환경의 개선과 더불어 올바른 식사지침으로 지혜로운 식생활에 대한 올바른 방향제시가 필요합니다.

평균수명 100세 시대를 앞두고 인체의 영양문제를 다루는 영양학 관련 분야의 중요성은 나날이 커지고 있습니다. 영양학은 더 이상 특정 연구자들의 한정된 학문이 아닌 식품, 조리, 의학, 보건, 미용 분야를 넘나드는 매우 중요하고 기초적인 학문으로 자리잡게 되었습니다.

이 책은 각 영양소별로 인체 내에서 소화 · 흡수되고 대사되는 과정이나 작용하고 배설되는 과정에 따라 구성하였으며, 건강에 유익한 영양소 급원식품의 중요성을 강조하여 기존 영양학 교재와 차별화되게 구성하였습니다. 또한 간결하지만 핵심내용을 놓치지 않도록 구성하였으며, 어려운 전문용어를 쉽게 이해할 수 있도록 〈check point〉 〈해설〉란을 두어 영양학 관련 입문자뿐만 아니라 일반인들에게도 바람직한 정보를 제공하고자 했습니다.

필자들은 영양학이라는 기존 틀에서 벗어나 새로운 각도로 영양학을 재조명하고자 이 책을 발간하였으나, 미흡한 점도 많을 것으로 생각됩니다. 앞으로 판을 거듭하면서 재검토하고 보완하여 보다 알차고 체계화된 영양학 교재로 꾸며 나갈 것을 다짐합니다.

끝으로 이 책의 출판을 위해서 애써주신 지구문화사 임직원 여러분께 감사드리며, 독자들의 애용과 선후배 전문가분들의 아낌없는 충고와 조언을 부탁드립니다.

무술년 새봄에

저자 일동

차례

Contents

Contents

Chapter 4 단백질

Chapter 5 에너지

Chapter 6 비타민

Chapter 7 무기질

Chapter 8 수분

Chapter 1
영양과 건강

Chapter 1
영양과 건강

1-1 영양학이란?

영양학이란 사람이 식품을 섭취하고 인체의 구성요소가 되는 식품 내 영양소를 이용하여 생명을 유지하고 성장하며 건강이 유지 또는 변화되어 가는 모든 과정에 대하여 연구하는 학문이다. 또한, 섭취한 식품의 종류와 영양가를 평가하고, 영양의 균형을 극대화할 수 있는 식품배합 및 식품개발에 대해 연구한다.

더 나아가 정상적인 성장 및 신체기능의 유지를 위해 인체가 식품 및 이에 함유된 영양소를 어떻게 이용하고 있는지, 그 과정을 연구할 뿐만 아니라 각 영양소의 체내 역할과 필요량 및 결핍증세 등에 대해 연구하는 학문이다. 즉, 인체와 영양소간의 상호작용에 대해 탐구를 통하여 인간의 환경과 인간행동 전반에 걸친 식문화에 영향을 미치는 요인들을 연구하는 응용과학이라고 할 수 있다.

1. 영양이란?

영양이란 사람이 음식물을 섭취한 후에 소화 · 흡수 과정을 통하여 영양소를 이용함으로써 건강을 유지하고, 노폐물은 체외로 배설하는 일련의 과정을 말한다. 인간은 생명과 건강을 유지하기 위해 여러 요소를 환경으로부터 제공받아야 하는데 대표적으로 물, 산소, 영양소 등이 이에 속한다. 따라서 '영양' 이란 인체에 필요한 에너지를 생성하고 체내에서 성장과 체조직 재생을 유지하여 궁극적으로 생명활동을 지속시키는 일련의 과정이다.

2020 한국인 영양소 섭취기준 - 에너지와 다량영양소

보건복지부, 2020

성별	연령	에너지(kcal/일)				탄수화물(g/일)				식이섬유(g/일)			
		필요추정량	권장섭취량	충분섭취량	상한섭취량	평균필요량	권장섭취량	충분섭취량	상한섭취량	평균필요량	권장섭취량	충분섭취량	상한섭취량
영아	0-5(개월)	500						60					
	6-11	600						90					
유아	1-2(세)	900				100	130					15	
	3-5	1,400				100	130					20	
남자	6-8(세)	1,700				100	130					25	
	9-11	2,000				100	130					25	
	12-14	2,500				100	130					30	
	15-18	2,700				100	130					30	
	19-29	2,600				100	130					30	
	30-49	2,500				100	130					30	
	50-64	2,200				100	130					30	
	65-74	2,000				100	130					25	
	75 이상	1,900				100	130					25	
여자	6-8(세)	1,500				100	130					20	
	9-11	1,800				100	130					25	
	12-14	2,000				100	130					25	
	15-18	2,000				100	130					25	
	19-29	2,000				100	130					20	
	30-49	1,900				100	130					20	
	50-64	1,700				100	130					20	
	65-74	1,600				100	130					20	
	75 이상	1,500				100	130					20	
임신부[1]		+0 +340 +450				+35	+45					+5	
수유부		+340				+60	+80					+5	

성별	연령	지방(g/일)				리놀레산(g/일)				알파-리놀렌산(g/일)				EPA+DHA(mg/일)			
		평균필요량	권장섭취량	충분섭취량	상한섭취량	평균필요량	권장섭취량	충분섭취량	상한섭취량	평균필요량	권장섭취량	충분섭취량	상한섭취량	평균필요량	권장섭취량	충분섭취량	상한섭취량
영아	0-5(개월)			25				5.0				0.6				200[2]	
	6-11			25				7.0				0.8				300[2]	
유아	1-2(세)							4.5				0.6					
	3-5							7.0				0.9					
남자	6-8(세)							9.0				1.1				200	
	9-11							9.5				1.3				220	
	12-14							12.0				1.5				230	
	15-18							14.0				1.7				230	
	19-29							13.0				1.6				210	
	30-49							11.5				1.4				400	
	50-64							9.0				1.4				500	
	65-74							7.0				1.2				310	
	75 이상							5.0				0.9				280	
여자	6-8(세)							7.0				0.8				200	
	9-11							9.0				1.1				150	
	12-14							9.0				1.2				210	
	15-18							10.0				1.1				100	
	19-29							10.0				1.2				150	
	30-49							8.5				1.2				260	
	50-64							7.0				1.2				240	
	65-74							4.5				1.0				150	
	75 이상							3.0				0.4				140	
임신부								+0				+0				+0	
수유부								+0				+0				+0	

1) 1,2,3 분기별 부가량

2) DHA

보건복지부, 202

성별	연령	단백질(g/일)				메티오닌(g/일)				류신(g/일)			
		평균 필요량	권장 섭취량	충분 섭취량	상한 섭취량	평균 필요량	권장 섭취량	충분 섭취량	상한 섭취량	평균 필요량	권장 섭취량	충분 섭취량	상한 섭취량
영아	0-5(개월)			10				0.4				1.0	
	6-11	12	15			0.3	0.4			0.6	0.8		
유아	1-2(세)	15	20			0.3	0.4			0.6	0.8		
	3-5	20	25			0.3	0.4			0.7	1.0		
남자	6-8(세)	30	35			0.5	0.6			1.1	1.3		
	9-11	40	50			0.7	0.8			1.5	1.9		
	12-14	50	60			1.0	1.2			2.2	2.7		
	15-18	55	65			1.2	1.4			2.6	3.2		
	19-29	50	65			1.0	1.4			2.4	3.1		
	30-49	50	65			1.1	1.3			2.4	3.1		
	50-64	50	60			1.1	1.3			2.3	2.8		
	65-74	50	60			1.0	1.3			2.2	2.8		
	75 이상	50	60			0.9	1.1			2.1	2.7		
여자	6-8(세)	30	35			0.5	0.6			1.0	1.3		
	9-11	40	45			0.6	0.7			1.5	1.8		
	12-14	45	55			0.8	1.0			1.9	2.4		
	15-18	45	55			0.8	1.1			2.0	2.4		
	19-29	45	55			0.8	1.0			2.0	2.5		
	30-49	40	50			0.8	1.0			1.9	2.4		
	50-64	40	50			0.8	1.1			1.9	2.3		
	65-74	40	50			0.7	0.9			1.8	2.2		
	75 이상	40	50			0.7	0.9			1.7	2.1		
임신부[1]		+12 +25	+15 +30			1.1	1.4			2.5	3.1		
수유부		+20	+25			1.1	1.5			2.8	3.5		

성별	연령	이소류신(g/일)				발린(g/일)				라이신(g/일)			
		평균 필요량	권장 섭취량	충분 섭취량	상한 섭취량	평균 필요량	권장 섭취량	충분 섭취량	상한 섭취량	평균 필요량	권장 섭취량	충분 섭취량	상한 섭취량
영아	0-5(개월)			0.6				0.6				0.7	
	6-11	0.3	0.4			0.3	0.5			0.6	0.8		
유아	1-2(세)	0.3	0.4			0.4	0.5			0.6	0.7		
	3-5	0.3	0.4			0.4	0.5			0.6	0.8		
남자	6-8(세)	0.5	0.6			0.6	0.7			1.0	1.2		
	9-11	0.7	0.8			0.9	1.1			1.4	1.8		
	12-14	1.0	1.2			1.2	1.6			2.1	2.5		
	15-18	1.2	1.4			1.5	1.8			2.3	2.9		
	19-29	1.0	1.4			1.4	1.7			2.5	3.1		
	30-49	1.1	1.4			1.4	1.7			2.4	3.1		
	50-64	1.1	1.3			1.3	1.6			2.3	2.9		
	65-74	1.0	1.3			1.3	1.6			2.2	2.9		
	75 이상	0.9	1.1			1.1	1.5			2.2	2.7		
여자	6-8(세)	0.5	0.6			0.6	0.7			0.9	1.3		
	9-11	0.6	0.7			0.9	1.1			1.3	1.6		
	12-14	0.8	1.0			1.2	1.4			1.8	2.2		
	15-18	0.8	1.1			1.2	1.4			1.8	2.2		
	19-29	0.8	1.1			1.1	1.3			2.1	2.6		
	30-49	0.8	1.0			1.0	1.4			2.0	2.5		
	50-64	0.8	1.1			1.1	1.3			1.9	2.4		
	65-74	0.7	0.9			0.9	1.3			1.8	2.3		
	75 이상	0.7	0.9			0.9	1.1			1.7	2.1		
임신부		1.1	1.4			1.4	1.7			2.3	2.9		
수유부		1.3	1.7			1.6	1.9			2.5	3.1		

[1] 2,3 분기별 부가량

2020 한국인 영양소 섭취기준 – 수용성비타민

보건복지부, 2020

성별	연령	비타민 C(mg/일) 평균필요량	권장섭취량	충분섭취량	상한섭취량	티아민(mg/일) 평균필요량	권장섭취량	충분섭취량	상한섭취량
영아	0-5(개월)			40				0.2	
	6-11			55				0.3	
유아	1-2(세)	30	40		340	0.4	0.4		
	3-5	35	45		510	0.4	0.5		
남자	6-8(세)	40	50		750	0.5	0.7		
	9-11	55	70		1,100	0.7	0.9		
	12-14	70	90		1,400	0.9	1.1		
	15-18	80	100		1,600	1.1	1.3		
	19-29	75	100		2,000	1.0	1.2		
	30-49	75	100		2,000	1.0	1.2		
	50-64	75	100		2,000	1.0	1.2		
	65-74	75	100		2,000	0.9	1.1		
	75 이상	75	100		2,000	0.9	1.1		
여자	6-8(세)	40	50		750	0.6	0.7		
	9-11	55	70		1,100	0.8	0.9		
	12-14	70	90		1,400	0.9	1.1		
	15-18	80	100		1,600	0.9	1.1		
	19-29	75	100		2,000	0.9	1.1		
	30-49	75	100		2,000	0.9	1.1		
	50-64	75	100		2,000	0.9	1.1		
	65-74	75	100		2,000	0.8	1.0		
	75 이상	75	100		2,000	0.7	0.8		
임신부		+10	+10		2,000	+0.4	+0.4		
수유부		+35	+40		2,000	+0.3	+0.4		

성별	연령	리보플라빈(mg/일) 평균필요량	권장섭취량	충분섭취량	상한섭취량	니아신(mg NE/일)[1] 평균필요량	권장섭취량	충분섭취량	상한섭취량 니코틴산/니코틴아미드
영아	0-5(개월)			0.3				2	
	6-11			0.4				3	
유아	1-2(세)	0.4	0.5			4	6		10/180
	3-5	0.5	0.6			5	7		10/250
남자	6-8(세)	0.7	0.9			7	9		15/350
	9-11	0.9	1.1			9	11		20/500
	12-14	1.2	1.5			11	15		25/700
	15-18	1.4	1.7			13	17		30/800
	19-29	1.3	1.5			12	16		35/1000
	30-49	1.3	1.5			12	16		35/1000
	50-64	1.3	1.5			12	16		35/1000
	65-74	1.2	1.4			11	14		35/1000
	75 이상	1.1	1.3			10	13		35/1000
여자	6-8(세)	0.6	0.8			7	9		15/350
	9-11	0.8	1.0			9	12		20/500
	12-14	1.0	1.2			11	15		25/700
	15-18	1.0	1.2			11	14		30/800
	19-29	1.0	1.2			11	14		35/1000
	30-49	1.0	1.2			11	14		35/1000
	50-64	1.0	1.2			11	14		35/1000
	65-74	0.9	1.1			10	13		35/1000
	75 이상	0.8	1.0			9	12		35/1000
임신부		+0.3	+0.4			+3	+4		35/1000
수유부		+0.4	+0.5			+2	+3		35/1000

1) 1 mg NE(니아신 당량)=1 mg 니아신=60 mg 트립토판

보건복지부, 2020

성별	연령	비타민 B_6(mg/일)				엽산(μg DFE/일)[1]			
		평균 필요량	권장 섭취량	충분 섭취량	상한 섭취량	평균 필요량	권장 섭취량	충분 섭취량	상한 섭취량[2]
영아	0-5(개월)			0.1				65	
	6-11			0.3				90	
유아	1-2(세)	0.5	0.6		20	120	150		300
	3-5	0.6	0.7		30	150	180		400
남자	6-8(세)	0.7	0.9		45	180	220		500
	9-11	0.9	1.1		60	250	300		600
	12-14	1.3	1.5		80	300	360		800
	15-18	1.3	1.5		95	330	400		900
	19-29	1.3	1.5		100	320	400		1,000
	30-49	1.3	1.5		100	320	400		1,000
	50-64	1.3	1.5		100	320	400		1,000
	65-74	1.3	1.5		100	320	400		1,000
	75 이상	1.3	1.5		100	320	400		1,000
여자	6-8(세)	0.7	0.9		45	180	220		500
	9-11	0.9	1.1		60	250	300		600
	12-14	1.2	1.4		80	300	360		800
	15-18	1.2	1.4		95	330	400		900
	19-29	1.2	1.4		100	320	400		1,000
	30-49	1.2	1.4		100	320	400		1,000
	50-64	1.2	1.4		100	320	400		1,000
	65-74	1.2	1.4		100	320	400		1,000
	75 이상	1.2	1.4		100	320	400		1,000
임신부		+0.7	+0.8		100	+200	+220		1,000
수유부		+0.7	+0.8		100	+130	+150		1,000

성별	연령	비타민 B_{12}(μg/일)				판토텐산(mg/일)				비오틴(μg/일)			
		평균 필요량	권장 섭취량	충분 섭취량	상한 섭취량	평균 필요량	권장 섭취량	충분 섭취량	상한 섭취량	평균 필요량	권장 섭취량	충분 섭취량	상한 섭취량
영아	0-5(개월)			0.3				1.7				5	
	6-11			0.5				1.9				7	
유아	1-2(세)	0.8	0.9					2				9	
	3-5	0.9	1.1					2				12	
남자	6-8(세)	1.1	1.3					3				15	
	9-11	1.5	1.7					4				20	
	12-14	1.9	2.3					5				25	
	15-18	2.0	2.4					5				30	
	19-29	2.0	2.4					5				30	
	30-49	2.0	2.4					5				30	
	50-64	2.0	2.4					5				30	
	65-74	2.0	2.4					5				30	
	75 이상	2.0	2.4					5				30	
여자	6-8(세)	1.1	1.3					3				15	
	9-11	1.5	1.7					4				20	
	12-14	1.9	2.3					5				25	
	15-18	2.0	2.4					5				30	
	19-29	2.0	2.4					5				30	
	30-49	2.0	2.4					5				30	
	50-64	2.0	2.4					5				30	
	65-74	2.0	2.4					5				30	
	75 이상	2.0	2.4					5				30	
임신부		+0.2	+0.2					+1.0				+0	
수유부		+0.3	+0.4					+2.0				+5	

[1] Dietary Folate Equivalents, 가임기 여성의 경우 400 μg/일의 엽산보충제 섭취를 권장함.

[2] 엽산의 상한섭취량은 보충제 또는 강화식품의 형태로 섭취한 μg/일에 해당됨.

2020 한국인 영양소 섭취기준 – 다량무기질

보건복지부, 2020

성별	연령	칼슘(mg/일)				인(mg/일)				나트륨(mg/일)			
		평균 필요량	권장 섭취량	충분 섭취량	상한 섭취량	평균 필요량	권장 섭취량	충분 섭취량	상한 섭취량	필요 추정량	권장 섭취량	충분 섭취량	만성질환위험 감소섭취량
영아	0-5(개월)			250	1,000			100				110	
	6-11			300	1,500			300				370	
유아	1-2(세)	400	500		2,500	380	450		3,000			810	1,200
	3-5	500	600		2,500	480	550		3,000			1,000	1,600
남자	6-8(세)	600	700		2,500	500	600		3,000			1,200	1,900
	9-11	650	800		3,000	1,000	1,200		3,500			1,500	2,300
	12-14	800	1,000		3,000	1,000	1,200		3,500			1,500	2,300
	15-18	750	900		3,000	1,000	1,200		3,500			1,500	2,300
	19-29	650	800		2,500	580	700		3,500			1,500	2,300
	30-49	650	800		2,500	580	700		3,500			1,500	2,300
	50-64	600	750		2,000	580	700		3,500			1,500	2,300
	65-74	600	700		2,000	580	700		3,500			1,300	2,100
	75 이상	600	700		2,000	580	700		3,000			1,100	1,700
여자	6-8(세)	600	700		2,500	480	550		3,000			1,200	1,900
	9-11	650	800		3,000	1,000	1,200		3,500			1,500	2,300
	12-14	750	900		3,000	1,000	1,200		3,500			1,500	2,300
	15-18	700	800		3,000	1,000	1,200		3,500			1,500	2,300
	19-29	550	700		2,500	580	700		3,500			1,500	2,300
	30-49	550	700		2,500	580	700		3,500			1,500	2,300
	50-64	600	800		2,000	580	700		3,500			1,500	2,300
	65-74	600	800		2,000	580	700		3,500			1,300	2,100
	75 이상	600	800		2,000	580	700		3,000			1,100	1,700
임신부		+0	+0		2,500	+0	+0		3,000			1,500	2,300
수유부		+0	+0		2,500	+0	+0		3,500			1,500	2,300

성별	연령	염소(mg/일)				칼륨(mg/일)				마그네슘(mg/일)			
		평균 필요량	권장 섭취량	충분 섭취량	상한 섭취량	평균 필요량	권장 섭취량	충분 섭취량	상한 섭취량	평균 필요량	권장 섭취량	충분 섭취량	상한 섭취량[1)
영아	0-5(개월)			170				400				25	
	6-11			560				700				55	
유아	1-2(세)			1,200				1,900		60	70		60
	3-5			1,600				2,400		90	110		90
남자	6-8(세)			1,900				2,900		130	150		130
	9-11			2,300				3,400		190	220		190
	12-14			2,300				3,500		260	320		270
	15-18			2,300				3,500		340	410		350
	19-29			2,300				3,500		300	360		350
	30-49			2,300				3,500		310	370		350
	50-64			2,300				3,500		310	370		350
	65-74			2,100				3,500		310	370		350
	75 이상			1,700				3,500		310	370		350
여자	6-8(세)			1,900				2,900		130	150		130
	9-11			2,300				3,400		180	220		190
	12-14			2,300				3,500		240	290		270
	15-18			2,300				3,500		290	340		350
	19-29			2,300				3,500		230	280		350
	30-49			2,300				3,500		240	280		350
	50-64			2,300				3,500		240	280		350
	65-74			2,100				3,500		240	280		350
	75 이상			1,700				3,500		240	280		350
임신부				2,300				+0		+30	+40		350
수유부				2,300				+400		+0	+0		350

1) 식품외 급원의 마그네슘에만 해당

2020 한국인 영양소 섭취기준 – 미량무기질

보건복지부, 2020

성별	연령	철(mg/일)				아연(mg/일)				구리(μg/일)			
		평균필요량	권장섭취량	충분섭취량	상한섭취량	평균필요량	권장섭취량	충분섭취량	상한섭취량	평균필요량	권장섭취량	충분섭취량	상한섭취량
영아	0-5(개월)			0.3	40			2				240	
	6-11	4	6		40	2	3					330	
유아	1-2(세)	4.5	6		40	2	3		6	220	290		1,700
	3-5	5	7		40	3	4		9	270	350		2,600
남자	6-8(세)	7	9		40	5	5		13	360	470		3,700
	9-11	8	11		40	7	8		19	470	600		5,500
	12-14	11	14		40	7	8		27	600	800		7,500
	15-18	11	14		45	8	10		33	700	900		9,500
	19-29	8	10		45	9	10		35	650	850		10,000
	30-49	8	10		45	8	10		35	650	850		10,000
	50-64	8	10		45	8	10		35	650	850		10,000
	65-74	7	9		45	8	9		35	600	800		10,000
	75 이상	7	9		45	7	9		35	600	800		10,000
여자	6-8(세)	7	9		40	4	5		13	310	400		3,700
	9-11	8	10		40	7	8		19	420	550		5,500
	12-14	12	16		40	6	8		27	500	650		7,500
	15-18	11	14		45	7	9		33	550	700		9,500
	19-29	11	14		45	7	8		35	500	650		10,000
	30-49	11	14		45	7	8		35	500	650		10,000
	50-64	6	8		45	6	8		35	500	650		10,000
	65-74	6	8		45	6	7		35	460	600		10,000
	75 이상	5	7		45	6	7		35	460	600		10,000
임신부		+8	+10		45	+2.0	+2.5		35	+100	+130		10,000
수유부		+0	+0		45	+4.0	+5.0		35	+370	+480		10,000

성별	연령	불소(mg/일)				망간(mg/일)				요오드(μg/일)			
		평균필요량	권장섭취량	충분섭취량	상한섭취량	평균필요량	권장섭취량	충분섭취량	상한섭취량	평균필요량	권장섭취량	충분섭취량	상한섭취량
영아	0-5(개월)			0.01	0.6			0.01				130	250
	6-11			0.4	0.8			0.8				180	250
유아	1-2(세)			0.6	1.2			1.5	2.0	55	80		300
	3-5			0.9	1.8			2.0	3.0	65	90		300
남자	6-8(세)			1.3	2.6			2.5	4.0	75	100		500
	9-11			1.9	10.0			3.0	6.0	85	110		500
	12-14			2.6	10.0			4.0	8.0	90	130		1,900
	15-18			3.2	10.0			4.0	10.0	95	130		2,200
	19-29			3.4	10.0			4.0	11.0	95	150		2,400
	30-49			3.4	10.0			4.0	11.0	95	150		2,400
	50-64			3.2	10.0			4.0	11.0	95	150		2,400
	65-74			3.1	10.0			4.0	11.0	95	150		2,400
	75 이상			3.0	10.0			4.0	11.0	95	150		2,400
여자	6-8(세)			1.3	2.5			2.5	4.0	75	100		500
	9-11			1.8	10.0			3.0	6.0	80	110		500
	12-14			2.4	10.0			3.5	8.0	90	130		1,900
	15-18			2.7	10.0			3.5	10.0	95	130		2,200
	19-29			2.8	10.0			3.5	11.0	95	150		2,400
	30-49			2.7	10.0			3.5	11.0	95	150		2,400
	50-64			2.6	10.0			3.5	11.0	95	150		2,400
	65-74			2.5	10.0			3.5	11.0	95	150		2,400
	75 이상			2.3	10.0			3.5	11.0	95	150		2,400
임신부				+0	10.0			+0	11.0	+65	+90		
수유부				+0	10.0			+0	11.0	+130	+190		

보건복지부, 2020

성별	연령	셀레늄(μg/일)				몰리브덴(μg/일)				크롬(μg/일)			
		평균필요량	권장섭취량	충분섭취량	상한섭취량	평균필요량	권장섭취량	충분섭취량	상한섭취량	평균필요량	권장섭취량	충분섭취량	상한섭취량
영아	0-5(개월)			9	40							0.2	
	6-11			12	65							4.0	
유아	1-2(세)	19	23		70	8	10		100			10	
	3-5	22	25		100	10	12		150			10	
남자	6-8(세)	30	35		150	15	18		200			15	
	9-11	40	45		200	15	18		300			20	
	12-14	50	60		300	25	30		450			30	
	15-18	55	65		300	25	30		550			35	
	19-29	50	60		400	25	30		600			30	
	30-49	50	60		400	25	30		600			30	
	50-64	50	60		400	25	30		550			30	
	65-74	50	60		400	23	28		550			25	
	75 이상	50	60		400	23	28		550			25	
여자	6-8(세)	30	35		150	15	18		200			15	
	9-11	40	45		200	15	18		300			20	
	12-14	50	60		300	20	25		400			20	
	15-18	55	65		300	20	25		500			20	
	19-29	50	60		400	20	25		500			20	
	30-49	50	60		400	20	25		500			20	
	50-64	50	60		400	20	25		450			20	
	65-74	50	60		400	18	22		450			20	
	75 이상	50	60		400	18	22		450			20	
임신부		+3	+4		400	+0	+0		500			+5	
수유부		+9	+10		400	+3	+3		500			+20	

그림 1-1 음식물의 영양대사 과정

2. 영양소의 역할과 종류

영양소는 식품을 구성하고 있는 성분 중 우리 몸에 에너지를 제공하고, 성장 및 다양한 생리기능을 조절함으로써 인체의 생명과 건강을 유지하는 데 필요한 성분이다. 우리 몸의 건강을 지키기 위해 반드시 섭취해야 하는 영양소로는 탄수화물, 지질, 단백질, 무기질, 비타민, 수분 등의 6가지가 있으며, 이 영양소들을 골고루 섭취해야 건강한 생활을 영위할 수 있다.

표 1-1 필수영양소의 종류

<table>
<tr><td rowspan="3">에너지 영양소</td><td>탄수화물</td><td colspan="2">포도당</td></tr>
<tr><td>지 질</td><td colspan="2">지방산</td></tr>
<tr><td>단백질(아미노산)</td><td colspan="2">히스티딘, 이소루신, 루신, 메티오닌, 리신, 페닐알라닌, 트레오닌, 트립토판, 발린 등</td></tr>
<tr><td rowspan="5">조절 영양소</td><td rowspan="2">비타민</td><td>지용성 비타민</td><td>비타민 A, D, E, K</td></tr>
<tr><td>수용성 비타민</td><td>비타민 B_1, 티아민, 비타민 B_2, 리보플라빈, 비타민 B_3, 니아신, 비타민 B_5, 판토텐산, 비오틴, 비타민 B_6, 엽산, 비타민 B_{12}, 비타민 C</td></tr>
<tr><td rowspan="2">무기질</td><td>다량무기질</td><td>칼슘, 인, 마그네슘, 나트륨, 칼륨, 염소, 황</td></tr>
<tr><td>미량무기질</td><td>철분, 아연, 구리, 요오드, 불소, 셀레늄, 망간, 크롬, 몰리브덴</td></tr>
<tr><td>물</td><td>물</td><td></td></tr>
</table>

(1) 영양소의 기능과 역할

사람이 생애를 통하여 심신의 건강을 유지하며 정상적인 성장을 하기 위해 필요한 영양소는 현재까지 밝혀진 것만 약 50개 정도인 것으로 알려져 있다. 이 많은 영양소들은 그 구조와 성질 및 기능에 따라 여섯 개의 영양소로 구분할 수가 있다. 이 중 신체에 에너지를 제공하는 것으로서 탄수화물(carbohydrates), 지질(lipids), 단백질(proteins)을 열량 영양소로 분류하며, 특히 탄수화물과 지질이 에너지의 주된 영양소이다.

또 다른 주요 영양소는 무기질(minerals), 비타민(vitamins)과 수분(water)으로서 에너지를 제공하지는 못하나 체내에 생리적 조절작용을 하기 위해 필요한 조절영양소로 분류한다(표 1-1).

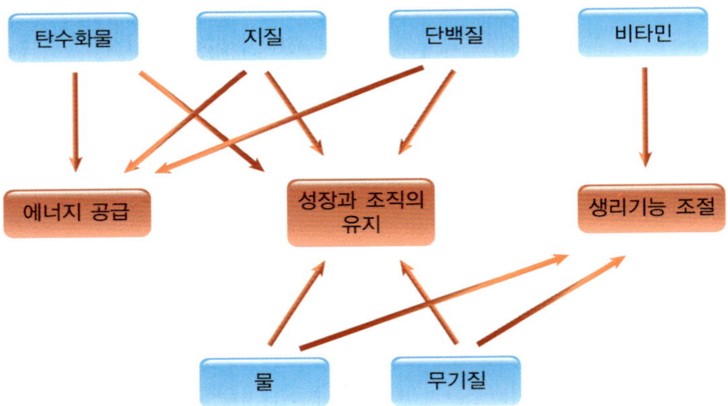

그림 1-2 영양소의 기능

① 몸의 구성물질 제공

우리 몸을 구성하는 물질이 영양소이므로 신체의 성장과 유지, 그리고 소모된 조직의 보수를 위하여 영양소의 계속적인 섭취가 필요하다. 우리의 신체를 비행기에 비유하면 일상생활에서 섭취하는 음식물에 의해 신체가 만들어진다. 비행기를 구성하는 몸체, 문, 타이어 등을 만드는 철과 유리, 고무 등의 물질이 좋은 품질이어야 튼튼한 비행기를 만들 수 있는 것과 같이 우리 몸을 이루는 신체와 각 장기들의 건강한 상태를 위해서는 양질의 영양소가 필요하다.

② 에너지 공급원

영양소 중에서 탄수화물, 단백질, 지질은 체내에서 연소하여 체내에 필요한 에너지를 발생하고, 이를 '열량소' 라고도 말한다. 탄수화물과 단백질 1 g당 4 kcal, 그리고 지질은 1 g당 9 kcal의 에너지를 생성한다. 식품으로부터 생성된 에너지는 체내에서 대부분 기초대사량, 활동을 위한 에너지, 식품이용을 위한 에너지 소모량으로 사용된다.

③ 생리적 기능 조절

비타민이나 무기질과 같은 영양소의 결핍으로 인하여 열량소가 우리 몸속에서 완전 연소하지 못하고 불완전 연소하거나 영양소들이 제대로 잘 이용되지 못하면 건강에 나쁜 영향이 온다. 즉 비행기가 잘 움직이려면 좋은 윤활유를 가끔 넣어 주는 것이 필요하듯이 생리적 조절 작용을 하는 영양소가 부족할 경우에는 우리 몸도 기능이 원활하지 않거나 질병이 생길 수 있다. 사람마다 일생을 통하여 섭취하는 영양소와 각자의 신체조건, 건강 상태에 따라 하루에 필요로 하는 양은 다르지만 건강을 잘 유지하려면 모든 영양소를 골고루 섭취해야 한다.

(2) 영양소의 종류

① 탄수화물

탄수화물은 탄소, 수소, 그리고 산소 위주로 구성되어 있으며 한국인이 가장 많이 섭취하는 에너지 영양소이다. 인체에 에너지를 공급하는 중요한 역할 이외에도 단맛을 제공하는 등의 역할을 한다. 에너지로 공급되는 탄수화물의 주요 형태는 포도당이다. 만약 이 공급량이 충분하지 않으면 인체는 포도당 합성을 위해 체단백질 분해를 시작한다. 또한, 한국인은 곡류 위주의 식사를 하므로 이러한 부작용은 쉽게 발생하지 않는다.

일부 복합탄수화물은 인체 소화효소가 분해하지 못하는 분자결합으로 이루어져 있다. 이러한 탄수화물을 식이섬유라 하며 비록 소화되어 에너지를 공급하지는 않지만 변비를 예방하는 등의 생리적 기능을 담당하므로 매우 중요한 탄수화물로 취급받는다.

그림 1-3 탄수화물 식품

② 지 질

지질은 탄소와 수소로 대부분 이루어져 있으며 탄수화물보다는 산소 함유량이 적다. 따라서 탄소와 수소의 함유비율이 상대적으로 높은 지질이 탄수화물보다 더 많은 에너지를 생산할 수 있다. 우리가 섭취하고 체내에서 저장하는 지질의 주요 형태는 중성지질이다. 중성지질은 글리세롤 1분자와 지방산 3분자로 구성되어 있다. 일부에서 사용되는 지방이란 용어는 지질의 고체형태를 의미한다. 실온에서 고체인 지질은 지방이라 하고 액체인 지질은 기름이라고 부른다.

일반적으로 포화지방산 함량이 많은 동물성 지질은 고체지방인 경우가 많으며 불포화지방산 함유 비율이 상대적으로 높은 식물성 지질은 액체 식용유인 경우가 많다. 대부분의 지질이 포화지방산과 불포화지방산을 모두 가지고 있으며 다만 상대적인 함량이 서로 달라 성상에 차이가 생긴다.

일부 불포화지방산은 체내에서 합성이 불가능하여 반드시 식품으로 섭취해야 한다. 이를 필수지방산이라고 하며 1일 최소량의 지질이라도 반드시 섭취하여야 하는 이유이다. 약 15 g(1큰술)정도의 지질 섭취는 필수지방산 결핍증을 예방하기 위한 최소 필요량이며 필수지방산 함량이 충분한 지질 식품을 선택하여야 한다.

그림 1-4 지질 식품

③ 단백질

단백질은 탄수화물이나 지질과는 달리 탄소, 수소, 산소 이외에 질소를 포함하고 있으며 단백질의 종류는 다양해도 질소의 함유비율은 일정한 편이다. 단백질의 기본단위는 아미노산으로, 약 20여 종류의 아미노산이 우리가 섭취하고 있는 단백질 식품을 구성하고 있다. 일부 아미노산은 체내에서 합성이 되지 않으므로 반드시 식이섭취가 필요하다.

필수아미노산을 빠짐없이 고루 풍부하게 함유한 단백질 식품을 완전단백질이라고 하며, 식단구성에서 매우 중요한 요소이다. 단백질도 에너지원으로 사용될 수 있는 영양소이지만 가장 중요한 역할은 인체 조직 구성으로 우리 몸의 뼈, 근육, 혈액, 세포, 면역체 형성 등의 중요한 부분을 담당한다. 또한 단백질은 체액평형과 산, 염기평형조절에도 관여하는 중요한 조절 영양소이다.

그림 1-5 단백질 식품

④ 비타민

비타민은 주로 체내의 여러 생리적 반응이 쉽게 일어나도록 돕는 역할을 하며 여러 다양한 구성원소와 화학구조를 가지고 있다. 비타민은 탄수화물, 지질, 단백질과는 달리 에너지를 생산하지 않으나 에너지 대사과정에 조효소로 작용한다.

비타민을 용해성에 따라 분류하면, 지용성과 수용성으로 나누어지며 이들은 다른 생리적 · 생화학적 특징을 나타낸다. **지용성 비타민**은 체내에 많은 양을 저장할 수 있어 과잉섭취 시에는 축적되어 독성을 유발할 수도 있다.

수용성 비타민은 조리 시 쉽게 손실되며 체내에 많은 양을 저장할 수 없고 쉽게 배설되므로 결핍증이 유발될 수 있다.

⑤ 무기질

인체는 약 4% 정도의 무기질을 갖고 있다. 무기질은 산소와 결합하여 타버리는 유기물질을 제외하고 재로 남겨지는 성분이다. 유기물질이 아니므로 우리 몸에서 에너지를 생산하지는 않지만 골격형성, 수분평형유지, 대사과정 조절, 생리작용 조절 등의 중요한 기능을 담당한다. 불에도 타지 않으므로 식이섭취 시에 조리에 의한 파괴는 거의 없지만 흡수율은 낮은 편이다. 인체가 필요로 하는 무기질은 대략 20여종으로 우리 몸에 함유된 양과 1일 필요량을 기준으로 다량 무기질과 미량 무기질로 나눠진다.

⑥ 수분

인체의 약 60%를 구성하고 있는 수분은 생명유지에 필수적인 요소임에도 불구하고 그 중요성을 인정받지 못하고 있다. 수분은 체내에서 영양소와 노폐물 운반을 담당하고 생화학적 대사의 매개체로 작용하며 소화와 흡수에도 매우 중요한 기능을 한다. 신체의 크기가 크면 물의 섭취량도 많아야 하며 하루에 필요한 물의 충분섭취량은 성인의 경우 1,800~2,600 mL 수준이다.

1-2 식생활과 건강

1. 식생활과 건강

오늘날 경제적 수준의 향상과 의료기술의 발달로 평균수명이 증가하면서, 최근 삶의 질을 높이는 것에 대한 중요성이 부각되고 있다. 다시 말하면, 단순한 수명의 연장보다는 건강한 삶의 연장을 의미한다.

1970년대 이전에는 영양섭취와 의료혜택의 부족으로 우리나라 국민의 주요한 사망원인으로 감염성 질환이 만연했던 반면, 1980년대 이후부터는 서서히 서구의 식생활이 만연함에 따라 영양과잉이나 비만과 같은 만성퇴행성 질환이 만연하게 되었다.

만성퇴행성 질환이란 오랜 시간에 걸쳐 인체를 구성하는 세포가 퇴화되면서 체내 대사에 이상을 일으켜 곧바로 사망하지는 않지만 완치는 힘든 질환을 말한다.

주로 40대 이상의 성인들에게 나타난다고 해서 성인병이라고도 불리는 당뇨병, 고혈압, 동맥경화증 등의 만성퇴행성 질환들이 최근에는 어린이 및 청소년에게도 크게 늘어나 사회문제가 되고 있다. 만성퇴행성 질환은 암, 뇌혈관 질환, 심장 질환 등을 일으키며, 심지어 사망에 이르는 원인이 된다.

오늘날 한국인의 주요 사망원인을 살펴보면 1위는 암, 다음은 뇌혈관 질환, 심장 질환 등의 순환기계 질환 등을 들 수 있다. 이러한 질환은 모두 만성퇴행성 질환과 관련된 질환이다.

만성퇴행성 질환을 유발하는 요인으로는 유전, 연령, 성별, 그리고 생활습관, 특히 영양과 관련된 식습관 요인들에 의해서 영향을 받는다. 따라서 만성퇴행성 질환을 예방하기 위해서 생활환경의 개선과 더불어 올바른 식사지침 마련 및 영양보충과 건강증진을 위한 건강보조식품의 섭취 등의 지혜로운 식생활 유지가 중요하다. 더욱이 최근 만성퇴행성 질환 예방 · 치료에 대한 중요성이 강조되고 있으며 우리 식습관의 재평가와 함께 한국 식생활 습관에 올바른 방향 제시가 중요한 시점이다.

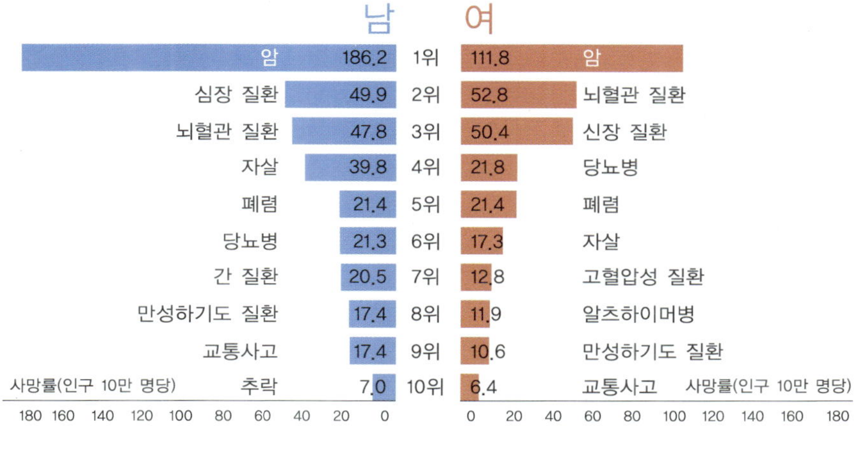

그림 1-6 성별 사망원인 통계, 2013

2. 영양과 건강

세계보건기구(WHO)에 의하면 "건강이란 단지 질병이 없거나 허약하지 않은 상태만을 의미하는 것이 아니라, 육체적 · 정신적 · 사회적으로 완전히 양호한 상태를 의미한다."고 정의하였다.

최근에 건강한 상태는 육체적 · 정신적, 그리고 사회적으로 행복한 상태를 말하는 것으로서 건강한 개인은 육체적으로 질병이 없고 허약하지도 않으며, 정신적으로 건강하며 질병이 없고, 사회적으로 원만한 대인관계를 통해서 바람직하고 유익한 생활을 영위하는 것까지도 건강의 범주에 포함시키고 있다.

따라서 영양은 인간의 생명유지에 필수적이며 건강한 삶을 유지하기 위해서 매우 중요하고 우리 몸에 필요한 영양소를 공급해 줄 뿐만 아니라 체내 방어체계를 튼튼하게 하여 질병을 예방하고 치료하는 데 밀접한 연관이 있다.

건강과 질병과의 관계를 살펴보면, 건강측면과 질병측면으로 분류할 수 있다. 건강측면에서 볼 때, 건강인은 완전히 건강한 사람을 말할 수 있으며, 반 건강인은 현재는 건강상에 문제가 없어 보이나 병에 걸리기 쉬운 사람으로 분류할 수 있다. 한편 질병과 관련된 측면에서 구분하여 보면 환자는 병을 갖고 있는 사람을 말하며, 반 환자는 잠재적인 병을 갖고 있는 사람을 일컫는다.

이것을 건강상태로 나열한다면 건강, 반 건강, 반 환자, 환자의 단계로 분류하며, 이 4단계는 그 경계가 명확한 것이 아니고 상호연관을 갖고 있는 연속적인 흐름을 이루고 있다.

표 1-2 영양과 관련된 건강문제

• 거의 영양상태에 의해 거의 유발되는 건강문제 :
비만, 영양부족, 성장지연, 철결핍성 빈혈, 충치 등
• 영양상태가 여러 위험인자 중에서 한 가지 요인으로 작용하는 건강문제 :
대사성 질환(당뇨병, 이상지혈증, 골다공증), 고혈압, 일부 암(대장암, 유방암, 폐암 등), 뇌졸중, 저체중아 출산, 선천성 장애 등
• 영양상태가 건강상태를 호전 또는 조절할 수 있는 건강문제 :
에이즈, 당뇨병, 위장관질환, 신장질환 등

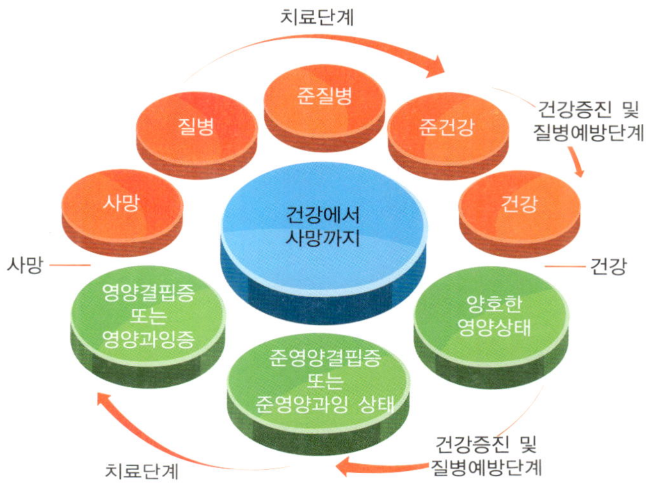

그림 1-7 건강상태와 영양상태와의 관계

현대의학에서는 객관적인 증상과 의학검사에서의 이상 증세가 아니면 병이라고 진단하지는 않는다. 현대사회에서는 건강한 편인데도 불구하고 몸이 때때로 좀 이상하고 질병이 아닌 반 건강상태인 범주에 속해 있는 수가 급증하고 있다. 이러한 요인으로는 여러 가지가 있지만, 크게 정신적인 긴장, 운동부족, 영양지식 부족에 의한 과잉섭취 등이 중요한 요인이다. 따라서 반 건강상태에서 벗어나 완전한 건강상태가 되려면 식생활 환경을 개선하고 바람직한 영양상태를 유지해야 한다.

3. 식생활의 기초

(1) 건강한 식생활을 위한 기본원리

건강한 식생활의 기본원리는 다양하고 균형있게 식품을 선택하여 적절한 양으로 섭취하면서 영양 균형을 이루는 것이며 다음과 같다.

첫 번째, 다양성이다.

한 가지 식품 섭취로 모든 영양소 필요량을 만족시킬 수는 없으므로, 한 식품군에서 여러 가지 식품을 선택하는 것을 말한다. 다양한 식품으로 식사를 구성하면 영양소를 풍부하게 섭취할 수 있다. 예를 들면, 당근은 좋은 식품이지만 채소로 당근만 선택하면 엽산이 부족할 수 있으므로 엽산이 풍부한 브로콜리나 아스파라거스를 섭취하면 된다. 따라서, 다양한 식품군을 골고루 섭취해야 인체에 필요한 영양소를 고루 공급받을 수 있다.

두 번째, 적절한 양의 섭취이다.

모든 영양소를 고루 섭취했다 하더라도 하루 식사에서 어느 한 영양소가 너무 많거나 적은 경우 바른 식생활을 실천하고 있다고 보기 힘들다. 한 끼 식사에 너무 편중되게 지질이나 당분, 염분이 섭취되지 않도록 적당히 배분하여 섭취하는 것이 필요하다. 예를 들면 점심에 삼겹살을 먹어서 지방, 열량을 많이 섭취했다면 저녁에는 과일, 채소를 섭취하여 점심에서 먹은 성분들을 적게 섭취하는 것이 중요하다.

세 번째, 균형잡힌 식사이다.

다양한 식품을 섭취하면서 균형있는 식사를 매 끼니 식사에서 섭취해야 한다. 예를 들면 토마토를 넣은 참치 샌드위치와 우유 한 잔, 사과를 함께 섭취하면 모든 군이 포함될 수 있다. 약간의 설탕이나 기름을 적당히 첨가하는 것은 음식의 풍미를 돋우고 비타민 E와 필수지방산과 같은 영양소 흡수를 도와준다.

매일의 식사에서 곡류군, 어육류군, 채소군, 과일군, 우유군, 지방군의 식품을 빠짐없이 골고루 섭취하는 것이 중요하며 인체에 필요한 모든 영양소가 넘치거나 부족하지 않고 한 끼에 편중되거나 모자라지 않도록 균형있게 섭취해야 한다.

(2) 식사구성안

식사구성안은 각 식품군의 적절한 배치로 식단을 구성하여 영양소별 필요량을 충족시키며 식사계획을 쉽고 바르게 할 수 있도록 제안된 것이다.

① 식품군 분류

식품군은 우리가 먹고 있는 식품을 한국인의 대표적 식사 패턴, 식품 분류체계, 영양소 함량 등을 고려하여 영양소의 구성이 비슷한 것들끼리 묶어서 구분한 식품분류이다. 각 나라마다 고유한 식생활을 고려하여 4~7개의 식품군으로 나누며, 우리나라에서는 다음과 같이 6가지 식품군으로 분류하였다.

- 곡류
- 고기, 생선, 달걀, 콩류
- 채소류
- 과일류
- 우유, 유제품류
- 유지, 당류

② 식품군별 대표식품 선정과 1인 1회 분량 설정

우리나라 6가지 식품군의 대표식품들에 대해 기억하기 쉽고 사용하기 편하도록 우리나라 사람들이 주로 섭취하는 식품 위주로 1회에 섭취하는 식품량과 가장 근접한 양을 설정하고, 관습적으로 사용해 오던 1회 섭취량을 고려하여 식품군별 대표식품의 1인 1회 분량을 설정하였다. 국민건강조사, 영양조사, 다른 나라의 1단위 자료, 단체급식업소의 1인 분량 등의 자료를 참고하여 우리나라 사람들이 통상적으로 1회에 섭취하는 양과 가장 가까운 양을 결정한 것이다.

식사구성안의 1인 1회 분량(1단위)은 식사구성안을 실생활에 쉽게 활용할 수 있도록 제안하는 것을 기본으로 하며 국민 식생활을 올바르게 유도하기 위해 실제 섭취량이 아닌 섭취해야하는 양을 기준으로 산출하였다.

③ 1일 식사의 식품구성

개인의 연령별, 성별에 따라 필요한 영양소의 양이 차이가 있으므로 식사구성을 작성할 때는 개인에 따라 필요량을 충족시켜야 하므로 달라져야 한다. 식사구성안이란 일반적으로 대다수의 사람들에게 적용될 수 있는 식사지침으로서 연령군별로 주요 영양소의 섭취 권장량을 고려하여 하루에 섭취해야 할 각 식품군의 1일 섭취횟수를 제시한 것이다. 주요 영양소 권장량이 부족하지 않도록 6가지 식품군에서 하루에 필요한 1인 1회 분량의 횟수를 제시하였다.

생애주기에 따라 달라지는 영양소 권장량을 만족시킬 수 있도록 식사구성안을 변형하는 것이 중요하다. 특히, 성인기에 비해 영양소 권장량에 차이가 큰 청소년기와 노인기를 대상으로 다음과 같이 식사구성을 하였다.

식사구성안을 실제로 적용할 때는 각 식품군 내에서도 영양소 함량의 차이가 있으므로 영양소 공급이 편중되거나 부족하지 않도록 다양성을 갖추어 식단을 구성하도록 주의하여야 한다.

식품군	대표식품 및 1인 1회 분량	권장 섭취 횟수 19–64 남자	권장 섭취 횟수 19–64 여자
곡류 (300Kcal)	밥 1공기 (210g), 국수 1대접 (건면 90g), 식빵 (35g), 흰떡 · 떡국용 (150g), 감자 중 1개 (140g), 고구마 중 1/2개 (70g), 과자 1그릇 (30g)	4	3
고기 생선 달걀 콩류 (100Kcal)	고기 1접시 (생 60g), 생선 1토막 (60g), 달걀 1개 (60g), 콩 2큰술 (20g), 두부 (80g), 땅콩 15알, 호두 1.5알 (10g)	5	4
채소류 (15Kcal)	생야채 (70g), 배추김치 1접시 (40g), 물미역 1접시 (생30g), 오이소박이 1접시 (60g), 나물 1접시 (70g), 버섯 1접시 (30g)	7	7
과일류 (50Kcal)	딸기/수박/참외 (200g), 감,귤,바나나,복숭아 오렌지,포도(100g), 배(중)1/4개 (100g), 사과(중)1/2개 (100g), 오렌지 주스1/2컵 (100g)	3	2
우유 · 유제품류 (125Kcal)	우유 1컵 (200g), 요구르트(호상) 1/2컵 (100g), 요구르트(액상) 3/4컵 (150g), 치즈 1장 (20g), 아이스크림 1/2컵 (100g)	1	1
유지 · 당류 (45Kcal)	식물성 기름 1작은술 (5g), 버터/마요네즈 1작은술 (5g), 설탕 1큰술 (10g), 사탕2개 (10g)	5	4

출처 : 한국영양학회(2015), 한국인 영양섭취기준.

표 1-3 식품군별 대표식품의 1인 1회 분량

④ 식품구성 자전거

2010년 개정을 통하여 예전에 활용되던 식품구성탑은 운동을 권장하는 자전거 이미지로 교체되었다. 식품구성자전거는 식사구성안에서 제시된 식품의 분류와 각각의 식품군이 식생활에서 차지하는 중요성과 양을 일반인들이 쉽게 이해할 수 있도록 그림으로 표시한 것이다.

표 1-4 생애주기에 따른 1일 권장섭취 횟수(1회 분량수)

	청소년		노인	
	남 (2,600)	여 (2,000)	남 (2,000)	여 (1,600)
곡류	4	3	3.5	3
고기, 생선, 달걀, 콩류	6	4	4	2.5
채소류	7	7	7	5
과일류	2	2	1	1
우유, 유제품류	2	2	1	1
유지, 당류	6	4	4	3

그림 1-8 식품구성 자전거(한국영양학회, 한국인 영양섭취기준, 2015)

자전거 바퀴의 원을 활용하여 5가지 식품군을 배치하였고 특히 수분의 중요성을 강조하여 앞바퀴에 넣었다. 큰 바퀴의 원을 차지하고 있는 식품군들은 권장식사패턴의 섭취 횟수를 적용한 면적비율로 구성하여 식사구성안을 접하는 일반인들이 이해하기 쉽도록 하였다.

식품군별 대표식품의 1인 1회 분량을 기준으로 섭취횟수를 활용하여 개인별로 권장되는 섭취량을 계획하거나 평가할 수 있다. 식품군별 색상은 미국 식품피라미드의 색상을 참조하여 제작되어 일관성 있는 영양교육이 가능하도록 되어 있다.

⑤ 식생활지침

식생활지침은 국민들의 건강한 식생활 유지를 위해 실제 식생활에서 필요한 내용을 활용하기 쉽게 구성되었다. 1990년 당시 보건사회부에서 처음으로 '국민식생활지침'을 발표하였고, 2003년에 '한국인을 위한 식생활지침'을 발표하였으며, 2008년에 보건복지부에서 생애주기별로 '한국인을 위한 식생활지침'을 제정하였으며, 2009년에는 영유아, 임신·수유부, 어린이, 청소년을 위한 식생활지침을 개정하여서 발표하였다. '성인을 위한 식생활지침' 6가지는 다음과 같다.

첫째, 각 식품군을 매일 골고루 먹자.

- 곡류는 다양하게 먹고 전곡을 많이 먹는다.
- 여러 가지 색깔의 채소를 매일 먹는다.
- 다양한 제철 과일을 매일 먹는다.
- 간식으로 우유, 요구르트, 치즈와 같은 유제품을 먹는다.
- 가임기 여성은 기름기 적은 붉은 살코기를 적절히 먹는다.

둘째, 활동량을 늘리고 건강 체중을 유지하자.

- 일상생활에서 많이 움직인다.
- 매일 30분 이상 운동을 한다.
- 건강 체중을 유지한다.
- 활동량에 맞추어 에너지 섭취량을 조절한다.

셋째, 청결한 음식을 알맞게 먹자.

- 식품을 구매하거나 외식을 할 때 청결한 것을 선택한다.
- 음식은 먹을 만큼만 만들고, 먹을 만큼 주문한다.
- 음식을 만들 때는 식품을 위생적으로 다룬다.

- 매일 세 끼 식사를 규칙적으로 한다.
- 밥과 다양한 반찬으로 균형잡힌 식생활을 한다.

넷째, 짠 음식을 피하고 싱겁게 먹자.

- 음식을 만들 때는 소금, 간장 등을 보다 적게 사용한다.
- 국물을 짜지 않게 만들고, 적게 먹는다.
- 음식을 먹을 때 소금, 간장을 더 넣지 않는다.
- 김치는 덜 짜게 만들어 먹는다.

다섯째, 지방이 많은 고기나 튀긴 음식을 적게 먹자.

- 고기는 기름을 떼어내고 먹는다.
- 튀긴 음식을 적게 먹는다.
- 음식을 만들 때 기름을 적게 사용한다.

여섯째, 술을 마실 때는 그 양을 제한하자.

- 남자는 하루 2잔, 여자는 1잔 이상 마시지 않는다.
- 임신부는 절대로 술을 마시지 않는다.

Check point

보건복지부는 농림축산식품부, 식품의약품안전처와 공동으로 국민의 건강하고 균형잡힌 식생활 가이드라인을 제시하는 [국민 공통 식생활 지침]을 2016년 4월에 제정 발표하였다.

국민공통 식생활 지침

1. 쌀·잡곡, 채소, 과일, 우유·유제품, 육류, 생선, 달걀, 콩류 등 다양한 식품을 섭취하자
2. 아침밥을 꼭 먹자
3. 과식을 피하고 활동량을 늘리자
4. 덜 짜게, 덜 달게, 덜 기름지게 먹자
5. 단 음료 대신 물을 충분히 마시자
6. 술자리를 피하자
7. 음식은 위생적으로, 필요한 만큼만 마련하자
8. 우리 식재료를 활용한 식생활을 즐기자
9. 가족과 함께 하는 식사 횟수를 늘리자

⑥ 한국인 영양섭취기준

1962년도에 처음 제정된 '영양권장량'은 일반 건강인이 일상식사를 통해 장기간에 걸쳐 얻을 수 있는 영양소의 최적 수준을 제시하여 영양결핍의 예방을 목표로 하였고 총 7차례 개정 되었다.

우리나라에서는 세계적인 추세에 따라 2005년도에 영양권장량에서 '영양섭취기준'의 개념으로 바꾸고 만성질환이나 영양소의 과잉섭취를 함께 예방할 수 있도록 '평균필요량, 권장섭취량, 충분섭취량, 상한섭취량'의 4가지 수준으로 설정하였다. 2010년, 2015년도에는 영양섭취기준을 수정 보완하여 2차례 개정안이 발표되었다.

check point

영양섭취기준의 구성요소 정의

- 평균필요량 (estimated average requirement, EAR) : 건강한 인구집단의 평균적인 섭취량으로, 1일 영양필요량의 중앙값, 즉 건강한 인구집단의 50%에 해당하는 사람들의 영양필요량을 충족시켜 주는 값
- 권장섭취량 (recommended intake, RI) : 개인차를 감안하여 건강한 인구집단의 평균필요량에 표준편차의 2배를 더하여 정한 값으로 구성원 대부분(97.5%)의 필요량을 만족시키는 섭취량
- 충분섭취량 (adequate intake, AI) : 평균필요량에 대한 정보/자료가 부족하여 권장섭취량을 정하기 어려운 영양소의 경우, 건강한 인구집단의 섭취량을 토대로 하여 추정 또는 관찰하여 정한 값
- 상한섭취량 (tolerable upper intake level, UL) : 인체건강에 유해영향이 나타나지 않는 최대 영양소 섭취수준, 필요한 영양소라도 다량으로 섭취할 경우에 독성을 일으킬 가능성이 있는 영양소를 대상으로 설정

참조 : 한국인 영양소 섭취기준 영양섭취기준의 활용 (보건복지부, 2015년)

표 1-5 식품교환표

식품군		교환 단위의 예	영양소(g) 당질	영양소(g) 단백질	영양소(g) 지방	열량 (kcal)
곡류군		인절미 3개, 감자(중)1개, 밥1/3공기, 식빵1쪽, 고구마 중 1/2개	23	2		100
어육류군	저지방군	소고기 로스용 1장, 멸치 간 것 1/2컵, 새우(중)3마리		8	2	50
	중지방군	고등어(소)1토막, 갈치(소)1토막, 돼지고기 안심 40g, 두부1/5모		8	5	75
	고지방군	삼겹살 40g, 닭다리 1개, 치즈 1.5장, 비엔나소시지 5개		8	8	100
채소군		당근(대1/3)70g, 오이(중1/3개)70g, 표고버섯 대 3개 느타리버섯 7개, 연근 40g	3	2		20
지방군		땅콩8개, 호두(중)1.5개, 잣1큰스푼, 참기름 1작은스푼			5	45
우유군	일반우유	우유200ml, 두유200ml	10	6	7	125
	저지방우유	저지방우유200ml	10	6	2	80
과일군		사과(중)1/3개, 귤2개, 토마토(소)2개, 수박 1쪽, 딸기(중)7개	12			50

자료 : 대한 당뇨협회(2010), 식품교환표 활용지침

⑦ 식품교환표

식품교환표 시초는 미국 당뇨협회, 영양사협회, 공중보건담당부서에서 당뇨병 환자의 당뇨식이의 영양가를 쉽게 계산하기 위해 고안해 낸 것이다. 우리나라의 경우, 식품교환표는 1976년에 제안되어 당뇨식이뿐만 아니라 지방 조절식을 위해서도 사용되며 2010년에 섭취열량수준별로 확대 개발되어 일상생활에서도 손쉽게 이용할 수 있는 자료이다.

식품교환표는 일상생활에서 섭취하고 있는 식품들을 열량, 탄수화물, 지질, 단백질의 함량이 같도록 1교환단위로 정하였다. 장점으로는 각 군의 식품 종류에 관계없이 1단위당 전체에너지와 탄수화물, 단백질, 지방의 비율을 일정하게 유지하면서 영양소 함량에 대한 별도의 제한없이 식품을 다양하게 교환하여 선택할 수 있는 것이다.

식품교환표는 식물성 식품과 동물성 식품은 구분하지 않고 식사의 열량을 중심으로 단백질, 탄수화물, 지질의 양을 빠르게 계산하는 데에 도움이 되므로 식단 작성에 활용된다.

⑧ 영양표시제

영양표시제도는 가공식품의 영양소 함량을 표시하는 항목 중의 하나로 식품 내 함유된 영양소의 내용과 함량 정보를 소비자에게 전달하여 소비자들이 합리적인 식품 선택을 하도록 돕기 위한 제도이다.

최근에는 건강에 대한 일반 소비자들의 관심이 증대하면서 영양표시제도는 식품 내 포함된 영양소 및 건강에 직접, 간접적으로 영향을 미치는 요소들에 대한 추가적인 정보를 제공함으로써 영양교육의 일부분으로 활용되기도 한다.

우리나라에서는 식품위생법 규정에 근거하여 영양표시 의무화가 확대되고 있으며 다양한 식품군에 더욱 세분화되어 현재까지 시행되고 있다. 영양표시대상품목으로는 장기보존 레토르트 식품, 과자 및 캔디류, 빵과 만두류, 초콜릿류, 잼류, 식용유지류, 면류, 음료수, 특수용도식품, 어육가공품 중 어육 소시지, 즉석섭취식품 중 김밥 · 햄버거 · 샌드위치 등이다.

의무표시 영양소

- 열량
- 탄수화물 (당류)
- 단백질
- 지방 (포화, 트랜스)
- 콜레스테롤
- 나트륨

그 밖의 영양소

- 식품에 따라 강조하고자 하는 영양성분 표시가능

영양성분

1회 제공량 1개 (90g)
총 10회 제공량 (900g)

1회 제공량당 함량		
열량	80kcal	
탄수화물	15 g	5%
식이섬유	2 g	8%
당류	1 g	
단백질	3 g	%
지방	1 g	2%
포화지방	0 g	0%
트렌스지방	1 g	
콜레스테롤	0 mg	0%
나트륨	200 mg	8%

* %영양소 기준치 : 1일 영양소기준치에 대한 비율

그림 1-9 우리나라 영양성분 표시의 예

표기 영양소로는 열량, 탄수화물(당류), 단백질, 지방(포화지방, 트랜스지방), 콜레스테롤, 나트륨, 강화된 영양소 등이며 그 명칭과 함량을 반드시 표시하여야 한다. 제품이 판매되는 시점에서 100 g당, 100 mL당 또는 1인 분량당 함유된 값으로 영양소 함량을 표시하여야 하며, 제품이 1회 섭취하기에 적당한 양인 경우는 포장당 함유된 값을 표시할 수 있다.

영양표시제도는 소비자의 알권리를 보호하는 중요한 기능을 함은 물론 소비자에게 영양과 건강에 대한 정보를 제공함으로써 영양교육의 기능도 수행하고 있다. 소비자는 영양표시 확인을 통해 영양성분에 대한 올바른 지식을 갖게 되고 보다 합리적인 식품선택을 할 수 있게 된다.

Chapter 2

탄수화물

Chapter 2

탄수화물

탄수화물(carbohydrate)은 지질, 단백질과 함께 3대 열량영양소로서, 체내에서 에너지를 생성하는 영양소이다. 탄수화물은 당질이라고 하며 우리가 주식으로 하는 쌀, 보리, 밀, 옥수수, 감자, 고구마 등의 식물성 식품을 구성하는 성분 중 대부분을 차지한다. 동물체내에는 탄수화물이 당과 글리코겐의 형태로 존재한다. 탄수화물은 소화가 쉽고 체내에서 독성물질을 생성하는 일이 거의 없다.

그림 2-1 밥, 국수, 감자, 빵

2-1 탄수화물의 영양생리학적 기능

1. 에너지 공급

탄수화물, 지질, 단백질과 알코올은 인체가 필요로 하는 에너지를 제공하는 성분이다. 이들 성분이 체내에서 분해되면서 생성되는 에너지는 1 g당 탄수화물 4 kcal, 지질 9 kcal, 단백질 4 kcal, 알코올 7 kcal이다.

일반적으로 탄수화물로부터 우리가 섭취하는 총 에너지의 약 55~65% 정도를 제공받는다. 탄수화물은 소화흡수율이 평균 98%로, 섭취한 탄수화물의 대부분이 흡수되어 체내에서 이용될 수 있다.

적혈구는 에너지 공급원으로 오로지 포도당을 사용하므로 신체는 탄수화물을 반드시 섭취하여야 한다. 신체는 아미노산으로부터 포도당을 합성하여 이용할 수는 있으나, 지질로부터는 포도당을 합성할 수 없다.

2. 단백질 절약작용

당뇨병 환자와 단식 상태에서처럼 체내에 포도당이 제공되지 못하는 상황에서 신체는 체조직 형성과 보수에 우선적으로 사용되어야 할 단백질로부터 포도당을 합성하여 이용할 수 있다. 탄수화물 섭취가 부족할 경우에 혈당을 보충하기 위하여 근육, 간, 신장, 심장 등 여러 기관에서 단백질이 분해되어 아미노산으로부터 포도당을 만들 수 있으나, 지질로부터는 포도당을 합성할 수 없다. 따라서 탄수화물을 충분히 섭취하면 체단백질이 포도당으로 전환되어 에너지원으로 사용되는 것을 막을 수 있다.

3. 혈당 유지

혈액 내 포도당은 에너지로 사용되며, 특히 뇌, 신경세포, 적혈구는 혈당을 주요 에너지 급원으로 사용한다. 정상 혈중 포도당은 공복 시 혈액 100 mL당 70~100 mg 이며 일정하게 조절하는 기전이 있다. 정상인의 경우 식후 30분에서 1시간 내에 혈당이 최고치에 달하며 이후 1~2시간 경과되면 정상치로 내려가고 공복 시에도 50~60 mg/100 mL 이하로는 떨어지지 않는다.

혈당량이 40~50 mg/100 mL 이하로 떨어지면 두뇌의 활동이 급격히 저하되고, 신경이 예민해지고 불안정해지며 공복감과 두통을 느끼고 심하면 혼수상태를 일으킨다(저혈당증). 혈당이 170~180 mg/100 mL 이상으로 되면 소변으로 배설되기 시작하고 공복과 갈증을 느끼게 되며, 장기간 계속되면 체중감소가 나타난다(고혈당증). 혈당을 조절하는 호르몬은 췌장에서 분비되는 인슐린과 글루카곤이다.

인슐린은 췌장의 베타세포에서 합성되며, 간의 글리코겐 합성을 촉진하고 혈당을 낮추는 작용을 한다. 인슐린과 반대작용을 하는 글루카곤은 췌장의 알파세포에서 분비되며, 간의 글리코겐을 분해하여 혈당을 높이는 작용을 한다.

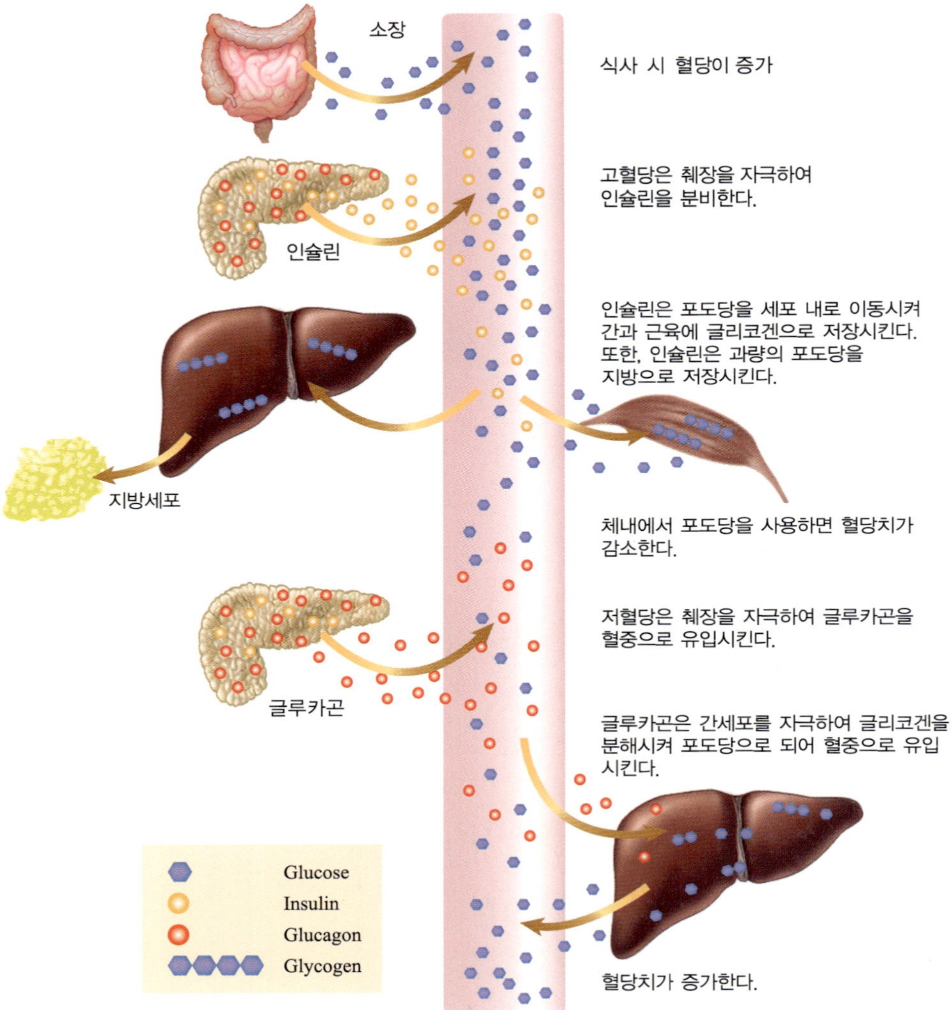

그림 2-2 혈당의 조절

4. 케톤증 예방

저탄수화물 식사를 하거나 당뇨병 등으로 탄수화물의 체내 이용이 어려워지는 경우 체지방이 분해되어 주된 에너지원으로 쓰이게 된다. 체지방이 분해되면 생성된 아세틸 CoA는 완전히 연소하기 위해 옥살로아세트산을 필요로 하나, 세포 내 옥살로아세트산의 부족으로 인해 TCA 회로로 들어가지 못하고 아세틸 CoA가 서로 축합하여 케톤체(ketone body)가 생성된다.

이때 생성된 케톤체는 뇌, 심장, 근육, 신장 등에서 에너지원으로 사용되어 체단백질의 손실을 1/3가량으로 줄여주는 역할을 한다. 뇌조직이 케톤체를 사용하지 못하면, 뇌에 에너지를 공급하기 위해 체내 단백질을 분해해 포도당을 합성하여야 하기 때문이다.

그러나 세포에서 케톤체가 대사되는 양보다 과잉으로 생성되어 혈액과 조직에 케톤체가 축적되면 케톤증(ketosis)이라는 합병증이 발생할 수 있다. 이는 혈액의 산 염기평형이 깨어져 산독증(acidosis) 증세로 나타난다.

주된 증상으로는 호흡기를 통한 아세톤 냄새, 식욕저하, 다뇨, 갈증 및 뇌손상 등을 들 수 있다. 케톤증을 방지하기 위해서는 하루 50~100 g의 탄수화물 섭취가 필요하다.

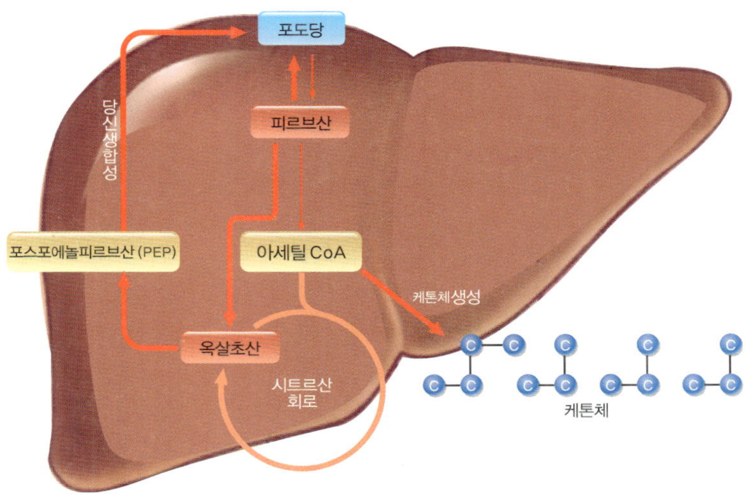

그림 2-3 케톤체의 대사

5. 체구성 성분

탄수화물은 미량이지만 체구성 성분으로도 존재한다. 포도당은 혈액 내에는 약 0.1% 농도로 함유되어 있고, 5탄당 리보오스는 체내 DNA와 RNA의 구성 성분으로 존재한다. 뮤신은 점액의 주요성분인 당단백질로 탄수화물 총 무게의 50% 이상을 차지한다.

6. 식이섬유 제공

과거에는 식이섬유는 체내에서 분해되지 않은 채 대변으로 배설되므로 영양소로 포함하지 않았으나, 최근에 건강과 관련된 식이섬유의 기능이 알려지면서 영양소로서 인정을 받게 되었다. 식이섬유는 체내 장내 소화효소에 의해 분해되지 않는 식품 중의 다당류를 말한다. 식이섬유는 물에 용해되는 정도에 따라 수용성 식이섬유와 불용성 식이섬유로 분류한다.

수용성 식이섬유는 섭취 시 장에서 쉽게 용해 · 팽윤되어 점성을 나타내므로 만복감 부여, 포도당 흡수 지연, 체중조절과 대장암의 예방 등 건강증진과 만성 퇴행성 질병의 예방에 유익한 기능을 한다.

반면에 불용성 식이섬유는 물과 친화력이 적어 겔 형성능력이 낮으며, 장내 미생물에 의해서 분해되지 않고 그대로 배설되므로 배변량과 배변속도를 증가시켜 대장암과 변비를 예방하는 기능이 있다.

표 2-1 수용성과 불용성 식이섬유의 종류 및 효과

	종 류	급원식품	생리효과
용해성 식이섬유	• 펙틴 • 검 • 해조다당류	• 과실류(감귤 · 사과) • 두류 · 귀리 · 보리 • 해조류(미역, 다시마, 한천)	만복감 부여 포도당의 흡수지연 혈청 콜레스테롤 농도 저하
불용해성 식이섬유	• 셀룰로오스 • 헤미셀룰로오스 • 리그닌 • 키틴	• 밀 · 보리 · 현미 • 곡류 · 채소 • 세포벽 • 새우, 게 등 갑각류 껍질	소화관 내의 체류시간 단축 대변량 증대 (변비예방, 정장효과) 장내 세균에 의해 발효되지 않음

2-2 탄수화물 급원식품과 분류

1. 탄수화물 급원식품

탄수화물 급원식품으로는 쌀, 밀, 감자, 고구마, 옥수수 등과 같은 곡류의 전분으로, 한국인을 비롯한 동양인의 주식이 되는 식품들이다. 식물은 광합성과정을 통해 공기 중의 이산화탄소와 토양 중의 물로부터 탄수화물을 합성한다. 식품 중에 함유된 탄수화물은 당의 결합 상태에 따라 단순당(포도당, 과당, 이당류 등)과 복합당(올리고당과 다당류)으로 분류할 수 있다.

하루에 필요한 총 에너지 섭취량에 대해 탄수화물 : 지질 : 단백질 섭취의 구성 비율은 55~65 : 15~30 : 7~20으로 권장하고 있으며, 이는 체내에서 에너지를 생성할 수 있는 영양소들(탄수화물, 지질, 단백질) 간의 상호작용과 균형을 고려한 것이다.

고탄수화물 식사를 할 경우, 심혈관질환의 위험이 높다는 연구결과와, 저탄수화물 식사를 할 경우 고지질 섭취로 인한 비만과 식이섬유 섭취에 어려움이 있는 것을 고려하여 탄수화물의 에너지 적정 비율의 범위를 55~65%로 설정하였다.

그림 2-4 탄수화물 급원식품

2. 탄수화물의 분류

(1) 단당류

단당류는 탄수화물의 기본단위이며, 조성이 단순하고 크기가 비교적 작은 탄수화물을 말한다. 식품에 가장 흔하게 함유되어 있는 당은 육탄당이며, 소화과정을 거치지 않고 바로 흡수되어 에너지원으로 사용된다. 식품 내에 단당류 형태로 존재하는 경우는 드물고 주로 다른 당들과 결합하여 이당류나 전분, 식이섬유 등의 구성성분으로 존재한다.

① 포도당(glucose)

포도당은 과일 특히 포도에 많이 함유되어 있다고 하여 붙여진 이름으로, 체내 혈액 중에 약 0.1% 함유되어 있다. 자연계에 가장 많이 존재하는 단당류로서 과일, 채소, 꿀과 엿 등에 다량 함유되어 있다. 중환자나 수술환자, 기아상태나 극도로 피로한 사람에게 포도당 주사나 포도당을 마시게 하면 빠른 에너지 공급이 가능하다.

그림 2-5 포도당 급원식품

② 과당(fructose)

과당은 천연당 중 단맛이 가장 강해서 감미료로 많이 이용된다. 꿀이나 잘 익은 과일의 과즙, 고과당 옥수수시럽 등에 많이 함유되어 있다. 과당을 소량 섭취할 경우에는 인슐린 분비를 촉진하지 않으므로 포도당내성을 증진시키는 효과가 있다.

그러나 과잉섭취하게 되면 해당과정에서의 대사경로가 포도당보다 단순해서 포도당보다 빠르게 지방산을 합성할 수 있고 혈중 중성지질과 콜레스테롤의 농도를 증가시킬 수 있으므로 설탕이나 과당을 첨가당 형태로 과량 섭취하는 것은 바람직하지 않다.

그림 2-6 과당 급원식품

③ 갈락토오스(galactose)

갈락토오스는 영, 유아의 뇌 발달에 필수적인 영양소로서, 단당류 중 장내 흡수 속도가 가장 빠르다. 자연계에서 유리형으로는 거의 존재하지 않으며, 주로 사람이나 동물의 젖에 유당을 구성하는 결합 형태로 다량 함유되어 있다. 갈락토오스는 당단백질과 당지질인 세레브로시드(cerebroside)의 구성성분으로 뇌, 신경조직에 많이 분포하고 식물성 식품에서는 해조류에 많이 함유되어 있다.

(2) 이당류

① 맥아당(maltose)

맥아당은 2개의 포도당이 α-1,4 결합에 의해 연결된 것으로 곡류에 싹이 틀 때나 전분이 가수분해 되면서 생성된다. 식물의 싹이나 식혜, 맥주 등에 함유되어 있다. 소화관내에서 쉽게 포도당으로 분해되므로 체내에서 소화흡수가 잘 된다.

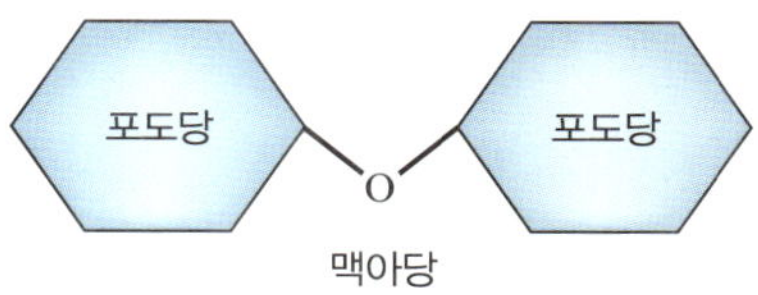

그림 2-7 맥아당 구성

② 서당(sucrose)

서당은 포도당 한 분자와 과당 한 분자가 α-1,2 결합에 의해 연결된 것으로, 자당이나 설탕이라고 부르기도 한다. 천연에는 벌꿀, 과즙, 채소, 단풍당밀시럽 등에 함유되어 있다. 사탕수수나 사탕무우의 즙에 많이 들어 있으며 이 즙을 고도로 정제하면 생성되는 결정체로 거의 100% 서당으로 이루어져 있다. 서당을 전화효소(invertase)로 가수분해 시키면 단맛이 더 강한 전화당이 생성된다.

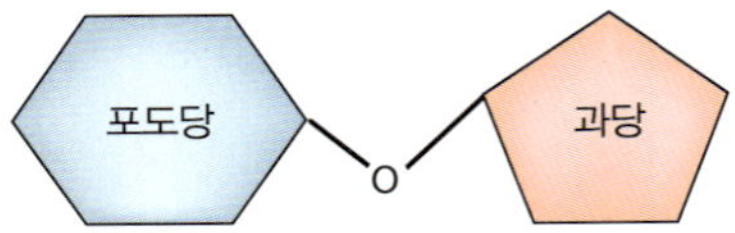

그림 2-8 서당 구성

③ 유당(lactose)

유당은 포도당 한 분자와 갈락토오스 한 분자가 β-1,4 결합에 의해 연결된 것으로 포유동물의 젖에만 들어 있는 이당류이다. 영, 유아의 뇌 발달에 필수적인 갈락토오스를 제공하고 칼슘의 흡수를 증진시킨다. 또한 장내 유익균인 유산균의 성장을 촉진하며 다른 유해균의 증식을 억제하므로 신생아나 신생동물에게 중요한 영양소이다. 우유에는 모유보다 유당이 적게 함유되어 있으므로 우유로 조제분유를 제조할 때 유당을 반드시 첨가한다.

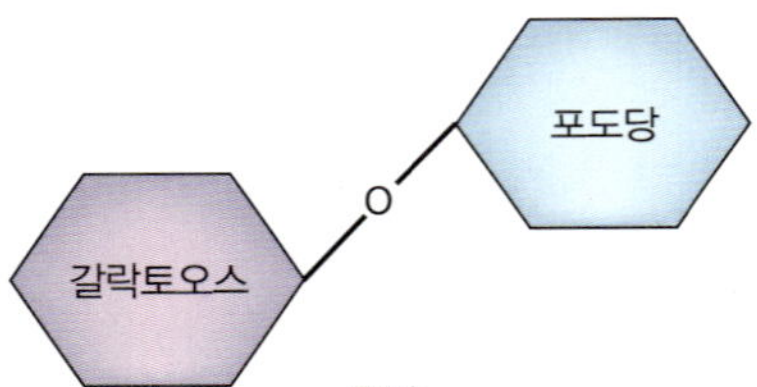

그림 2-9 유당 구성

(3) 올리고당(oligosaccharide)

올리고당은 3~10개 미만의 단당류로 구성되어 있으며, 체내에서 분해할 수 있는 소화효소가 없으므로 단당류로 분해되지 않으며 대장에서 박테리아에 의해 분해되어 약간의 에너지를 생성한다. 최근 올리고당은 체내에서 다양한 생리기능을 나타냄이 밝혀져 주목을 받고 있다. 올리고당은 저칼로리 감미료로서 부드러운 단맛을 가지면서 혈당을 빠르게 올리지 않아 당뇨환자의 혈당조절을 위한 설탕 대용으로 이용된다.

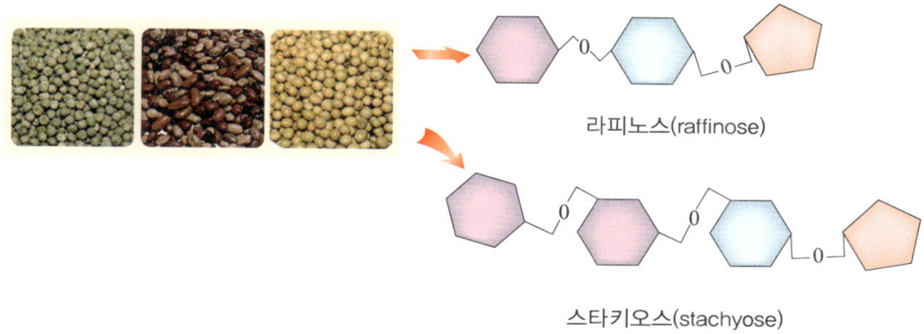

그림 2-10 콩의 올리고당 구성

그 밖에도 장내 유익균의 성장을 돕고 혈중 지방과 콜레스테롤 함량을 낮추고 충치를 예방하는 등 건강에 이로운 생리기능을 하므로 '기능성 올리고당' 이라고 부르기도 하며 상업적으로 대량생산되기도 한다.

천연 올리고당인 라피노스, 스타키오스는 두류에 소량 존재하며 체내에는 당지질이나 당단백질의 구성성분으로 주로 세포막 표면에 부착되어 있다. 상업적으로 생산되는 기능성 올리고당류에는 프락토올리고당, 이소말토올리고당, 갈락토올리고당 등이 있다. 올리고당은 장내 세균 중 유익한 균총인 비피도박테리아(bifidobacteria)를 선택적으로 활성화해 장의 건강을 유지시키는 기능이 있으며, 병원성 미생물과 결합하여 장에서 생육하지 못하도록 방해하는 작용이 있어 각종 가공식품에 첨가되고 있다.

(4) 다당류

1) 전분 (starch)

전분은 식물성 식품에 들어있는 포도당의 중합체로서 쌀이나 밀, 보리, 옥수수 등의 곡류, 감자와 고구마 같은 서류, 뿌리채소류, 콩류에 들어 있다. 전분은 포도당의 연결방식에 따라 크게 아밀로오스와 아밀로펙틴로 나뉘어진다. 아밀로오스(amylose)는 포도당이 α-1,4 결합으로만 연결되어 긴 직선모양을 이루고 아밀로펙틴(amylopectin)은 α-1,4 결합으로 이루어진 긴 사슬에 α-1,6 결합으로 가지를 많이 친 모양을 가진다.

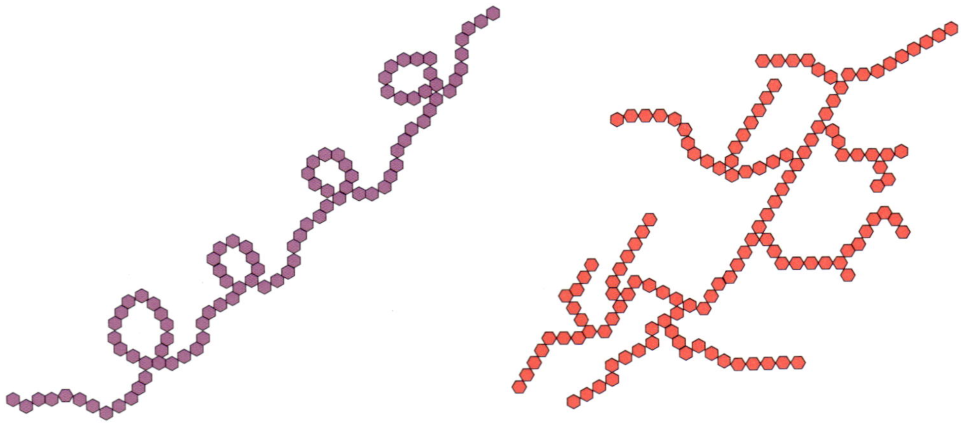

아밀로오스
(α-1,4결합사슬)

아밀로펙틴
(α-1,4결합사슬+α-1,6결합 곁가지)

그림 2-11 전분 구성

아밀로펙틴은 가지 구조로 구성되어 있어서 호화와 노화속도가 아밀로오스보다 느리고 체내에서 소화속도도 다르다. 생 전분 상태는 소화되기 어려우므로 소화효소가 작용하기 쉬운 형태인 호화전분으로 만들기 위해서 전분식품을 가열조리 한다.

2) 글리코겐(glycogen)

글리코겐은 동물의 간이나 근육에 있는 포도당 중합체로서 동물성 전분이라고 부른다. 글리코겐의 포도당 연결방식은 아밀로펙틴과 유사하나 가지가 더 많고 사슬의 길이가 짧은 구조적인 특성을 가지기 때문에 혈당을 높일 경우 효율적으로 포도당을 공급할 수 있다. 우리 몸에 필요한 에너지보다 에너지원을 많이 섭취하였을 때 일시적으로 저장되는 형태로서 인체 내에서 혈당조절에 중요한 역할을 한다.

3) 식이섬유(dietary fiber)

식이섬유는 사람의 소화효소에 의해 가수분해 되지 않는 고분자화합물로서 식물성 식품에 많이 함유되어 있다. 물에 용해되기 쉬운 수용성 식이섬유와 물에 잘 안 녹는 불용성 식이섬유로 구분 할 수 있다.

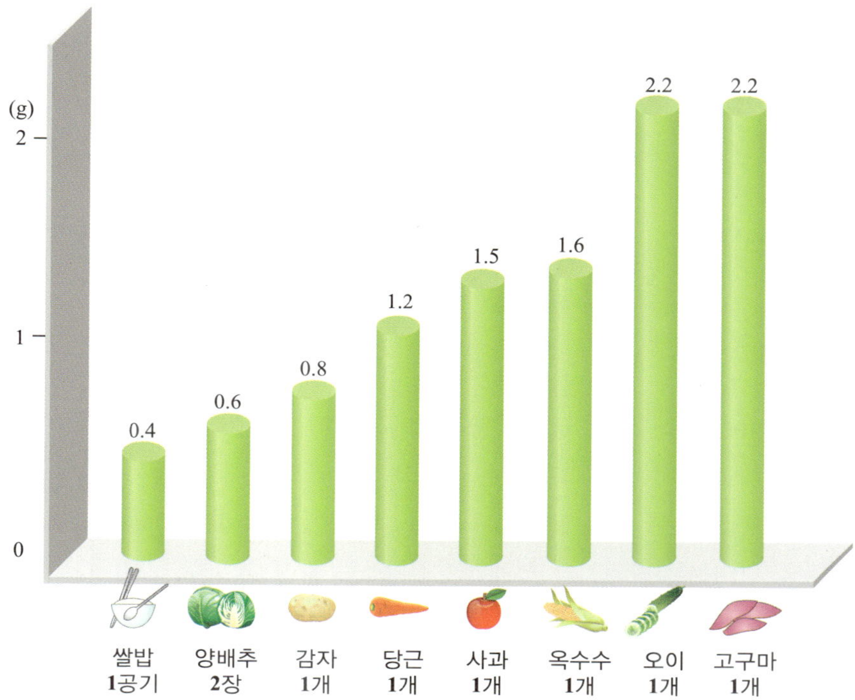

그림 2-12 식품 중의 식이섬유 함량

① 수용성 식이섬유

수용성 식이섬유는 세포가 서로 붙어 있도록 접착제 역할을 하며, 과일류, 채소류, 곡류, 해조류, 두류 등에 함유되어 있다. 펙틴, 해조다당류, 검류, 점액질, ß-글루칸 등이 수용성 식이섬유에 속하며 감귤류, 사과, 바나나, 호밀, 보리, 말린 콩, 김, 미역, 다시마 등에 많이 들어 있다.

② 불용성 식이섬유

불용성 식이섬유는 식물세포벽의 기본구조 성분으로 물과 친화력이 적어 겔 형성력이 낮은 성질을 갖고 있다. 불용성 식이섬유의 대표적인 물질은 겨나 밀짚 등에 많은 셀룰로오스로 아밀로오스와 비슷한 구조를 가지고 있으나 포도당 간에 베타결합을 하고 있어 셀룰로오스 분해효소가 없는 사람은 소화시키기 어렵다.

그 밖에 밀기울과 전곡류에 많은 헤미셀룰로오스(hemicellulose), 딸기씨, 우엉 등에 많은 리그닌(lignin), 새우와 게 등 갑각류의 껍질이나 버섯의 세포벽에 함유된 키틴(chitin)이나 키토산이 불용성 식이섬유에 속한다. 통밀, 현미, 호밀, 채소 등 식물의 줄기 등에 많이 들어있다.

2-3 탄수화물의 소화와 흡수

주로 섭취하는 탄수화물 급원식품인 밥, 국수, 감자, 빵 등에 함유된 탄수화물은 전분형태로 들어 있으며, 전분은 분자크기가 커서 분해되지 않은 상태로는 소장점막을 통과할 수 없다. 과일이나 채소, 젖 등에 들어있는 이당류도 체내에서 분해과정 없이는 분자크기가 커서 소장점막을 통과할 수 없다. 따라서 식사를 통해 섭취한 탄수화물은 소화과정을 통해 단당류로 분해되어야 소장점막세포를 지나 체내로 흡수될 수 있다.

식사를 통해 섭취한 대부분의 탄수화물이 최종적으로 분해되어 체내에서 필요한 에너지원으로 이용되는 형태는 포도당이다. 흡수된 단당류는 간으로 가서 대사과정을 통해 포도당으로 전환된 후 혈류를 통해 각 조직으로 운반된다.

인슐린의 도움으로 세포 내로 들어간 포도당은 대사과정을 거쳐 이산화탄소와 물로 완전히 분해되면서 에너지(ATP)를 생성한다.

에너지 필요량보다 탄수화물을 과잉으로 섭취했을 경우에는 혈당은 간과 근육에 글리코겐 형태로 저장되고 남는 것은 체지방으로 전환되어 피하조직에 지질로 저장된다. 공복일 때나 탄수화물 섭취부족일 경우에 피하조직의 지질이 분해되어 에너지원으로 사용된다.

1. 탄수화물의 소화

탄수화물 급원식품으로 섭취한 밥, 국수, 빵 등에 함유되어 있는 탄수화물은 분자크기가 커서 소장점막에 흡수하기 어려우므로, 흡수하기 쉬운 작은 크기인 단당류로 분해되어야 하며 이 과정을 탄수화물의 소화라고 한다.

(1) 입에서의 소화

탄수화물의 소화는 입에서 시작된다. 타액에는 전분 분해효소인 아밀라아제(salivary amylase)가 함유되어 있으며 이 효소는 전분을 길이가 조금 더 짧은 덱스트린이나 맥아당으로 분해한다. 입안에서 씹는 작용은 타액분비를 촉진하고 타액 아밀라아제가 식품과 잘 섞이게 해주어 소화를 촉진시킨다. 음식물이 입안에 머무는 시간이 짧으므로 입안에서 많은 소화 작용이 일어나기 어려우나 오래 씹으면 일부 전분은 맥아당까지 분해가 가능하다.

(2) 위장에서의 소화

위장에서는 탄수화물 소화효소가 분비되지 않고 타액 아밀라아제도 위산에 의해 변성되어 활성이 저하되면서 탄수화물의 소화는 거의 일어나지 않는다. 펙틴이나 검류 같은 수용성 식이섬유들은 유미즙이 위에 머무르는 시간을 길게 하여 만복감을 주고 소화 작용이 천천히 일어나게 하는 역할을 한다.

(3) 소장에서의 소화

대부분의 탄수화물은 소장에서 완전히 소화된다. 위장에서 내려온 소화물은 산성의 유미즙 상태로 소장으로 이동하면 알칼리성의 췌장액이 분비된다. 이 소화액에 의해 유미즙의 산성으로부터 십이장벽을 보호하고 췌장효소들이 작용하기에 적당한 pH를 만들어준다.

췌장에서 만들어져 소장으로 분비되는 췌장 아밀라아제(pancreatic amylase)는 전분이나 덱스트린의 α-1,4 결합을 끊어서 맥아당까지 분해한다. 소장벽의 미세융모에서 분비되는 말타아제(maltase), 수크라아제(sucrase), 락타아제(lactase)등의 이당류 분해효소들은 맥아당, 서당, 유당과 같은 이당류를 포도당, 과당, 갈락토오스 등의 단당류로 분해한다.

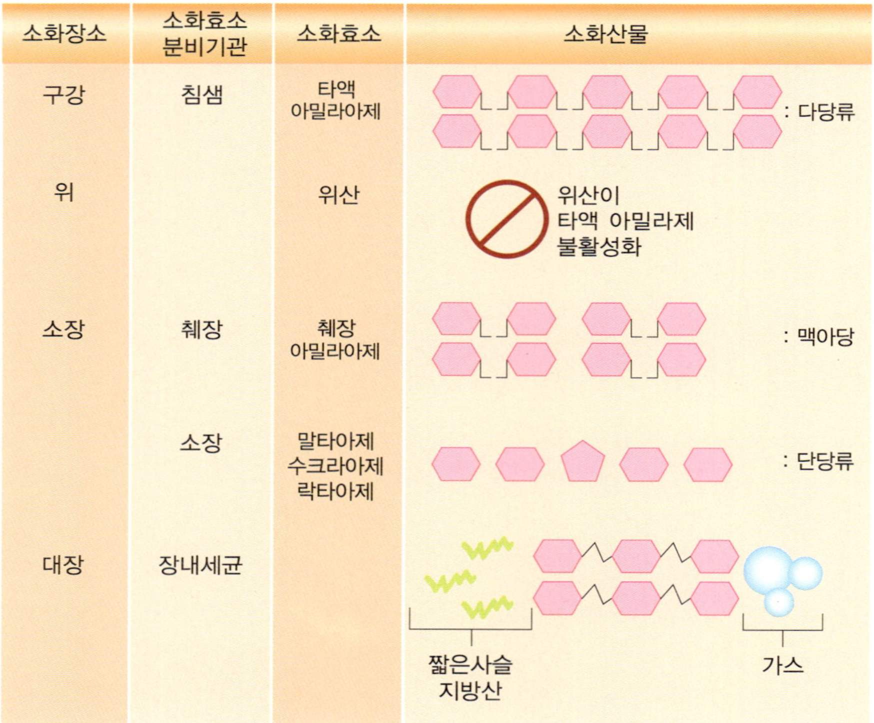

그림 2-13 체내 소화기관별 탄수화물의 소화

(4) 대장에서의 소화

대부분 포유동물은 기능성 올리고당이나 식이섬유를 분해할 수 있는 소화효소가 체내에서 분비되지 않으므로 소화되지 않은 채로 대장으로 내려간다. 수용성 식이섬유의 일부는 장내세균에 의해 분해되어 짧은 사슬 지방산과 가스를 생성한다. 이들 짧은 사슬 지방산은 대장 세포의 에너지원으로 이용되고 혈중 콜레스테롤수치를 낮추거나 대장암을 예방하는 작용을 한다. 불용성 식이섬유는 대장에서 대부분 그대로 배설 된다.

2. 탄수화물의 흡수

소장에서 탄수화물로부터 최종적으로 분해된 단당류가 소장 미세융모와 점막세포를 통과하여 체내로 들어가는 일련의 과정을 탄수화물 흡수과정이라고 한다. 탄수화물이 흡수되는 주요부위는 소장의 중간부위인 공장이다. 단당류들은 소장 표면의 융모에 붙어 있는 미세융모를 통과해 소장 점막세포 내로 흡수된다.

소장 표면의 융모와 미세융모는 흡수면적을 증가시키는 역할을 하며 소장 점막세포내로 흡수된 단당류는 기저막을 통과하여 장을 둘러싸고 있는 모세혈관으로 들어간 후 문맥을 통해 간으로 운반된다.

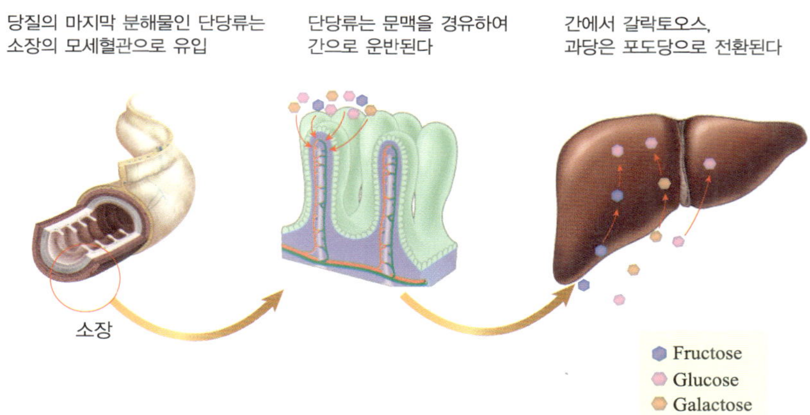

그림 2-14 탄수화물의 흡수

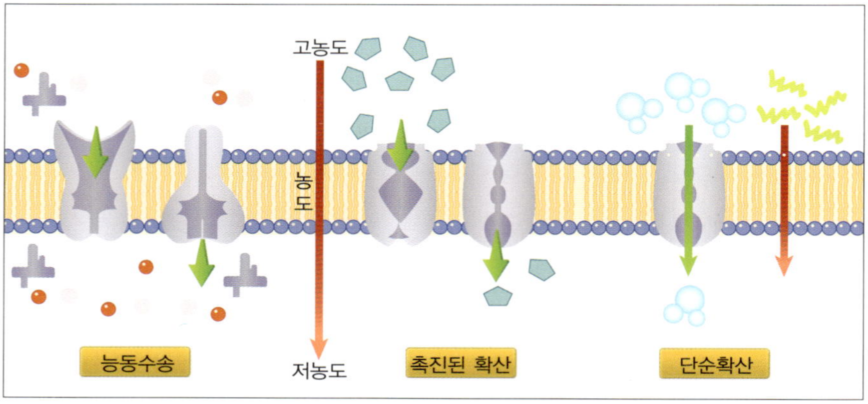

그림 2-15 단당류의 흡수기전

소장관내의 단당류 농도가 높을 경우에는 상당량이 단순확산에 의해 소장점막내로 흡수된다. 하지만 흡수가 진행되어 소장관보다 소장점막내의 농도가 높아지면 단당류 종류에 따라 다른 기전에 의해 흡수된다. 일반적으로 포도당과 갈락토오스는 에너지와 나트륨(Na^+)과 함께 능동수송에 의해 흡수되며 같은 운반체를 사용하므로 서로 경쟁한다. 과당은 흡수세포들에 의해 촉진 확산되며 운반체가 있어 일반적으로 확산보다는 빠른 속도로 운반되지만 농도경사를 거슬러 운반시키지는 못한다.

소장 내 탄수화물의 흡수속도는 단당류의 종류에 따라 다르다. 포도당 흡수를 100으로 해서 비교해 보면, 갈락토오스 110, 포도당 100, 과당 43, 만노오스 19, 자일로오스 15, 아라비노스 9의 순이다.

2-4 탄수화물의 대사

식품 내 탄수화물은 체내에서 소화과정을 통해 단당류 상태로 흡수된다. 흡수된 포도당은 혈당을 일정 수준으로 유지하며 대부분 단당류는 간에서 포도당으로 전환된 후 에너지로 이용된다.

여분의 포도당은 간과 근육에 글리코겐 형태로 저장되고, 나머지는 중성지방으로 전환되어 지방조직에 저장된다. 따라서 체내 탄수화물의 대사는 포도당의 대사라고 할 수 있다. 혈당이 170 mg/100 mL 이상인 경우에는 소변으로 배설한다.

1. 혈당 조절

정상상태의 혈당은 공복 시에 70~100 mg/100 mL 이다. 주로 음식물의 소화에 의해 소장에서 흡수된 포도당은 혈액에 일단 저장되며 혈당이 저하될 경우에는 간의 글리코겐 분해 및 포도당 신생합성에 의해 증가된다. 혈당은 조직에 필요한 에너지 생성에 사용되고, 유당, 당지질, 핵산, 뮤코당의 합성에 쓰이며 간이나 근육에 글리코겐 형태로 저장되고, 남으면 체지방으로 전환되어 저장된다. 혈당이 170~180 mg/100 mL 이상인 경우에는 소변으로 배설된다.

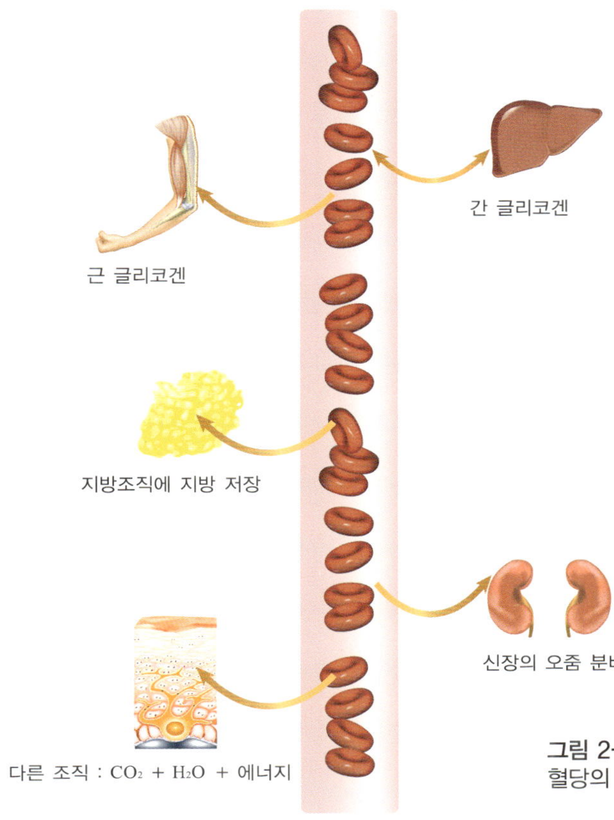

그림 2-16
혈당의 운명

2. 체내 에너지 공급

흡수된 포도당은 체내에서 해당과정과 TCA회로를 거쳐 조직에 필요한 에너지를 즉시 공급한다. 특히, 적혈구와 뇌세포, 신경세포는 주로 포도당을 에너지원으로 사용한다. 포도당이 인슐린의 도움을 받아 세포내로 들어가면 포도당은 피루브산으로 분해된다. 생성된 피루브산(Pyruvic acid)은 산소가 충분한 호기적 상태에서는 TCA회로에서 대사과정을 거쳐 ATP를 생성한다.

산소가 부족한 혐기적 조건에서는 피루브산은 TCA회로를 들어가지 못하고 젖산으로 전환된다. 근육으로 이동된 젖산은 포도당으로 전환되어 활용되거나 글리코겐으로 저장되지만 근육에 쌓인 젖산은 피로와 통증을 일으킨다.

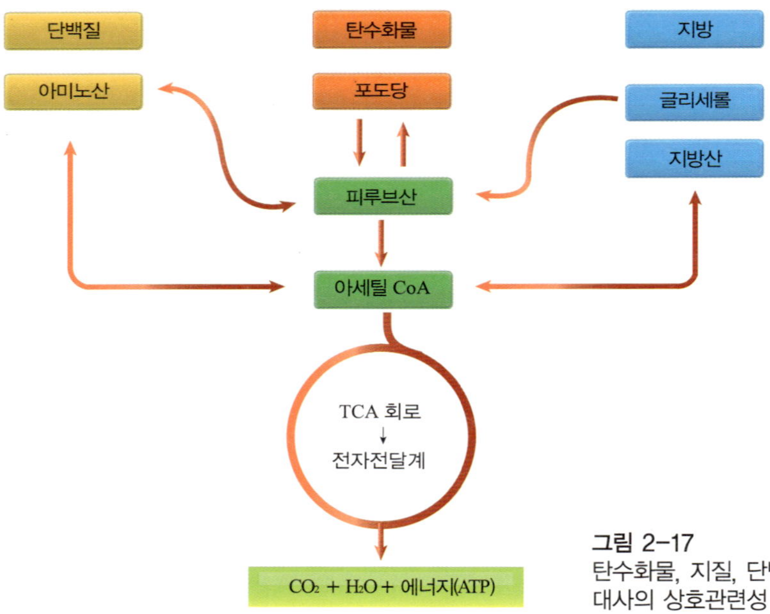

그림 2-17
탄수화물, 지질, 단백질 대사의 상호관련성

(1) 포도당 대사

포도당 대사과정에는 해당과정, TCA 회로, 오탄당 인산경로 등이 있다. 혈액을 통해 세포내로 이동된 포도당 1분자는 해당과정, TCA 회로를 거쳐 32ATP 에너지를 생성한다. 해당과정은 세포질에서 일어나며 포도당이 10단계 과정을 거치면서 피루브산 2분자를 생성한다. 해당과정 동안 포도당 1분자 당 ATP 7분자가 생성된다.

산소가 충분한 호기적 상태에서 생성된 피루브산은 미토콘드리아 막을 거쳐 아세틸 CoA로 전환되어 TCA회로에서 대사된다. TCA 회로를 통해 생성된 NADH와 $FADH_2$ 는 최종 에너지 생성단계인 전자전달계에서 각각 2.5와 1.5 ATP를 생성한다. 피루브산은 TCA 회로를 거치면서 ATP 25분자를 생성한다.

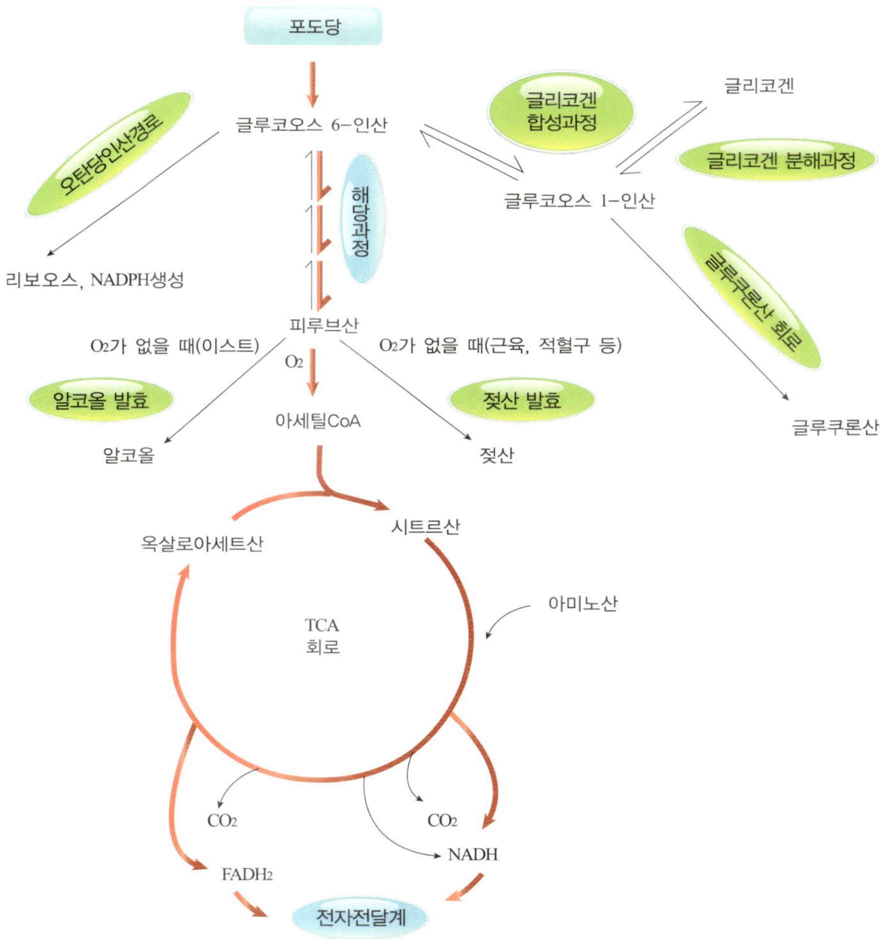

산소가 있을 때, 고등 동식물에서 에너지 생성

그림 2-18 포도당 대사 경로

결국 포도당 1분자의 완전한 이화대사과정을 거쳐 생성된 에너지는 총 32분자의 ATP이다.

오탄당 인산경로(pentose phosphate pathway)는 주로 피하조직처럼 지방합성이 활발히 일어나는 곳이나 간, 적혈구, 부신피질, 고환, 유선조직 등에서 일어난다. 이 경로를 통해 포도당으로부터 핵산합성에 필요한 5탄당인 리보오스(ribose)와 지방산, 스테로이드 호르몬 합성에 필요한 NADPH가 생성된다.

(2) 젖산 생성- 코리 회로 (cori cycle)

격심한 운동을 계속하는 경우, 체내에서 소모하는 산소량이 공급되는 산소량보다 더 많아져 어느 순간부터 근육세포는 산소가 부족한 상태인 혐기상태에 처하게 된다. 해당 작용은 산소가 없는 상태에서도 진행되나, 해당과정에서 생성된 피루브산은 산소가 부족한 혐기적 조건에서는 TCA회로에 들어가지 못하고 젖산으로 환원되며, 이스트 등의 미생물에서는 알코올 발효가 일어난다.

젖산은 혈액을 통해 간으로 운반되어 다시 포도당으로 전환된 후 글리코겐 형태로 저장되거나 필요한 조직으로 포도당이 보내지는데, 이 과정을 젖산 회로 또는 코리회로라고 한다. 코리회로에 의해 대사될 수 있는 양보다 더 많은 젖산이 생성되어 근육 내에 축적되면 피로를 느끼게 된다.

(3) 단당류 대사

체내에서 과당은 간으로 이동하여 포도당으로 전환되므로, 과당을 섭취할 경우에도 혈당을 높일 수 있다. 과당은 인슐린 호르몬에 의존하지 않고 세포내로 이동한다. 과당은 해당과정에서 속도조절 단계를 거치지 않고 중간단계인 디히드록시아세톤 인산의 형태로 들어가므로 아세틸 CoA 전환속도가 증가되어 지방산 합성속도가 증가한다. 따라서 혈중 중성지질의 농도를 높일 수 있으므로 특히 제2형 당뇨병 환자들은 주의해야 한다.

갈락토오스는 글루코오스 1-인산으로 전환되어 간에서 글리코겐을 합성하거나, 포도당과 같은 경로를 통해 대사된다.

3. 글리코겐으로 합성 및 분해

식사 후에 소화된 탄수화물은 포도당으로 흡수 되면서 혈중 포도당 농도는 증가하게 되고 인슐린이 분비된다. 혈당 저하 호르몬인 인슐린은 혈중에 증가된 포도당을 세포 내로 이동시켜 우선적으로 에너지 생성을 위해 사용되도록 유도한다. 에너지가 충분히 생성된 상태에서는 남은 여분의 포도당은 간 또는 근육에서 글리코겐으로 합성되어 저장된다. 성인의 경우 간 무게의 4~6%인 약 100 g, 그리고 근육 무게의 1% 이하인 약 250 g이 글리코겐으로 저장되어 있다.

이와 같은 글리코겐 양은 체내에 저장할 수 있는 지방량에 비하면 매우 적은 양이다. 식사 직후에는 포도당이 풍부해 간의 글리코겐 저장량은 6% 정도까지 이르기도 하나, 12~18시간 금식 후에는 간의 글리코겐이 모두 혈당으로 소모되어 거의 남아 있지 않게 된다.

굶거나 산소가 부족한 혐기상태에서 격심한 운동을 하는 경우에는 간 또는 근육에 저장되어 있던 글리코겐이 재빨리 분해되어 에너지원으로 이용된다. 평소에 운동을 많이 할수록 근육 내 저장되는 글리코겐 함량이 증가하므로 지구력운동 수행능력이 향상될 수 있다. 근육글리코겐은 근육 내에 글루코오스-6-인산 가수분해효소가 없어서 포도당으로 전환되지 않으므로 혈당을 올리는 작용은 하지 못하며, 근육활동에 필요한 에너지원으로만 사용된다.

간과 근육의 글리코겐 분해는 글루카곤, 에피네프린, 노르에피네프린 등 호르몬의 영향을 받는다. 이들 호르몬은 혈당 상승을 유도하는 호르몬으로 글리코겐 분해를 촉진한다.

이 호르몬들은 세포 내로 직접 진입하지 않고 세포내 전령물질인 cAMP(고리형 아데노신 1 인산)가 자극을 전달받아 글리코겐 분해효소를 활성화한다. 동시에 cAMP는 글리코겐 합성효소를 불활성화시켜 글리코겐 합성을 저해함으로 글리코겐 합성과 분해는 동시에 발생하지 않는다.

4. 체지방으로 저장(lipogenesis)

동물 및 인체에는 사용하고 남은 포도당을 일단 글리코겐 형태로 저장할 수 있으나 그 양이 매우 제한되어 있다. 글리코겐으로 저장하고 남은 여분의 포도당은 보다 효율적인 저장에너지 형태인 '지방'으로 전환된다. 체내에서 포도당은 해당과정을 거쳐 아세틸 CoA로 분해된 후 지방산으로 전환 될 수 있다. 지방산 3분자가 해당과정 중간 경로를 통해 만들어진 글리세롤 1분자와 결합하면 중성지질이 합성된다.

중성지질은 간 또는 피하, 복강 등에 있는 피하지방조직에 체지방으로 저장된다. 따라서 고기와 같은 동물성 식품을 먹지 않고, 밥, 빵, 감자 등의 고탄수화물 식품만을 많이 섭취할 경우에도 체지방이 증가하여 비만이 초래될 수 있다. 에너지 섭취가 부족한 경우 체내에 저장된 중성지방은 분해되어 에너지원으로 이용된다.

5. 포도당 신생합성(gluconeogenesis)

포도당 신생합성은 충분한 양의 탄수화물 섭취가 어려울 때 필요한 포도당을 체내에서 합성하여 공급해 주는 대사과정이다. 혈당은 뇌, 적혈구, 부신피질 등의 에너지급원으로서 매우 중요하며, 혈당이 저하되면 호르몬의 작용으로 포도당의 절약작용과 신생합성과정이 증가되어 혈당이 증가된다. 포도당 이외의 물질, 즉 아미노산이나 글리세롤, 피루브산, 젖산, 프로피온산 등을 이용하여 간이나 신장에서 포도당이 합성되는 것을 포도당 신생합성이라고 한다.

포도당 신생합성과정 중에는 근육에서 생성된 피루브산이 젖산으로 되어 간으로 이동해서 포도당을 합성하는 코리회로, 아미노산 대사에서 나온 아미노기와 함께 알라닌을 합성하여 간으로 이동되어 포도당을 합성하는 과정인 알라닌 회로가 있다.

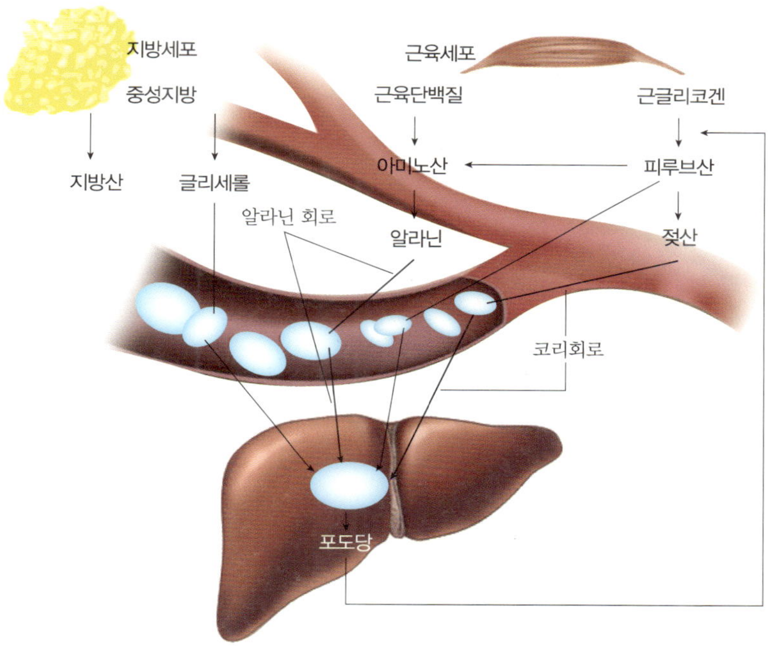

그림 2-19 포도당 신생합성

2-5 탄수화물과 건강문제

1. 당뇨병

최근 들어 우리나라에서도 경제성장으로 인한 영양소 과잉섭취와 이에 따른 비만증세가 증가하면서 당뇨병에 의한 사망률은 점차 증가하고 있다. 당뇨병은 췌장에서 분비되는 혈당조절 호르몬인 인슐린이 충분히 분비되지 않거나 인슐린 수용체의 감도가 저하되었을 때 혈당이 세포 내로 들어가지 못하고 요로 배설되는 탄수화물 대사 장애이다. 혈중 포도당 농도가 만성적으로 170~180 mg/100 mL 이상으로 높아지면 소변으로 빠져나온다.

당뇨병은 제1형 당뇨병과 제2형 당뇨병 및 임신성 당뇨병 등으로 분류된다. 제 1형 당뇨병은 인슐린을 분비하는 췌장의 질환으로 인해 인슐린 분비량이 절대적으로 부족한 경우이며, 제 2형 당뇨병은 유전적 요인을 가지고 있는 사람이 비만, 과식, 스트레스, 운동부족 등 환경요인의 영향으로 인해 인슐린 수용체의 감도가 낮아진 경우에 나타난다. 임신성 당뇨병은 임신 후반기에 인슐린의 작용을 방해하는 호르몬에 의해 발생하며 거대아와 기형아의 출산 가능성이 높다.

당뇨병의 합병증으로는 과잉의 포도당이 체단백질이나 조직, 특히 눈과 신장, 신경조직, 혈관에 작용해서 생기는 말단혈관질환(발과 다리), 시력약화나 실명, 신장질환, 신경손상 등이 일어나기 쉽다. 당뇨병은 당의 과잉섭취 자체로 유발되는 것이 아니라, 체중과다나 비만이 원인이 된다. 따라서 당뇨병 환자의 경우 에너지 섭취를 줄이고, 포도당과 같은 단순당 보다는 전곡류와 식이섬유 같은 다당류를 많이 섭취하여 혈당의 급격한 상승을 억제해야 한다.

2. 유당불내증

유당불내증은 소장세포에서 유당 소화효소인 락타아제의 결핍이나 활성저하로 인한 일종의 소화 불량성 질환이다. 유당이 소장에서 포도당과 갈락토오스로 분해되지 못한 채 대장으로 내려가면 대장에서 박테리아에 의해 발효되어 산과 가스를 생성한다. 이로 인해 삼투압을 높여서 설사나 복부팽만, 장 경련, 복통 등을 일으킨다. 후천적인 유당불내성의 경우 소량의 우유를 지방 식품과 같이 천천히 늘려가면서 마시면 유당분해효소가 다시 증가하기도 한다.

유당을 유산으로 발효시킨 요쿠르트를 이용하는 것도 좋은 방법이며 유당분해효소를 첨가하여 유당을 분해시킨 저락토오스 우유를 섭취하거나 대체식품으로서 칼슘강화 두유 등을 이용할 수 있다. 전 세계적으로 흑인, 아시안인, 아프리카인은 백인보다 유당불내증이 훨씬 많이 나타나며 우유 섭취량이 많은 백인 민족은 유당불내증이 적게 나타난다.

3. 충 치

입안에서 서식하는 박테리아와 음식 찌꺼기, 특히 설탕류가 모여서 치아표면에 플라그를 형성하면 박테리아는 설탕을 발효시켜 주로 젖산을 생성하게 되므로 입 안의 pH가 4까지 떨어진다. 일반적으로 pH 5.5 이하에서부터 치아의 에나멜층이 산에 의해 녹아 파괴되기 시작하고 충치가 발생한다. 충치균은 설탕 이외에 입안에서 쉽게 발효되는 전분이나 단순당류, 콘시럽 등도 이용할 수 있다.

탄수화물 식품 가운데서도 당 함량이 많으면서 끈적끈적한 식품은 구강 내 잔류시간이 길어서 오랫동안 박테리아에게 먹이를 제공하므로 충치를 유발할 수 있다. 과일주스나 설탕이 첨가된 액상 요구르트도 당과 산을 같이 함유하고 있어서 충치를 유발할 수 있다.

4. 게실증

식이섬유는 대변의 양을 증가시켜 대장의 움직임을 촉진시켜 장 내용물의 대장 통과 속도를 높여주며 물을 보유하여 분변도 부드럽게 만들어 준다. 그러나 식이섬유를 너무 적게 섭취하면 대변의 양이 적어지고 단단해진다.

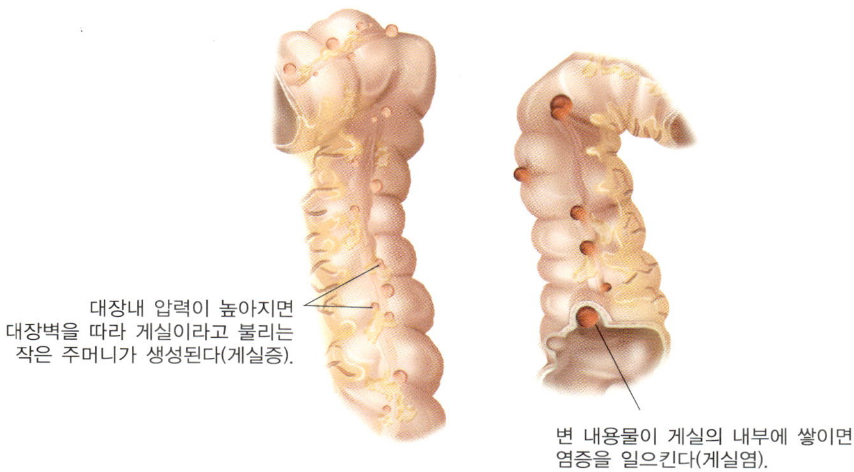

그림 2-20 게실증

대변의 양이 적고 단단해지면, 배설을 위해 압력을 크게 가해야 하고 이에 따라 대장벽의 일부가 부풀어져 주머니, 즉 게실을 형성한다. 게실증은 게실에 장내 음식 내용물이 들어가게 되면 박테리아가 이것들을 대사시켜 산과 가스를 형성하게 되고 게실을 자극하여 염증이 생기는 증세이다.

고령화될수록 게실 발생빈도가 증가하여 게실증 자체는 특별한 증상을 나타내지 않는다. 그러나 게실증은 천공, 장출혈 등의 합병증을 유발할 수 있으므로 게실이 생기지 않도록 예방하는 것이 중요하다. 서양인의 경우 60세 이상 노인의 60% 이상이 게실증을 가지고 있으며 이는 식이섬유의 섭취의 부족과 지질, 육류 섭취량의 증가 때문으로 보인다. 우리나라에서는 식생활의 변화와 함께 점차 게실증 발생빈도가 증가하고 있다.

게실증을 예방하기 위해서는 식이섬유를 충분히 섭취해야 하지만 일단 게실에 염증이 생겼을 경우에는 식이섬유의 섭취가 증상을 악화시킬 수 있으므로 초기에는 식이섬유를 적게 섭취하여 박테리아가 더 이상 작용하지 못하도록 한다. 일단 염증이 가라앉으면 적응정도를 보면서 식이섬유 양을 늘려 분변의 배설을 높이고 재발을 막는 것이 좋다.

Chapter 3
지질

Chapter 3
지 질

지질은(lipids)은 3대 열량영양소 중 가장 많은 열량을 내는 고에너지 열량원이다. 장기 저장 에너지로서의 기능 이외에도 지질의 종류에 따라 다양한 생리적 기능을 수행한다.

3-1 지질의 영양생리학적 기능

1. 중성지질의 기능

(1) 에너지 공급

지질은 1 g당 9 kcal의 고에너지를 공급하는 열량영양소이다. 그램당 4 kcal를 제공하는 탄수화물이나 단백질에 비해 2배 이상의 에너지를 제공한다. 특히 심장근은 평소에도 당질보다는 지질 분해를 통해 에너지를 공급받는다. 직접적 에너지원으로 분해되는 지방산은 포도당 부족이 발생하는 장기적 기아상태에서는 케톤체라는 비상 에너지원으로 전환되어 에너지를 공급한다.

(2) 에너지 저장

체내 저장 에너지의 80% 이상은 중성지질 형태로 저장되며 장기적으로 고에너지를 저장하는 효율적 방식이다.

(3) 티아민 절약작용

지질 에너지 대사과정에는 티아민을 필요로 하지 않으므로 체내 티아민 저장분을 고갈시키지 않는다. 당질에 의존하는 에너지대사는 티아민을 필요로 하여 체내 티아민 고갈이 발생할 수 있다.

(4) 단백질 절약작용

당질과 마찬가지로 식이 섭취된 지질도 단백질 절약작용을 한다. 단백질은 체조직 등을 구성하는 중요한 영양소이다. 당질과 지질 섭취량이 낮은 경우 혈당과 에너지 부족이 발생하게 되고 체조직 합성에 사용되어야 할 단백질이 혈당과 열량 부족을 채우기 위해 분해되어 사용된다.

(5) 필수지방산 공급

식이 섭취 지질의 95% 이상이 중성지질 형태로 공급된다. 필수지방산은 중성지질을 구성하는 지방산의 형태로 공급되므로 중성지질을 섭취하지 않으면 필수지방산의 공급이 불가능하다.

(6) 지용성 비타민 흡수에 필요

비타민 중 지용성 비타민들은 유기용매에 용출된다. 식이섭취된 지질은 식품속의 지용성 비타민을 용출시키는 매개체로 작용하므로 최소한의 지질 섭취는 지용성 비타민의 흡수를 위한 필수요소이다.

(7) 체온유지

열전도율이 낮은 지방은 체열 손실을 막아준다. 단열재 역할을 하는 피하지방은 온도가 낮은 환경에서 체온 저하 방지에 중요한 역할을 한다.

(8) 장기보호

지방조직층은 내장기관을 물리적 충격으로부터 보호하는 역할을 한다.

(9) 포만감

지질식품은 위장에 오래 머물러 포만감을 부여하므로 공복감을 쉽게 느끼지 않는다.

(10) 영양생리학적 이외의 기능

식품에 풍부하게 들어있는 향미성분은 대부분 지용성으로 음식에 풍미를 부여하여 맛과 향을 증진시킨다.

2. 인지질의 기능

(1) 유화작용

인지질은 극성인 친수성기와 비극성인 소수성기를 모두 갖고 있는 양성물질이다. 수성과 유성물질이 서로 섞일 수 있도록 미립자를 형성하여 분산시키는 유화작용을 한다.

(2) 세포막 구성

인지질은 세포막의 이중층을 구성한다. 친수성 부분은 세포외측과 세포내측으로 향하고 있고 소수성 부분은 서로 맞닿은 형태로 세포막의 구조적 안전성을 유지한다.

(3) 지단백질 구성

지단백질 생성은 체내에서 소수성 물질인 지질을 운반하는 중요한 과정이다. 지단백질의 내부에는 중성지질 등의 소수성 물질을 그리고 외부에는 친수기를 갖는 인지질로 표면성분을 구성하여 수용성인 혈액 환경에서 지질을 효율적으로 운반한다.

3. 콜레스테롤 기능

(1) 세포막 구성

두뇌, 신장, 간을 구성하는 세포막에는 콜레스테롤이 많이 함유되어 있다. 콜레스테롤은 세포막 구조의 완전성에 기여하여 유연성과 경직성의 두 가지 요소에 영향을 미친다.

(2) 스테로이드계 호르몬 구성

콜레스테롤은 체내에서 합성되는 스테로이드계 호르몬의 전구체가 된다. 스테로이드계 호르몬에는 성호르몬인 프로게스테론, 테스토스테론, 에스트로겐 등과 부신피질 호르몬인 알도스테론, 코르티코스테로이드 등이 있다.

(3) 담즙산 전구체

간에서는 콜레스테롤로부터 담즙산을 합성한다. 담즙산은 지질 유화에 필수적인 물질이다.

(4) 비타민 D 전구체

콜레스테롤이 전구체인 7-디히드로콜레스테롤은 피하지방에 저장되어 있다가 자외선을 쪼이게 되면 비타민 D_3로 전환된다. 비타민 D는 혈중 칼슘농도의 항상성 유지와 섭취칼슘의 흡수를 증진시키는 역할을 한다.

4. 필수지방산 기능

(1) 세포막의 유동성, 투과성에 기여

세포막을 구성하는 인지질의 베타 위치(글리세롤 2번 탄소)에는 주로 필수지방산들이 결합되어 있다. 이 불포화지방산들에 2개 또는 3개 있는 시스형 이중결합의 구조적 특징은 세포막에 유동성과 투과성을 부여하는 중요한 작용을 한다는 것이다.

(2) 지단백질 구성에 필수

혈관을 통한 지질 운반 형태인 지단백질의 표면에도 필수지방산이 함유된 인지질이 덮고 있어 중심부의 소수성 지질이 안전하게 이동될 수 있도록 돕는다.

(3) 혈청 콜레스테롤 개선

필수지방산 섭취 시 혈중 HDL콜레스테롤 수치가 증가한다. HDL콜레스테롤은 세포조직 말단에서부터 간 쪽으로 이동하면서 혈관내벽의 콜레스테롤을 수집해 운반하는 지단백질 형태로 간으로 온 콜레스테롤은 담즙 형성 등에 사용되어 소모된다.

(4) 필수지방산 결핍증 예방

필수지방산 결핍 시 피부건조와 경화, 피부 염증, 학습력 감퇴, 기억장애, 면역력 감소, 성장 저지, 심혈관질환, 치유 기능 손상 등이 나타난다. 필수지방산의 섭취로 이러한 결핍증을 사전예방할 수 있다.

(5) 에이코사노이드 전구체

필수지방산을 섭취하면 탄소수 20개인 지방산으로 전환되고 이 지방산들은 탄소 20개인 호르몬 유사물질 에이코사노이드(eicosanoid)를 형성한다. 프로스타글란딘을 거쳐 형성되는 프로스타사이클린은 혈관이완과 혈소판응집억제, 트롬복산은 혈관수축과 혈소판응집, 류코트리엔은 염증반응 등에 각각 관여한다.

3-2 지질 급원식품과 분류

1. 지질 급원식품

일반적으로 알려진 유지류가 대표적인 지질 급원식품이다. 육류에는 상당량의 지질이 포함되어 있다. 소고기 마블링 부분, 돼지고기의 삼겹살, 닭고기의 껍질

그림 3-1 지질 급원식품

부위에도 많은 양의 지질이 함유되어 있다. 튀김요리를 위한 식용유, 제빵 과정에 첨가되는 라드와 버터, 그리고 이들의 대체 가공 유지 제품인 쇼트닝과 마가린도 유지류이다. 견과류와 종실류에도 상당한 양의 지질이 함유되어 있다. 어류 중에는 지질 급원으로 등푸른 생선의 섭취를 많이 권장하는데 심혈관질환 예방에 유익한 EPA나 두뇌발달에 좋은 인자인 DHA의 함량이 많은 편이다.

2. 지방산 분류

동식물성 자원에서 고루 얻을 수 있는 지질(lipids)식품은 성상에 따라 고체인 지방(fat)과 액체 상태인 기름(oil)으로 나눠진다. 지질식품의 물리적 성상 차이, 화학적 특성, 건강에 미치는 영향 등은 지질을 구성하는 지방산에 따라 달라지므로 지방산의 종류와 특성을 파악하는 것은 매우 중요하다.

지방(fat) 기름(oil)

그림 3-2 고체지방과 액체기름

(1) 탄소 수에 따른 분류

짧은사슬, 중간사슬, 긴사슬지방산

천연에 존재하는 지방산은 대부분 짝수개로 구성되어 있다. 지방산을 구성하는 탄소 개수에 따라 짧은사슬지방산(탄소수 6개 이하), 중간사슬지방산(탄소수 8~10개), 긴사슬지방산(탄소수 12개 이상)으로 구분한다. 이는 각각 단쇄, 중쇄, 장쇄지방산이라고도 부른다. 탄소사슬 길이는 지방의 융점에 영향을 준다. 짧은사슬지방산 함량이 높은 우유 지방 버터는 약 32°C, 긴사슬지방산 위주로 구성된 소의 우지는 45~55°C에 녹는다.

(2) 이중결합 수에 따른 분류

포화, 단일불포화, 다가불포화지방산

포화지방산은 지방산을 구성하는 탄소 결합이 모두 단일결합으로 구성되어 있고 불포화지방산은 지방산 구성 탄소 결합에 이중결합이 있다. 단일불포화지방산은 이중결합이 1개 있고 이중결합이 2개 이상인 경우 다가불포화지방산이라고 한다. 불포화지방산 함량이 증가하면 해당 지질의 융점은 더욱 낮아져 냉장온도에서도 액체 상태를 유지하게 된다.

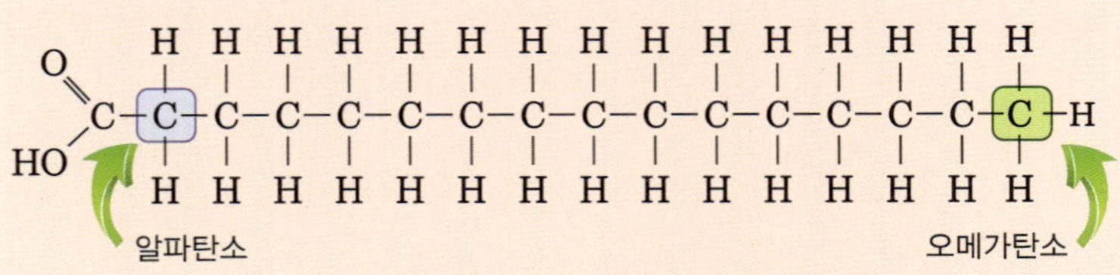

A. 포화지방산 : 팔미트산 C16:0

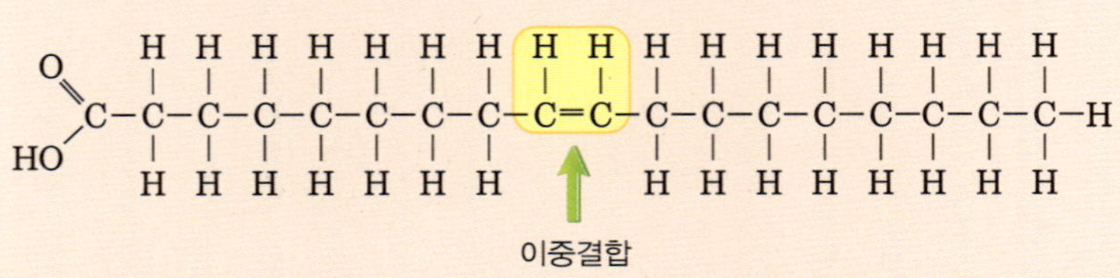

B. 단일불포화지방산 : 올레산 C18:1

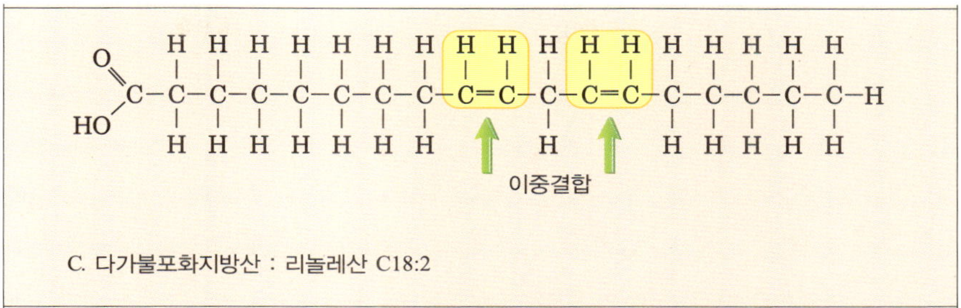

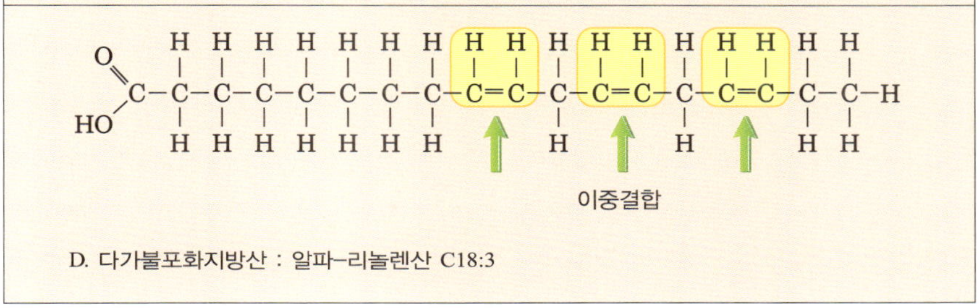

그림 3-3 포화지방산, 단일불포화지방산, 다가불포화지방산 구조

(3) 이중결합 형태에 따른 분류

시스지방산과 트랜스지방산

자연계에 존재하는 이중결합의 일반적인 형태는 시스(cis) 형태이다. 탄소에 결합된 수소가 같은 방향으로 위치한다. 모유에 있는 vaccenic acid(바세닉산, C18:1, trans-11)은 드물게 트랜스 형태로 구성되어 있으나 그 존재는 매우 제한적이다.

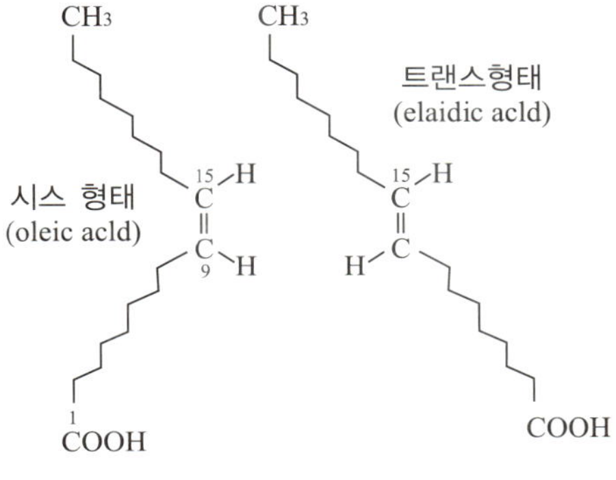

그림 3-4
시스지방산과 트랜스지방산

표 3-1 대표적인 지방산 종류: SFA, MUFA, PUFA

명칭	C : D	ω	이중결합 위치	급원
포화지방산 (SFA : saturated fatty acid)				
Butyric acid	4:0			버터
Caproic acid	6:0			버터, 팜유, 쇼트닝
Caprylic acid	8:0			코코넛유, 팜유, 버터
Capric acid	10:0			코코넛유, 팜유
Lauric acid	12:0			코코넛유, 팜유, 인유(6%)
Myristic acid	14:0			코코넛유, 팜유, 버터
Palmitic acid	16:0			팜유(44%), 버터(30%), 라드(26%), 우지(25%), 쇼트닝(20%)
Stearic acid	18:0			우지(17%), 버터(14%), 라드(12%)
Arachidic acid	20:0			
Behenic acid	22:0			
단일불포화지방산 (MUFA : mono unsaturated fatty acid)				
Palmitoleic acid	16:1	ω-7	*cis* 9	어유
Oleic acid	18:1	ω-9	*cis* 9	올리브유(76%) 아몬드 (67%) 카놀라유(58%) 홍화유(58%) 우지(43%), 라드(42%) 땅콩기름(41%) 팜유(39%)
다가불포화지방산 (PUFA : poly unsaturated fatty acid)				
Alpha-linolenic acid	18:3	ω-3	*cis* 9, 12, 15	들기름 등
Eicosapentaenoic acid (EPA)	20:5	ω-3	*cis* 5, 8, 11, 14, 17	등푸른생선
Docosapentaenoic acid (DPA)	22:5	ω-3	*cis* 7, 10, 13, 16, 19	물범오일
Docosahexaenoic acid (DHA)	22:6	ω-3	*cis* 4, 7, 10, 13, 16, 19	등푸른생선
Linoleic acid	18:2	ω-6	*cis* 9,12	각종 식물성 유지
Gamma-linolenic acid (GLA)	18:3	ω-6	*cis* 6,9,12	달맞이꽃종자유
Dihomo-gamma-linolenic acid	20:3	ω-6	cis 8,11,14	
Arachidonic acid (AA)	20:4	ω-6	*cis* 5,8,11,14	동식물성 유지에 소량씩

일상의 식품에서 발견되는 트랜스지방산은 주로 수소경화과정에서 만들어지며, 바람직하지 않은 지방산 형태로 간주된다. 이중결합 탄소에 연결된 수소가 서로 반대방향으로 향하고 있어 불포화지방산임에도 불구하고 사슬의 구조가 직쇄로 곧게 뻗은 형태를 하고 있다. 라드 대용품 쇼트닝에는 약 30%, 버터 대용품 마가린에는 약 15%의 트랜스지방산이 존재한다.

반고체형태의 수소경화 유지 제품은 비용절감과 저장성 향상 등의 장점에도 불구하고 섭취 시 인체에 해로운 점이 알려진 이후로 그 사용이 자제되고 있다. 트랜스지방산은 혈중 LDL 수치를 높이고 HDL 수치는 감소시킨다. 포화지방산 못지않게 관상동맥질환 발생률을 높이는 인자인 것이다. 심혈관계 질환 유발 인자인 트랜스지방산을 WHO에서는 1일 총 칼로리의 1% 미만을 섭취하도록 권고하고 있다.

(4) 이중결합 위치에 따른 분류

오메가 지방산

지방산을 구성하는 탄소에 번호를 붙여 명명할 때 지방산의 카르복실기를 기준으로 하여 명명하는 알파명명법과 지방산 말단의 메틸기를 기준으로 명명하는 오메가명명법이 있다. 오메가 탄소인 메틸기($-CH_3$) 쪽 탄소로부터 첫 번째 등장하는 이중결합의 위치에 따라 명명되는 오메가 지방산들은 중요한 영양학적 의의를 갖는다.

예를 들어 오메가-3 지방산은 메틸기 말단에서 3번째와 4번째 사이에 첫 이중결합이 등장한다. 특히 오메가-3 지방산은 혈소판 응집 감소로 혈전 형성을 억제하고 혈관 확장에 기여하므로 심혈관질환예방에 효과가 있으며, 염증억제와 면역증진에도 효과적이다.

DHA는 특히 두뇌발달과 시각유지에 도움을 주는 지방산이다. 체내 DHA의 90%가 뇌에 존재하고 눈의 망막에도 존재한다. DHA는 성장기 영유아에게 필요한 지방산이지만 알파-리놀렌산에서의 대사 전환이 아직 발달되어 있지 않으므로 별도로 제공하는 게 좋다.

표 3-2 오메가 지방산들의 급원식품

오메가 지방산	급원 식품		지방산 종류
오메가 3	들기름	60%	알파 - 리놀렌산
	카놀라유(유채기름)	10%	〃
	홍화유(잇꽃기름)	10%	〃
	콩기름	8%	〃
	등푸른생선	16~22%	EPA, DHA
오메가 6	해바라기유	70%	리놀레산
	면실유	55%	
	대두유	54%	
	옥수수유	51%	
	참기름	44%	
오메가 9	올리브유	76%	올레산
	아몬드	67%	
	카놀라유(유채기름)	58%	
	홍화유(잇꽃기름)	58%	

올리브유 카놀라유 홍화유 들기름 EPA, DHA 캡슐

그림 3-5 주요 오메가 지방산 급원식품

(5) 식이섭취 필요성에 따른 분류

필수지방산과 불필수지방산

체내 합성 가능 여부에 따라 필수지방산과 불필수지방산으로 나뉜다. 인체는 오메가-3, 오메가-6 지방산을 합성하지 못하므로 식사를 통한 공급이 중요하다.

성장 인자로 알려진 알파-리놀렌산(C18 : 3, 오메가-3)과 성장 인자이자 피부병 예방 인자인 리놀레산(C18 : 2, 오메가-6)의 2가지 필수지방산을 반드시 식이 섭취하도록 한다. 알파-리놀렌산과 리놀레산의 섭취가 부족하거나 체내 전환에 문제가 있는 경우 아라키돈산, EPA, DHA는 조건부필수지방산이 된다.

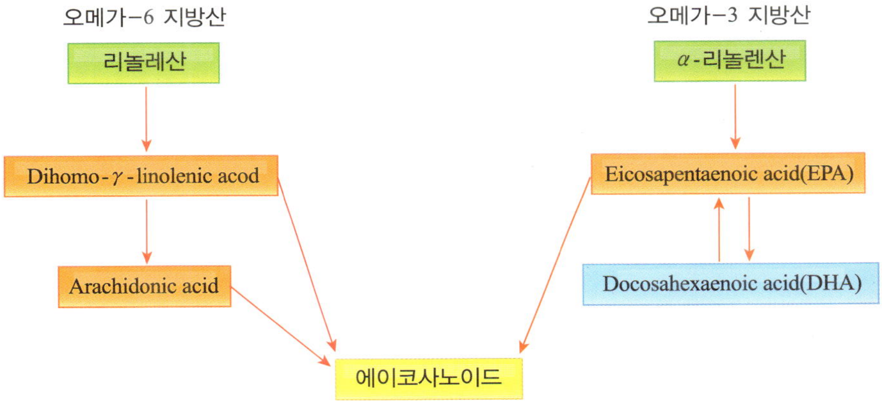

그림 3-6 오메가 3, 6 지방산과 에이코사노이드 생성

필수지방산과 에이코사노이드

필수지방산을 섭취하면 체내에서 디호모 감마-리놀렌산(C20 : 3, 오메가-6), 아라키돈산(C20 : 4, 오메가-6)과 EPA(20 : 5, 오메가-3)로 전환되어 에이코사노이드(eicosanoid)를 생성한다. 탄소 20개로 이루어진 에이코사노이드는 호르몬처럼 작용하여 혈관수축과 이완, 혈소판응집 조절, 염증반응 등에 관여한다.

오메가-6계열 에이코사노이드는 혈관수축과 혈소판응집반응을 강화해주고, 염증반응을 촉진한다. 오메가-3계열의 에이코사노이드는 혈관이완과 혈전감소, 그리고 염증억제에 효과가 있다.

3. 지질 분류 및 주요지질

지질은 구성성분에 따라 단순지질, 복합지질, 유도지질로 분류될 수 있다.

(1) 지질 분류

① 단순지질

지방산과 글리세롤의 결합체이며, 왁스와 글리세리드가 있다. 고급지방산과 고급알코올로 구성되어 있는 왁스는 체내에서 소화, 흡수되지 않으므로 영양적 가치가 없다. 글리세리드는 지방산과 글리세롤의 에스테르 결합물질이다. 지방산이 1개 결합되어 있는 모노글리세리드, 2개 결합되어 있는 디글리세리드, 3개 결합되어 있는 트리글리세리드가 있다.

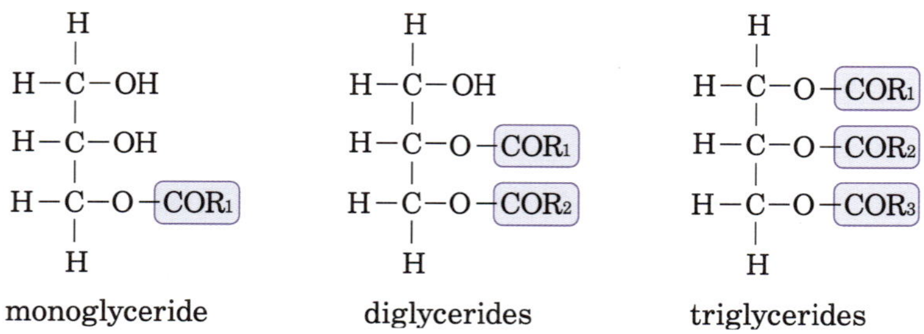

그림 3-7 글리세리드- MG, DG, TG

② 복합지질

단순지질에 당, 인, 또는 단백질이 결합되어 있다. 대표적인 당지질로 세레브로시드, 강글리오시드가 있으며 뇌, 신경조직에 주로 분포한다. 인지질은 글리세롤, 지방산에 인산기, 염기가 결합되어 있고 인체에 있는 세포막 구성 등의 중요한 기능을 한다. 글리세롤 대신 스핑고신을 함유한 스핑고리피드를 인지질로 분류하기도 하며 스핑고미엘린은 뇌, 신경조직에 많이 분포한다. 지단백질은 단백질을 함유한 지질로 인체에서는 체내 지방의 이동을 담당한다.

③ 유도지질

단순지질과 복합지질을 가수분해하여 얻어지는 생성물에는 지방산, 글리세롤, 스테롤류 등이 있다. 스테롤은 스테로이드핵 구조를 갖는 물질이다. 대표적인 스테롤 물질은 콜레스테롤(cholesterol)이며 동물체에만 존재한다. 식물에는 식물성 스테롤(피토스테롤, phytosterol)로 β- 시토스테롤, 에르고스테롤 등이 있다.

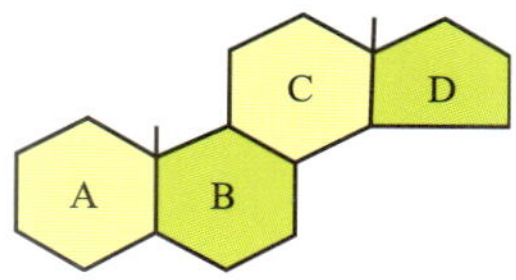

그림 3-8 스테로이드핵의 구조

(2) 주요 지질

① 중성지질

중성지질은 트리글리세리드(TG)로 불리우며, 우리가 섭취하는 지질의 95% 이상이 중성지질로서 형태이다. 체내에 가장 많이 존재하는 저장 지질 형태이다. 글리세롤의 알코올 극성기가 모두 에스테르 결합에 참여하여 무극성인 중성 상태이다. 중성지질을 구성하는 지방산은 포화지방산, 불포화지방산의 다양한 조합으로 구성된다.

포화도가 높은 중성지질은 동물성유지에 많고 낮은 온도에서 주로 고체형태로 존재한다. 섭취 후 체내 온도에서도 고체인 포화지방산의 유입이 혈관 건강에 바람직하지 않은 이유이기도 하다. 구성 지방산의 불포화도가 높을수록 융점은 낮아져 저온에서도 액체상으로 존재한다.

우리 몸에 있는 중성지질은 장기저장 에너지 형태로 피하지방조직과 내장 지방조직에 존재한다. 에너지로 소비되지 못한 열량 영양원들은 지방산으로 전환된 후 글리세롤과 에스테르 결합하여 중성지질을 형성하고 대부분 지방조직에 저장되며 일부는 근육에도 저장된다. 혈당 조절 호르몬인 인슐린은 중성지질의 합성을 촉진하고 저장되도록 유도한다.

인체에 에너지가 부족할 때는 글루카곤 등이 분비되어 저장 중성지질의 분해를 촉진한다. 호르몬 자극으로 분비된 lipase 는 중성지질의 에스테르 결합을 가수분해 시켜 글리세롤과 지방산으로 분해한다. 분해된 지방산들은 직접적인 에너지원으로 사용되거나 케톤체를 형성하여 두뇌의 비상에너지원으로 활용된다.

② 인지질

인지질은 체내에서 합성 가능한 지질이다. 구성하는 염기의 종류에 따라 여러 종류의 인지질이 만들어진다. 콜린 염기를 함유한 레시틴(포스파티딜콜린), 에탄올아민을 함유한 세파린(포스파티딜에탄올아민) 등이 대표적인 인지질이고 이노시톨, 세린 등을 함유한 인지질도 있다.

인지질을 형성하는 글리세롤에 두개의 지방산이 에스테르 결합되어 있고 소수성 부분기를 형성한다. 글리세롤의 세번째 탄소에 인과 염기가 포함된 극성의 친수기가 위치한다.

인지질의 이러한 양성적 특징은 세포막의 인지질 이중층 구조 형성을 가능하게 하며 체내에서 소수성 물질인 지질의 소화, 흡수 및 운반에도 기여하도록 작용한다. 지질 소화과정 중 유화를 위해 분비되는 담즙에는 인지질이 포함되어 있고, 지질 이동 형태인 지단백질 표면층에는 인지질이 덮여있다. 인지질은 체내에서 필요한 분량을 합성해 사용하기 때문에 섭취기준이 설정되지 않은 지질이다.

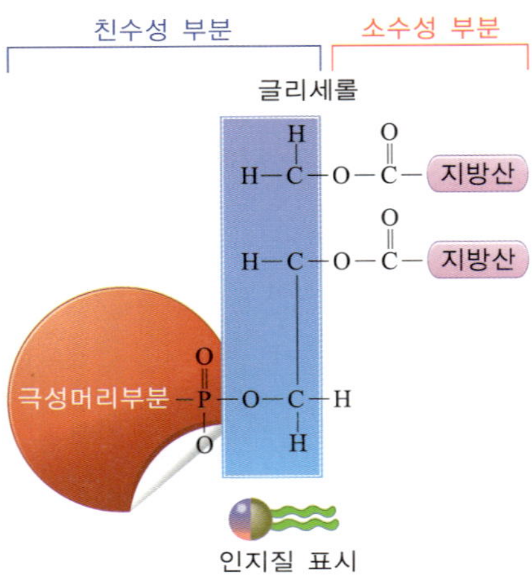

그림 3-9 인지질의 구조

③ 콜레스테롤

인체는 1일 약 1,100 mg의 콜레스테롤을 필요로 하며 섭취량이 부족한 경우 필요량을 합성한다. 주로 간에서 합성되고 일부는 소장에서 합성된다. 콜레스테롤 섭취량이 증가하면 합성량은 감소한다. 지방산이 없는 콜레스테롤을 유리콜레스테롤이라고 하며 알코올기가 하나 있는 약한 극성 물질이다.

체내 존재하는 콜레스테롤의 대부분은 주로 지방산 하나가 에스테르 결합된 콜레스테롤에스테르 형태로 존재하며 소수성 성질이 강하다. 콜레스테롤에스테르는 체내 지방산 운반에도 관여한다. 대부분의 지방산은 중성지질 형태로 운반되지만 일부는 콜레스테롤에 결합된 형태로 이동한다.

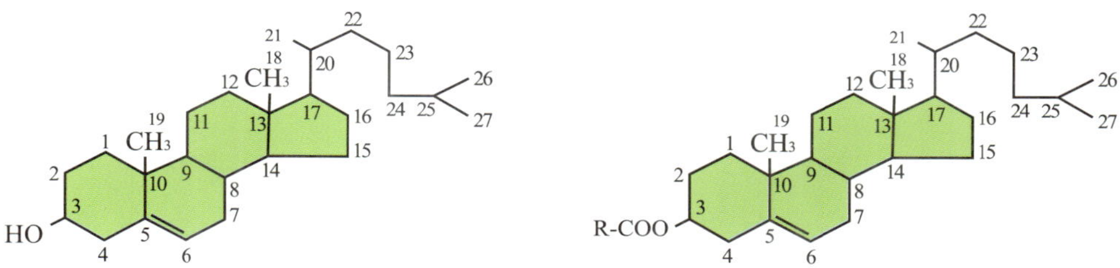

그림 3-10 유리형 콜레스테롤과 콜레스테롤 에스테르

콜레스테롤은 인체에서 다양한 역할을 수행한다. 세포막에 존재하는 콜레스테롤은 세포막을 구성하는 인지질의 지방산 구조 사이사이에 위치하여 세포막의 유연성과 경직성에 모두 기여한다. 스테로이드 호르몬 합성에도 필요하고 피부에서 비타민 D_3로 전환되는 콜레스테롤 대사 유도체 7-디히드로콜레스테롤의 전구체가 되기도 한다.

콜레스테롤은 동물성 식품에만 존재한다. 버터, 난황, 오징어, 새우, 간 등에 함유량이 높은 편이다. 동물도 간에서 주로 콜레스테롤을 합성하고 저장하므로 간은 콜레스테롤 함량이 높은 급원이다. 심혈관계 질환자에게는 콜레스테롤 함량이 높은 식품을 식단으로 활용하는 것을 최소화 하는 것이 바람직하다.

콜레스테롤은 체내에서 합성되는 지질이므로 권장섭취량을 제시하지 않는다. 오히려 과잉 섭취로 인한 혈중 콜레스테롤 수치 증가 등의 문제가 더 크기 때문에 1일 섭취량을 제한하는 기준이 설정되어 있다.

3-3 지질의 소화와 흡수

지질 소화는 입, 위, 소장에서 발생하지만 구강 리파아제(lingual lipase), 위장 리파아제(gastric lipase)의 작용이 크지 않아 대부분의 소화 작용은 소장 내강에서 췌장 리파아제(pancreatic lipase)에 의해 이루어진다. 위장 운동과 위산의 혼합으로 만들어진 산성 유미즙(chyme)은 십이지장으로 유입된 후 세크레틴 분비를 촉진하여 췌장에서 알칼리성 중탄산염이 분비되도록 자극한다. 중탄산염에 의해 중화된 유미즙은 췌장분비 소화효소의 작용을 받기 쉬워진다. 그 외에도 지질이 소화 흡수되기 위해서는 반드시 유화과정이 필요하다.

1. 담즙의 지질 유화작용

식이 섭취된 지질의 95% 이상은 중성지질 형태이다. 소화기관 내에서는 지질이 서로 응집하여 큰 덩어리를 형성하므로 소화효소가 작용하기 어렵다. 따라서 지질의 원활한 소화 작용을 위해 유화 작용이 먼저 이루어져야 한다. 지질이 소장관내로 유입되면 콜레시스토키닌(cholecystokinin) 호르몬이 반응하여 담낭에 저장된 담즙이 십이지장으로 분비되고 지질 유화작용이 시작된다.

담즙에는 담즙산염과 인지질인 레시틴 등이 포함되어 있다. 이는 지질 덩어리가 작은 지방구로 분산되게 돕는다. 유화작용을 통해 소화효소가 작용할 수 있는 표면적을 넓혀주어 지질 소화를 원활하게 한다.

유화된 지방구(직경 약 1 μm) 내부에는 소수성인 중성지질과 콜레스테롤, 지용성 비타민 등이 자리하고 외부에는 친수기를 갖는 담즙산염과 인지질이 둘러싸고 있어 수용성 단백질로 만들어진 소화효소들의 접근이 쉬워진다. 담즙과 지질의 혼합물을 혼합미셀(mixed micelle)이라고 한다. 일반 식품산업에서 사용되는 유화지질인 단순미셀(simple micelle)과 구분된다.

2. 소화 효소에 의한 지질분해 작용

콜레시스토키닌 호르몬은 췌장 소화효소의 분비를 자극하여 췌장 리파아제, 인지질 가수분해효소(phospholipase), 콜레스테롤 에스터라아제의 분비를 촉진한다. 혼합미셀의 중성지질은 췌장에서 분비된 리파아제의 작용을 받아 대부분 β-모노글리세리드와 지방산으로 분해된다. 극히 일부의 중성지질은 디글리세리드와 지방산으로 분해된다. 인지질은 인지질 가수분해효소에 의해 지방산 하나가 제거된 리소인지질(lysophospholipid)과 지방산으로 분해된다. 콜레스테롤에스터라아제는 콜레스테롤에스테르를 콜레스테롤과 지방산으로 분리한다.

유화된 지방구속의 지질들이 소화효소에 의해 분해되는 동안 혼합미셀의 크기는 점점 작아져(직경 4~8 nm) 소장 점막의 미세융모 수용액층에 접근하기 용이해지므로 점막층으로 흡수되고 담즙산염은 소장내강에 남겨져 지질 유화 작용을 계속한다. 소장의 하부로 내려가게 되면 담즙산염도 대부분 흡수되어 간으로 회수되었다가 재분비되는 장간 순환을 하게 된다.

3. 지질의 흡수

긴사슬지방산 vs 짧은사슬지방산, 중간사슬지방산

소화된 지질들은 수동확산으로 흡수되며 흡수율은 약 95%이다. 장점막층으로 흡수된 긴사슬지방산, β-모노글리세리드, 디글리세리드, 인지질, 리소인지질, 콜레스테롤, 지용성비타민 등은 킬로미크론(chylomicron) 지단백질을 형성한다. 긴사슬 지방산의 β-모노글리세리드, 디글리세리드는 중성지질로 재합성되고 리소인지질도 지방산과 다시 합쳐져 인지질로 재합성된다. 콜레스테롤은 지방산과 합쳐져 콜레스테롤에스테르(cholesterol ester)를 형성하거나 콜레스테롤 그대로 킬로미크론 형성에 합류한다.

형성된 킬로미크론의 내부에는 소수성인 중성지방, 콜레스테롤에스터, 지용성비타민이 자리하고 외부 표면에는 인지질, 유리콜레스테롤, 그리고 단백질이 위치한다. 킬로미크론은 림프계인 림프관을 따라 이동하며 흉관을 거쳐 간으로 이동하여 대사된다.

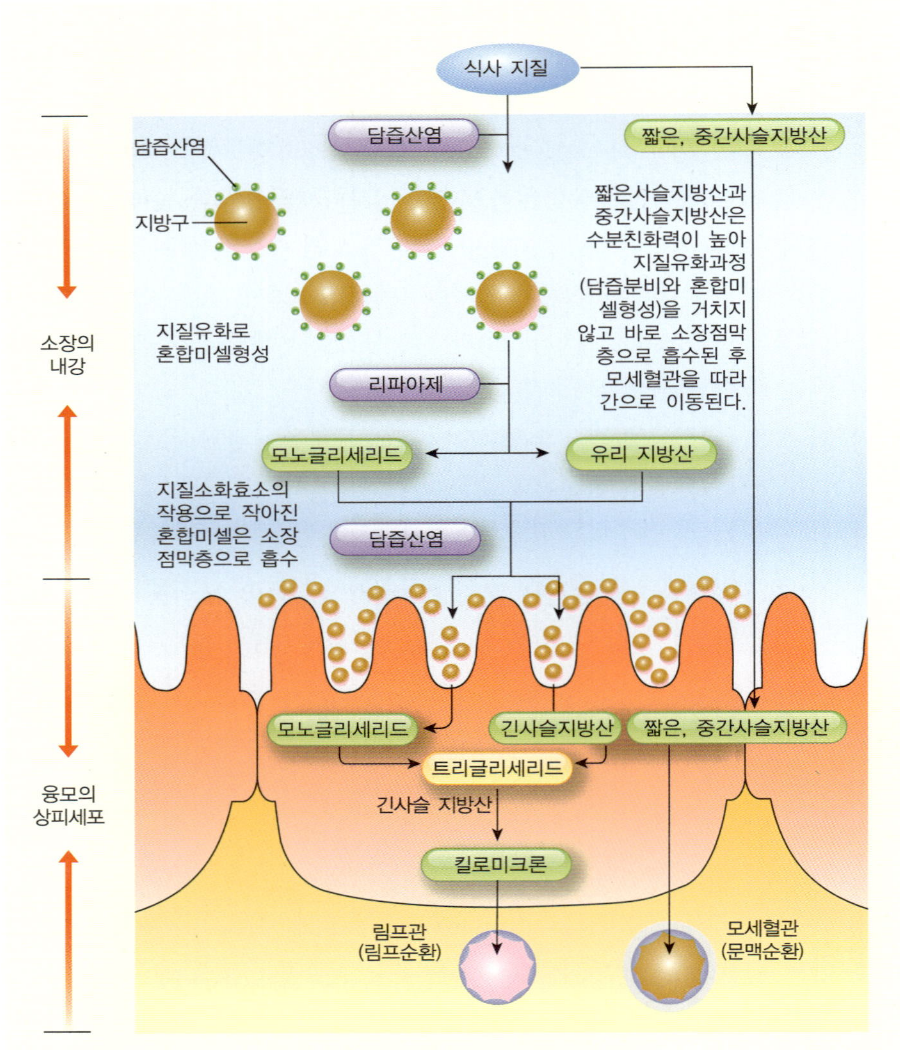

그림 3-11 지질의 소화와 흡수

이처럼 긴사슬 지방산으로 구성된 대부분의 중성지질은 담즙분비, 미셀형성, 장점막에서의 킬로미크론 형성, 림프관으로의 이동 등 복잡한 소화, 흡수 체계를 필요로 한다. 그러나 짧은사슬 지방산과 중간사슬 지방산으로 구성된 중성지질의 경우 수용액과 친화력이 높아 소화, 흡수가 쉽게 이루어진다.

담즙의 지질유화와 미셀형성과정을 필요로 하지 않으며 장점막으로 흡수된 후에도 킬로미크론 형성 없이 수용성 영양소와 더불어 모세혈관, 간문맥을 따라 간으로 이동되어 대사된다. 혈액을 통해 이동하는 짧은사슬 지방산과 중간사슬 지방산은 지방산-알부민 복합체를 형성하여 운반된다. 지질소화 · 흡수가 어려운 환자를 위해 코코넛유, 팜유를 활용한 MCT(mdeium chain triglyceride) 식이처방을 활용하기도 한다.

3-4 지질 이동

지단백질은 이동지질의 형태로서, 지질의 운반을 담당한다. 지단백질은 킬로미크론(chylomicron), VLDL(very low density lipoprotein), IDL(intermediate lipoprotein), LDL(low density lipoprotein), HDL(high density lipoprotein)으로 분류할 수 있다.

1. 흡수된 지질의 이동

킬로미크론 (chylomicron)

이동하는 킬로미크론에는 지단백질 가수분해효소(lipoprotein lipase)가 작용하여 중성지방에서 분해된 지방산들을 세포 조직에 공급한다. 이동하는 동안 킬로미크론의 중성지방이 감소하면서 밀도는 증가한다. 킬로미크론의 남은 물질은 간으로 최종 전달되어 분해 사용된다. 킬로미크론은 섭취한 외인성 중성지질의 이동 형태이고 표면에는 아포 b, c 단백질이 있다. 아포 c 단백질은 지단백질 분해효소의 활성화에 관여한다.

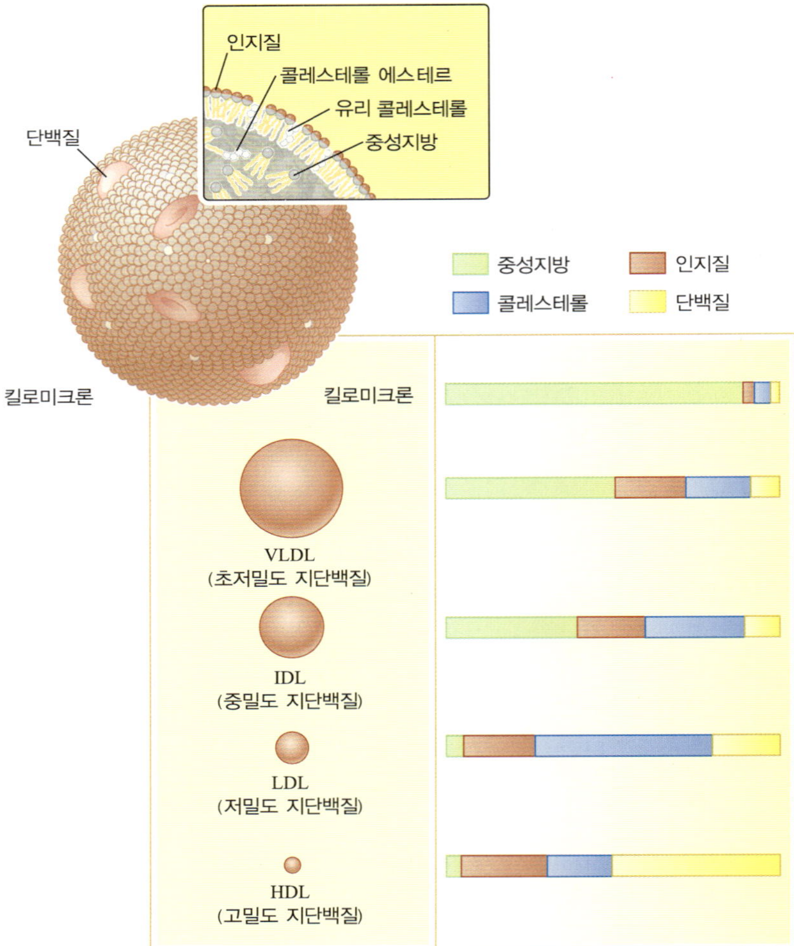

그림 3-12 지단백질의 종류 및 특성

표 3-3 지단백질의 화학적 조성

지단백질 종류	단백질 (%)	지방 (%)	지방 성분 구성 (%)			
			인지질	콜레스테롤 에스테르형	콜레스테롤 유리형	중성지방
HDL	50~55	50	20~25	12	3~4	3
LDL	20~25	75~80	15~20	35~40	7~10	7~10
VLDL	5~10	90~95	15~20	10~15	5~10	50~65
Chylomicron	1.5~2.5	97~99	7~9	3~5	13	84~89

표면층에는 단백질 이외에도 약한극성을 띤 유리형 콜레스테롤과 인지질이 덮고 있다. 중성지질과 콜레스테롤 에스테르가 킬로미크론 내부 물질의 대부분을 차지한다. 밀도가 낮은 중성지질이 주성분이므로 밀도가 가장 낮은 지단백질 형태이다.

2. 체내 대사 지질 이동

체내에서 이동하는 지질들은 인체의 수성환경에 적응하기 좋은 지단백질 형태로 이동한다. 주요 성분인 지질과 단백질의 성분비율 차이에 따라 명칭이 정해지며 단백질 함유 비율이 높아질수록 밀도가 높아진다. 지단백질의 외부에는 인지질의 친수기와 단백질이 자리를 차지하고 내부에는 소수성 지질들이 포함되어 이동한다.

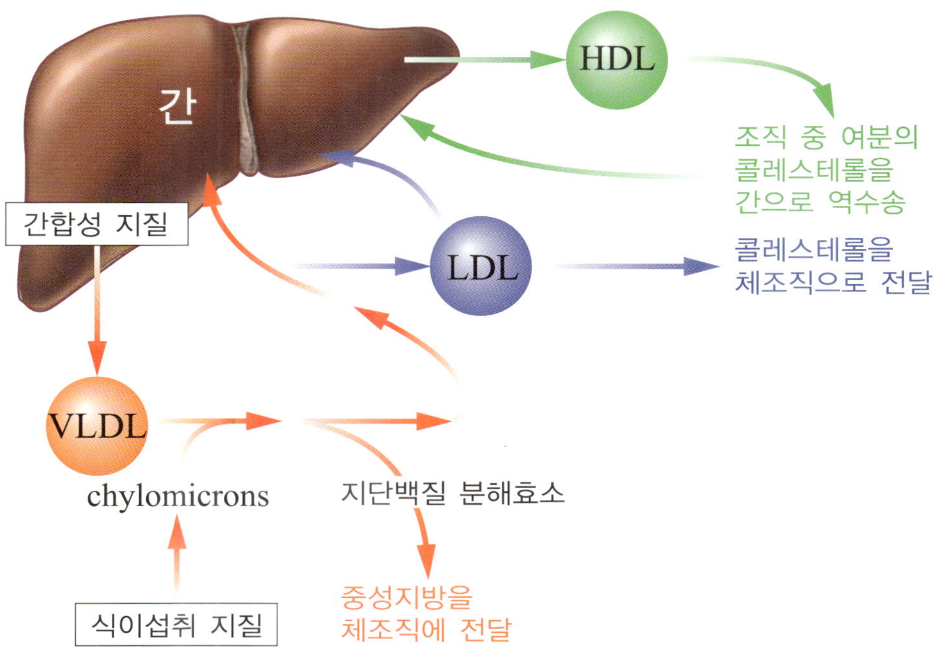

그림 3-13 지단백질의 순환

구성하는 단백질은 지단백질 종류에 따라 달라진다. 아포 b를 주로 함유한 지단백질들은 VLDL, IDL, LDL이며 동맥경화성 심혈관 질환의 위험을 높이는 인자들이다. 반면에 아포 b 단백질이 없고 아포 a 단백질 위주로 구성된 HDL은 항동맥경화 인자이다.

(1) 초저밀도 지단백질 (VLDL, very low density lipoprotein)

주로 간에서 합성된 중성지방으로 구성되어 있으며, 내부에 합성 콜레스테롤에스테르를 운반한다. 킬로미크론과 마찬가지로 표면에 인지질, 유리콜레스테롤, 단백질이 덮고 있다. 킬로미크론에 비해 사이즈는 현저히 작지만 단백질의 비율이 높아 밀도가 더 높다. 킬로미크론과의 가장 큰 차이점은 식이섭취지방이 아닌 내인성 중성지방을 운반한다는 점이다. VLDL의 이동 중에도 지단백질 분해효소가 작용하여 중성지방을 가수분해한 후 각 세포조직으로 전달한다.

(2) 중밀도 지단백질 (IDL, intermediate density lipoprotein)

VLDL이 이동하면서 지단백질 분해효소의 작용을 받아 중성지방 비율이 계속 감소하면 지단백질의 밀도가 높아져 중밀도 지단백질인 IDL로 전환된다. 순환을 계속하면 콜레스테롤 함량이 매우 높은 LDL을 형성하게 된다.

(3) 저밀도 지단백질 (LDL, low density lipoprotein)

간에서 합성된 VLDL이 혈중으로 방출된 후 순환을 계속하면서 성분변화를 통해 생성되는 지단백질로 콜레스테롤 함량이 가장 높다. LDL 표면의 아포 b 단백질은 여러 신체 조직과 간에 있는 LDL수용체와 반응하여 콜레스테롤을 전달한다. 각 조직으로 전달된 콜레스테롤은 스테로이드계 호르몬, 비타민 D 합성 등에 활용된다. 그러나 혈중에 과잉 LDL이 존재하면 더 이상 조직으로 유입되지 못하고 산화 LDL이 되기 쉽다.

혈관에서 산화 LDL을 분해하는 과정에서 혈관벽에 분해물이 쌓이게 되고 수년에 걸쳐 플라크가 형성되면 각종 심혈관 질환의 원인이 된다. 포화지방산, 트랜스지방산, 고콜레스테롤 식사를 하면 혈중 LDL 수치가 증가하므로 식이지질의 선택에 주의가 필요하다.

(4) 고밀도 지단백질 (HDL, high density lipoprotein)

단백질 성분의 비중이 가장 높은 지단백질로 밀도가 가장 높고, 주로 아포 a 단백질을 함유하고 있다. 간과 소장에서 합성된 납작한 형태의 신생 HDL은 혈류로 방출된 후 조직에서 불필요해진 콜레스테롤을 수집해 에스테르 형태로 운반한다. 콜레스테롤이 채워지면서 형태가 구형으로 바뀐다.

HDL의 콜레스테롤은 간세포의 아포 a 단백질 수용체를 통해 간으로 직접 전달되며 간에 도달한 HDL의 콜레스테롤은 담즙을 형성하여 소장으로 배출되므로 체내 불필요한 콜레스테롤의 소모와 배설을 돕는 강력한 동맥경화 예방인자 역할을 하게 된다.

3-5 지질의 대사

식사로 공급되는 에너지가 소비량보다 많을 때는 중성지방 합성이 활발해지고 반대로 식사를 통한 인체 공급 열량원이 부족하게 되면 중성지방의 분해가 시작된다. 중성지방 분해로 생성된 글리세롤은 에너지 생성이나 포도당 신생합성 과정으로 보내지고 3개의 지방산이 베타 산화 과정을 통해 고에너지를 생산하게 된다.

지방산은 또한 케톤체라는 비상에너지원으로 전환되어 사용되기도 한다. 이러한 에너지 공급을 위한 지질대사 이외에도 인체는 콜레스테롤로부터 다양한 물질을 합성하여 공급받는다.

1. 중성지방 합성과 분해

여분의 소비되지 못한 열량영양소는 중성지방 형태로 저장 된다. 과잉 섭취된 에너지가 소비되지 못하면 간과 지방조직에서 중성지방 합성이 활성화 된다. 탄수화물과 지방의 중간 분해 산물로 생성된 물질들은 에너지가 충분한 상태에서는 더 이상 분해되지 않고 지방합성과정으로 유입된다.

합성된 지방산은 글리세롤-3-인산에서 유도되어 만들어진 글리세롤과 합쳐져 중성지방을 형성한다. 유리지방산이 세포 내에서 단독으로 존재하는 경우는 거의 없으며 장기저장이 가능한 고에너지 형태인 중성지방 형태로 존재한다.

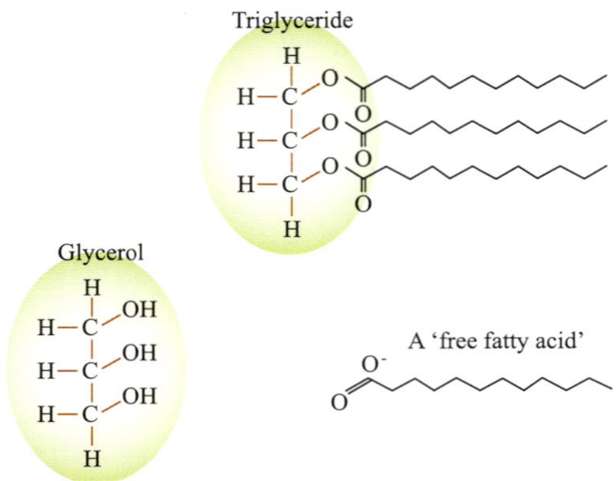

그림 3-14 중성지방(TG), 글리세롤, 유리지방산의 구조

체내 공급 에너지가 부족할 때는 저장된 중성지방이 분해되어 지방산과 글리세롤로 분해된다. 이 과정은 글루카곤 호르몬의 분비에 의해 촉진된다. 식품 섭취가 부족할 때나 운동할 때 주로 활성화되는 과정이다. 지방산은 베타산화로 분해된 후 아세틸-CoA가 되어 에너지 형성에 사용되며 글리세롤은 해당작용 과정으로 진입하여 에너지를 생성하거나 당신생 재료가 되어 포도당을 형성한다.

2. 지방산의 산화

지방산은 베타 산화 전에 활성화 과정이 필요하며, 세포질에서 진행된다. 중간사슬과 짧은 사슬 지방산은 아실-CoA로 활성화 되어 바로 미토콘드리아 내로 진입한다. 그러나 긴 사슬지방산은 미토콘드리아 막을 통과하기 위한 별도의 과정을 필요로 한다. 긴 사슬지방산은 카르니틴과 결합하여 내막 안쪽으로 이동하며 카르니틴이 부족한 경우 미토콘드리아 내로의 진입이 어려워져 산화되지 못한다. 아실카르니틴 형성은 미토콘드리아의 외막에서 일어난다.

미토콘드리아 내막 안쪽으로 전달된 아실 CoA는 베타산화 과정을 거쳐 탄소수 2개단위인 아세틸-CoA 를 형성한다. 생성된 아세틸-CoA들은 시트르산회로로 진입하여 분해 과정을 통해 에너지 생성을 하게 된다.

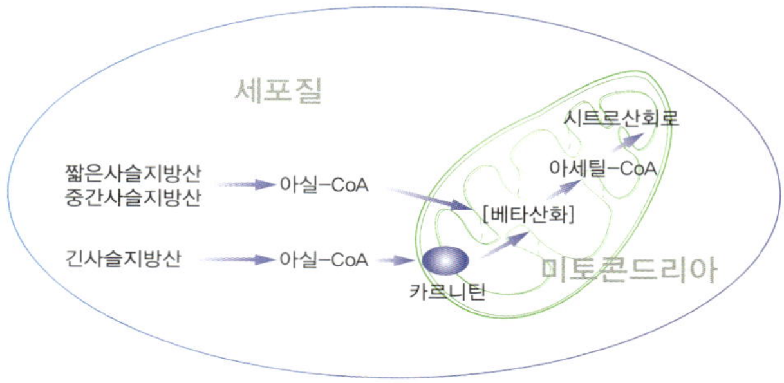

그림 3-15 미토콘드리아로 운반되는 활성형지방산

3. 케톤체 생성

기아 상태의 지속으로 당질 공급이 부족할 때 활성화 되는 지질대사 과정이다. 주로 간의 미토콘드리아에서 발생하며 아세틸-CoA로부터 케톤체를 생성한다. 장기간 기아 상태에서는 중성지방으로부터 에너지를 얻을 때 활용할 수 있는 포도당의 공급이 제한적이게 되고 원활한 지질대사가 진행되기 어렵다.

지방산 베타 산화로 생성된 아세틸-CoA가 시트르산으로 전환되기 위해서는 옥살로아세트산의 지속적인 공급이 필요하지만 포도당 부족 시에는 옥살로아세트산의 부족으로 시트르산 회로로의 진입이 불가능해진다.

시트르산 회로에서 이화되지 못한 아세틸-CoA는 대체 에너지인 케톤체 형성을 위한 과정(ketogenesis)을 시작하고, 아세틸-CoA 2분자의 축합반응을 통해 아세토아세트산을 생성한다. 아세토아세트산은 아세톤이나 β- 히드록시부티르산으로 전환되는데 케톤증에서 관찰되는 아세톤취는 폐를 통해 휘발되는 아세톤 때문이다.

포도당대사에 의존하여 에너지를 얻는 뇌도 기아상태가 3일 정도 지속되면 케톤체를 활용하기 시작하고 1주일 정도 계속되면 케톤체에 적응하여 에너지를 공급받는다. 평상시에 지방산 분해를 통해 에너지를 공급받는 심장도 비상시에는 케톤체로부터 에너지를 얻는다.

케톤체 생성은 강도 높은 운동의 지속, 저탄수화물 식사, 신생아기 때도 발생한다. 케톤체는 지방산은 물론 케토원성 아미노산으로부터도 합성되며 포도당이 부족할 때 신체가 에너지를 얻을 수 있는 중요한 경로이다. 아미노산 중 케톤체 생성이 가능한 아미노산을 케토원성 아미노산(ketogenic amino acid)이라고 하며 루신, 리신이 있다.

케톤체의 소모량보다 생성량이 많은 경우 혈액 산성화를 유도하므로 혈액 산도 저하증이 나타나고 혼수, 구토, 호흡 중 아세톤취가 발생한다. 케톤혈증(ketonemia)과 케톤뇨증(ketonuria)을 동반하는 케톤증(ketosis)이 발생한 경우 심하면 사망에 이르기도 하므로 기아 상태가 지속되거나 당의 활용이 어려운 당뇨환자에게 주의가 필요하다.

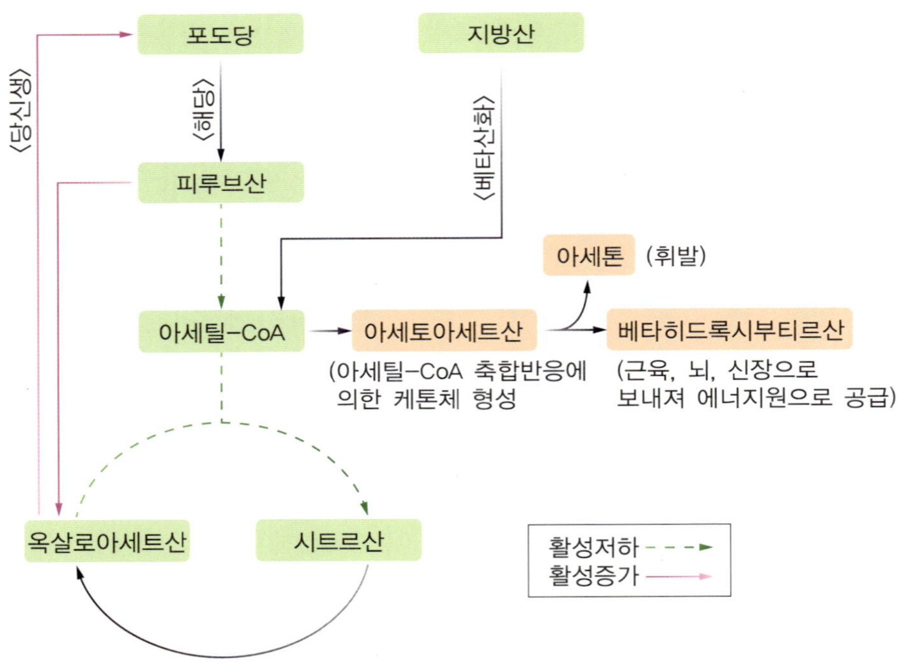

그림 3-16 당 공급 부족할 때 간에서 케톤체 생성

4. 콜레스테롤 대사

콜레스테롤은 포도당과 지방산의 이화 대사 과정에서 생성되는 아세틸-CoA로부터 합성 가능하고 70kg 성인 남자 기준으로 하루에 1g(1,000mg) 정도 생성한다. 간에서 합성된 콜레스테롤의 절반인 500 mg 정도는 담즙산(bile acid) 형성에 사용되며 간에서의 담즙산 형성은 콜레스테롤의 주요 대사 경로이자 체내 콜레스테롤 감소라는 중요한 의미를 갖는다.

체내에는 4~6g 정도의 담즙산이 있으며 1일 12~18g의 담즙산이 식사 후 소장 내강으로 분비되는데 이것은 분비된 담즙산의 95% 정도가 장-간 순환을 통해 재활용되고 있기 때문에 가능하다. 분변을 통해 손실된 담즙산을 보충하기 위하여 인체는 매일 400~600mg 정도의 담즙산을 콜레스테롤로부터 합성한다.

담즙산에 글리신이나 타우린, 그리고 나트륨 등이 합쳐지면 담즙염(bile salt)이 만들어지고 빌리루빈 등의 담즙 색소와 인지질 레시틴 등이 더해지면 담즙(bile)이 되어 담낭에 저장된다. 담즙은 지질 식품이 소장으로 유입되면 콜레시스토키닌 호르몬 반응에 의해 십이지장으로 분비된다.

이외에도 콜레스테롤은 비타민 D의 전구체가 되거나 스테로이드계 호르몬 형성에도 사용된다.

3-6 지질과 건강문제

1. 이상지질혈증

이상지질혈증은 혈중에 총 콜레스테롤, LDL콜레스테롤, 중성지방이 증가되고 HDL 콜레스테롤은 감소되어 있는 상태로 동맥경화 등 심혈관계 질환 발병확률이 높아지는 주요 원인이 된다. 비만, 당뇨, 음주, 흡연 등의 생활습관에 의해 주로 발병하지만 유전적 요인이 원인이 되기도 한다.

이상지질혈증의 유형에는 3가지가 있다. 고지혈증은 혈중에 콜레스테롤과 중성지방을 포함한 지질들이 증가된 상태로 동맥경화, 심근경색 등의 관상동맥 질환의 발생 위험이 증가한다. 고콜레스테롤 혈증은 혈중에 콜레스테롤 수치가 증가한 상태로 총 콜레스테롤과 LDL콜레스테롤이 높게 나타나 심장마비, 뇌졸중의 위험성이 증가한다. 고중성지방혈증은 혈중에 중성지방이 증가된 상태로 고당질, 고지방식품을 많이 섭취하고, 과음 및 운동부족으로 소비되지 않은 칼로리가 체내 축적되었을때 장기능이 감소되고, '복부비만' 의 원인이 된다.

표 3-4 이상적 혈중 지질 수치

이상적 지질 수치		참조 – 서울대 진단검사의학과의 권고 수치	
총 콜레스테롤	200 mg/dL 이하	총 콜레스테롤	0~240 mg/dL
중성지방	150 mg/dL 이하	중성지방	0~200 mg/dL
LDL콜레스테롤	130 mg/dL 이하	LDL콜레스테롤	0~130 mg/dL
HDL콜레스테롤	60 mg/dL 이상	HDL콜레스테롤	남성 35~55 mg/dL, 여성 45~65 mg/dL

이상지질혈증의 예방과 치료를 위해서는 생활습관의 개선이 중요하다. 적정체중을 유지하고 규칙적 운동을 생활화하며 금연을 권장한다. 음주량 감소가 바람직하고 스타틴 계열의 약물치료 기간에는 금주를 권고한다. 또한 포화지방산, 콜레스테롤 섭취감소 등의 식이요법 실시도 매우 중요하다.

특히 세포조직형성과 두뇌발달에 주로 필요한 콜레스테롤은 성장기가 끝난 성인에게는 별도의 권장량의 설정되어 있지 않다. 인체는 필요한 콜레스테롤을 합성해 충당할 수 있으므로 불필요하게 과잉섭취하지 않도록 주의한다.

check point

이상지질혈증 개선을 위한 식이처방원칙

- 다가불포화지방산(PUFA) ⇨ 식물성 유지
- 단일불포화지방산(MUFA) ⇨ 올리브유, 카놀라유(유채기름), 홍화유
- 오메가-3지방산 ⇨ 들기름, 등 푸른 생선
- 수용성 식이섬유 ⇨ 귀리, 과일, 해조류

2. 심혈관계 질환

이상지질혈증은 심장과 주요 동맥질환의 원인이 된다. 고혈압, 비만, 당뇨환자의 경우 발생 위험성은 더욱 증가하여 포화지방산, 콜레스테롤, 트랜스지방산의 섭취는 심혈관계 질환을 악화시킨다. 고콜레스테롤 식품으로 알려진 난황, 오징어, 새우, 쇠간의 잦은 섭취는 심혈관계질환 발생 위험도를 증가시킬 수 있다.

동맥벽에 지방산, 콜레스테롤, 노폐물, 칼슘 등이 침착하여 플라크가 형성되면 동맥벽의 탄력이 떨어지고 단단해지면서 내강 직경도 줄어드는 죽상동맥경화증이 발병하게 되므로 혈액순환이 어려워진다. 떨어져 나온 플라크는 혈관손상을 일으켜 백혈구가 동맥벽에 염증반응을 유발하게 되고 손상치료 과정이 반복되면서 동맥벽은 더욱 딱딱해지고 좁아져 혈액흐름이 악화된다.

죽상동맥경화증이 있는 경우 혈전(혈관이나 심장에서 혈액성분이 국소적으로 응고되는 현상)발생률이 높아지고 동맥 흐름을 방해하여 생명을 위협하는 심장병과 뇌졸중 등의 증상으로 나타난다. 심장병은 심장근육에 필요한 혈액이 공급되지 못하여 가슴 부위에 통증을 호소하는 협심증 증상으로 나타난다.

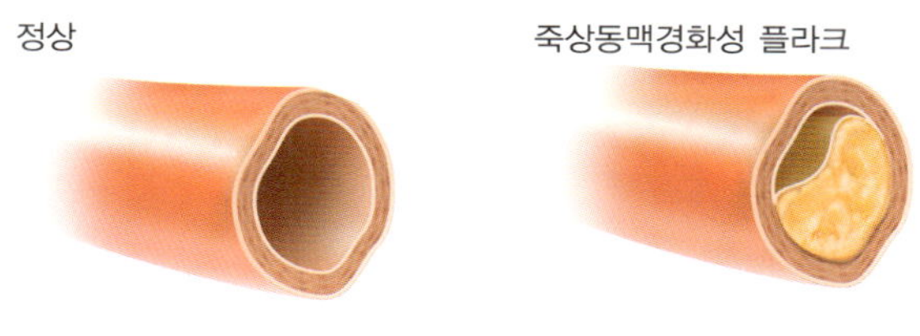

그림 3-17 죽상동맥경화증

치료시기가 지연되어 혈액공급이 감소하여 멈추게 되면 심장마비, 즉 심근경색이 되어 사망에 이를 수 있다. 뇌에 공급되는 혈관에 이상이 생겨 산소와 영양 공급이 차단될 경우에는 뇌손상으로 인한 언어장애, 일부신체마비가 동반되는 뇌졸중이 발병할 수 있다.

동물성 포화지방산 섭취가 많아지면 혈중 LDL 콜레스테롤 수치가 증가하는데 팜유와 코코넛유는 식물성이지만 포화지방산 함량이 높으므로 과도한 섭취를 하지 않도록 주의해야 한다. 포화지방산 못지않게 심혈관질환의 큰 유발요인은 트랜스지방산 섭취이다. 쇼트닝과 마가린은 트랜스지방산의 주요 급원식품으로 불포화지방산이지만 구조적 특성 때문에 포화지방산처럼 혈중 LDL 콜레스테롤 수치를 증가시킨다. 따라서 혈관 건강을 위해서는 트랜스지방산의 섭취를 자제하는 것이 바람직하다.

심혈관계 질환의 식사지침은 이상지질혈증 예방과 치료를 위한 식사지침과 동일하며 PUFA, MUFA, 오메가-3지방산, 수용성 식이섬유의 섭취가 강조된다. 심혈관계 질환 발병률이 높은 비만과 당뇨환자에게는 필수 영양소 밀도가 높고 칼로리는 낮은 식사요법을 처방하고 운동요법을 병행하도록 한다.

check point

기타, 심혈관계 질환 관련인자

호모시스테인의 증가는 심혈관계질환 발생과 관련성이 매우 크므로 혈관 내에 축적되지 않고 빠른 대사 전환이 이루어 질 수 있도록 도와주는 비타민 B 복합체인 비타민 B_{12}, 비타민 B_6와 엽산의 섭취가 중요하다.
고혈압 환자의 경우 심혈관계 질환으로 발전할 위험성이 매우 크다. 최근에는 혈압을 낮추기 위해, 포타슘, 마그네슘이 많은 채소와 과일섭취를 강조하고 칼슘 공급을 위해 저지방 우유의 섭취를 권장하는 DASH(dietary approach to stop hypertension)식이요법이 적용되고 있다. 이 식이처방은 요를 통한 나트륨 배설에 효과적이어서 고혈압 환자에게 유용하다.

3. 산화지질에 의한 세포산화

다가불포화지방산의 섭취는 다양한 건강상의 이점을 주지만 산화방지책을 마련하지 않은 과량의 다가불포화지방산의 섭취는 산화스트레스가 높아져 조직세포에 손상을 입힌다. 따라서 다가불포화지방산 섭취가 많은 경우 항산화 효과가 높은 비타민 E 등의 섭취량도 증가시키도록 한다. 일반적으로 불포화지방산 함량이 높은 식물성유지는 비타민 E 함량 역시 풍부하다.

심혈관질환 예방을 위한 오메가-3 지방산의 섭취는 다양한 장점에도 불구하고 과도한 양을 섭취할 경우 다가불포화지방산 과량 섭취의 문제점이 발생하게 된다. 다가불포화지방산은 쉽게 산화되어 과산화물을 생성하고 세포막과 혈관벽 손상의 원인이 되므로 섭취량에 주의가 필요하다.

오메가-6 지방산도 다가불포화지방산의 일종이므로 과량을 섭취하지 않도록 한다. 특히 오메가-6 지방산은 체내에서 관절염 및 만성 염증질환 관련 물질의 생성과 관련이 있으므로 적정량 섭취가 중요하다. 오메가-6 지방산의 적정섭취 비율은 총열량의 4~10%이고 오메가-3 지방산은 총열량의 1% 내외의 섭취를 권장한다.

4. 지질섭취와 암 발생

과도한 다가불포화지방산의 섭취는 세포사멸을 유발하고 DNA손상을 유발하며 체내 면역시스템에 손상을 불러온다. 면역체계의 손상은 체내 조직세포가 박테리아나 바이러스의 공격에 취약하게 만들고 이는 발암의 한 원인으로 지목되기도 한다. 다가불포화지방산의 섭취가 많을수록 암 전이가 증가한다는 연구 보고도 있다.

또한 과잉의 지방섭취는 장기적으로 비만을 유발하게 되고 비만환자에게는 특히 대장암, 유방암, 자궁암, 신장암, 식도암의 발병률이 유의적으로 높아진다. 결국, 충분한 항산화 식품의 섭취와 총지방 섭취량 감소 그리고 적정체중의 유지가 식이 지질로부터 유발될 수 있는 발암 가능성을 차단시키는 가장 현명한 대처 방법이다.

5. 지질섭취기준

2015년도 한국인 영양소 섭취기준에서 제안하는 지질섭취량은 에너지적정비율을 감안하여 15~30%이므로 평균 22% 정도의 지질 섭취에 해당한다.

19~29세 남자의 경우 1일 에너지 필요추정량이 2,600 kcal이므로 지질의 에너지적정비율은 22%는 572kcal (지질 약 64g) 정도이고 여자의 경우 에너지 필요추정량이 2,100 kcal이므로 462 kcal (지질 약 51g) 정도이다.

에너지 필요추정량에 근거한 포화지방산의 섭취 에너지적정비율은 총열량의 7%미만으로 설정하였다.

포화지방산과 다가불포화지방산의 섭취비율은 1 : 1 ~ 1 : 2 정도가 적절하고, 포화지방산, 단일불포화지방산, 다가불포화지방산의 비율로 제시될 때는 1 : 1 : 1 또는 1 : 1.5 : 1의 섭취 비율을 권장한다.

에너지 필요추정량에 근거한 오메가-6 지방산의 섭취 에너지적정비율은 총열량의 4~10%이고, 오메가-3 지방산의 섭취 에너지 적정비율은 총열량의 1% 내외로 오메가-6 : 오메가-3 = 4 : 1 ~ 10 : 1의 섭취비율을 권장한다.

EPA 함량이 높은 참치, 삼치, 고등어, 꽁치 등의 등푸른 생선의 섭취는 주 2회 이상이 바람직하다고 권고하고 있다.

한편, 트랜스지방산의 섭취는 심혈관계 질환을 유발하므로 WHO(세계보건기구)에서는 그 섭취량을 제한하여 1일 섭취열량의 1% 미만이 되도록 권고하고 있고, 콜레스테롤 섭취량도 1일 300 mg 미만으로 목표섭취량을 설정하였다.

Chapter 4

단백질

Chapter 4

단백질

단백질(protein)은 우리의 몸을 구성하는 중요한 영양소이다. 비상시의 에너지원이 되어 열량영양소로도 사용 가능하지만 근육, 효소, 호르몬 등을 구성하는 체조직 구성원으로써의 역할이 더 중요하다. 단백질 급원식품으로는 동물성 식품과 식물성 식품으로 구분하며, 인체가 필요로 하는 아미노산들을 골고루 함유하고 있는 단백질식품이 좋은 급원식품이다.

4-1 단백질의 영양생리학적 기능

1. 체조직 합성과 보수

섭취된 단백질은 체조직 구성을 위해 주로 사용된다. 인체 고형분의 50% 정도는 단백질로 되어 있으며 교체주기에 따라 새로운 단백질로 교환이 일어난다. 근육, 피부, 뼈, 머리카락, 손톱, 발톱 등의 구조 조직은 단백질로 구성되어 있다. 특히, 콜라겐 단백질은 뼈와 피부 및 힘줄 등의 지지 조직을 형성한다.

2. 체액 수분평형 조절

인체를 구성하는 성분 중 가장 많이 함유된 수분은 세포내외와 혈관, 림프관 등에서 일정한 삼투압에 의해 그 평형이 유지되고 있다. 삼투압의 평형을 유지하는 힘 중의 일부는 혈장 단백질인 알부민에 의해 조절된다. 혈관에 있는 수분이

지나치게 세포간질액 쪽으로 이동하면 수분이 다시 혈관으로 오도록 끌어들이는 역할을 한다. 따라서 단백질 섭취 부족으로 혈중 알부민이 부족하면 세포간질액으로 넘어간 수분을 혈관으로 가져 오지 못하고 조직액에 저류하게 되어 부종 현상으로 나타난다. 단백질 결핍 시 혈장 단백질 이동형태인 알부민 농도도 저하하므로 부종현상은 단백질 결핍의 중요한 임상적 판단 근거가 된다.

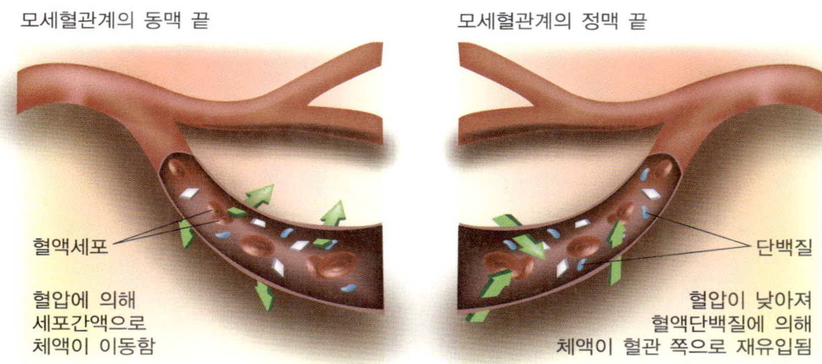

그림 4-1 단백질의 정상적 체액 수분평형 조절작용 기전

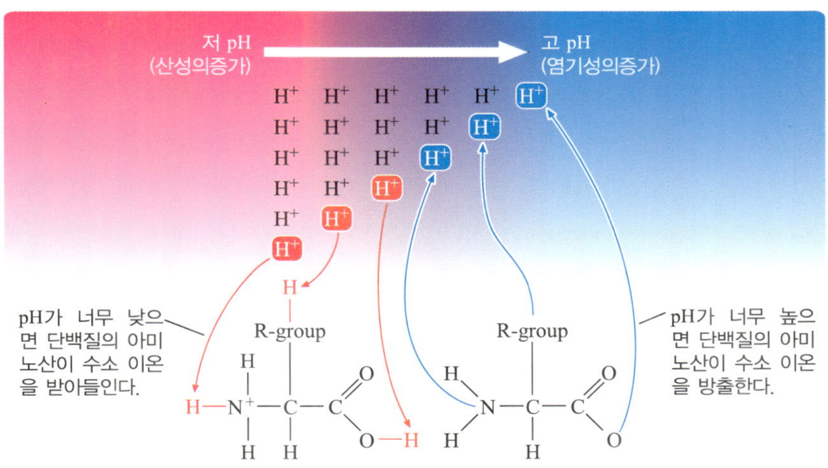

그림 4-2 단백질의 산-염기 평형조절

3. 산-염기 평형 조절

혈중 적정 pH는 7.4 정도이다. 혈액의 pH는 체내 대사 상태에 따라 수소이온 농도가 높아지거나 낮아지면서 평형상태가 변화한다. pH의 항상성 유지를 위해 체내에서는 여러 가지 기전이 완충작용을 하는데 단백질에도 완충작용 기능이 있다. 단백질을 구성하는 아미노산들은 산성인 카르복실기와 염기성인 아미노기를 동시에 갖고 있어 과잉의 수소이온과 결합하여 산도를 낮추거나 염기성 환경에 수소이온을 방출하여 산도를 높이는 양성물질로 효율적으로 작용할 수 있다.

4. 효소 합성

체내에서 발생하는 모든 화학적 대사반응은 효소를 필요로 한다. 효소의 아포 단백질 부분의 형성에 단백질이 필요하며 효소가 결핍되면 생화학적 대사가 발생하지 않으므로 많은 문제를 초래하기도 한다.

5. 항체 형성을 통한 면역유지

인체는 박테리아나 세균 등 병균으로부터의 감염에 노출되어 있으며, 생활환경에서 접하는 무수한 감염성 병균의 공격에도 인체가 감염성 질환에 쉽게 걸리지 않는 것은 체내에서 항체를 형성해 감염원으로부터 인체를 보호하기 때문이다. 따라서 단백질 영양상태가 좋지 않아 결핍된 경우에는 항체형성이 원활하지 않아 감염성 질환에 잘 걸리게 된다.

6. 호르몬과 신경전달 물질 형성

인체를 구성하는 조직간에는 서로 신호를 전달하는 여러 체계가 존재한다. 그 중 호르몬과 신경전달 물질 형성에 단백질이 필요하다. 단백질로부터 형성되는 티록신, 인슐린 등의 호르몬이 대표적이다. 아미노산인 트립토판으로부터 세로토닌이 형성된다. 세로토닌은 기분을 조절하는 호르몬이자 신경전달 물질로 작용한다. 기분이 우울할 때 단 음식을 찾는 것은 인슐린의 작용으로 두뇌 피질로 트립토판 전달이 용이해지고 세로토닌으로의 전환이 많아지기 때문이다.

7. 포도당 신생합성과 에너지 급원

탄수화물 부족으로 체내 포도당 농도가 감소하면 간에서는 아미노산으로부터 포도당 신생이 활발해진다. 대부분의 아미노산들은 포도당 형성이 가능하여 체내 부족한 혈당을 보충해 주는 포도당 신생합성 재료로 사용된다.

루신, 리신 등의 일부 아미노산은 케톤체로 전환되어 에너지가 부족한 신체 조직에 에너지원으로 제공되기도 한다. 사용하고 남은 여분의 아미노산은 지방산으로 전환되어 지방조직에 저장된다.

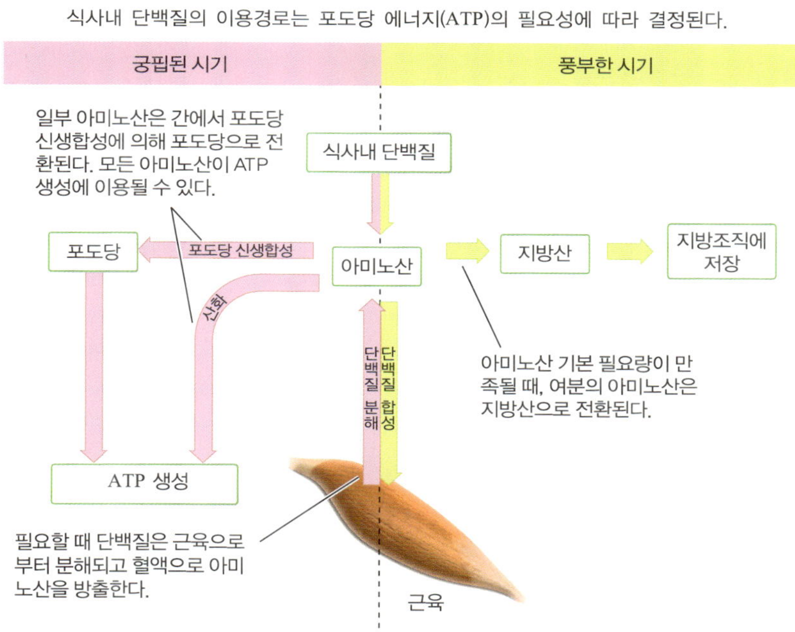

그림 4-3 단백질의 에너지 기능

8. 수송과 저장, 그 밖의 기능

수송단백질로 Na-K 펌프가 사용되어 세포 안팎으로 포도당과 아미노산을 운반하는데 활용된다. 알부민과 글로불린은 혈중에서 단백질 운송에 관여한다. 헤모글로빈은 산소운반을 담당하고 노폐물인 이산화탄소의 운반에도 관여한다. 근육의 미오글로빈은 일시적으로 산소를 저장해둔다.

저장단백질에는 철저장에 관여하는 페리틴 단백질이 있다. 혈중에는 운송 단백질 이외에도 혈액응고에 관여하는 피브리노겐이 있어 상처가 생겼을 때 피브리린으로 전환되어 지혈이 되도록 돕는다.

4-2 단백질 급원식품과 분류

1. 단백질 급원식품

단백질 급원식품으로는 육류가 대표적인 식품이며, 해산물, 우유, 유제품 등이 있다. 채식가의 경우에는 콩 단백질을 활용한 두유, 두부 등을 활용하여 단백질을 섭취하게 된다.

그림 4-4 단백질 급원식품

단백질은 섭취 후 체내 조직을 구성하는 영양소이므로 조직 구성에 필요한 역할을 수행할 수 있도록 양질의 단백질 섭취가 중요하다. 좋은 단백질 급원식품은 인체에 필요한 아미노산들을 고루 풍부하게 함유한 식품이므로, 아미노산들의 특성에 대한 이해가 필요하다.

2. 아미노산 분류

우리는 식품 섭취를 통해 약 20여 종의 아미노산을 공급받고 체내 조직 구성에 사용한다. 아미노산의 기본구조에는 산성기인 카르복실기와 염기성 기능단인 아미노기가 있다. 알파탄소는 −COOH(카르복실기)가 붙어 있는 탄소를 말하며, 알파탄소를 기준으로 왼쪽에 아미노기(−NH_2)가 위치하면 L-아미노산(Levo-, 왼쪽의)이라 하고, 오른쪽에 아미노기가 위치하면 D-아미노산(Dextro-, 오른쪽의)이라고 한다.

자연계에 존재하는 아미노산의 대부분은 L-형에 속하고 체내에서 단백질 합성에 사용하는 아미노산도 거의 L-형 아미노산이다. D-형 아미노산은 박테리아, 항생물질 등에 일부 존재한다.

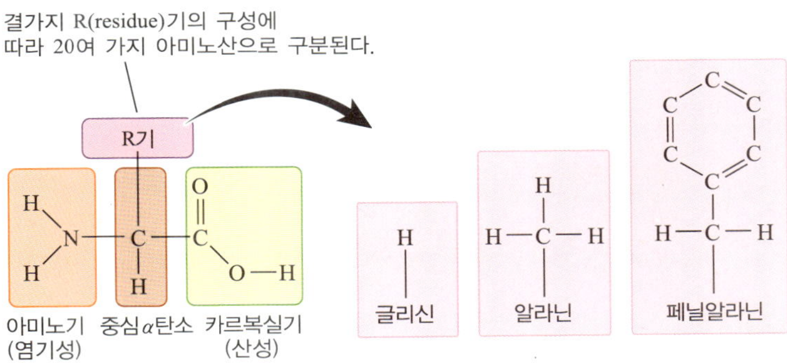

그림 4-5 아미노산의 기본 구조

(1) 결가지 특성에 따른 분류 : 화학적 분류

아미노산의 공통구조인 카르복실기, 아미노기, 수소를 제외하고 알파탄소에는 곁가지(residue)가 달려 있다. 각 아미노산의 물리적, 화학적 특성은 곁가지의 구조적 차이에서 유래한다.

곁가지가 수소인 글리신이 가장 단순한 형태의 아미노산이다. 곁가지에 추가의 카르복실기가 있는 경우 산성아미노산(아스파르트산, 글루탐산), 추가의 아미노기가 있는 경우 염기성아미노산(라이신, 아르기닌, 히스티딘)으로 분류한다. 기본구조에 있는 카르복실기, 아미노기를 각각 하나씩만 갖고 있는 경우 중성아미노산이다.

곁가지 원소에 황을 함유한 함황아미노산(메티오닌, 시스테인, 시스틴)은 성장에 필요한 유황의 주요 공급원이다. 분지 아미노산(branched-chain amino acid, BCAA)은 곁가지가 Y자 형태의 분지 형태를 하고 있다. 발린, 류신, 이소류신이 있으며 근육단백질의 1/3 정도를 구성하고 있는 아미노산들이다. 페닐알라닌, 티로신, 트립토판은 곁가지에 방향족 환을 갖고 있는 방향족 아미노산들이다.

(2) 식이섭취 필요성에 따른 분류 : 영양학적 분류

인체 조직구성에 필요한 20가지 아미노산 중 9가지는 체내 합성이 되지 않거나 그 양이 불충분하여 필수아미노산으로 지정되어 있다. 체내 단백질 합성은 필요한 아미노산이 갖추어진 상태에서만 가능하므로 빠짐없이 필수아미노산을 고루 섭취하는 것은 인체의 생명유지에 매우 중요하다.

표 4-1 필수아미노산, 비필수아미노산, 조건적 필수 아미노산

필수아미노산	비필수아미노산	조건적 필수아미노산
메티오닌	알라닌	아르기닌
류신	아스파르트산	시스테인
이소류신	아스파라긴	글루타민
발린	글루탐산	글리신
라이신	세린	프롤린
페닐알라닌		티로신
히스티딘		
트레오닌		
트립토판		

비필수아미노산 또는 불필수아미노산 11가지는 섭취된 필수아미노산의 체내 아미노기 전이반응이나 당질대사물질을 활용하여 합성이 가능하다.

그러나 비필수아미노산을 합성하지 못하거나 합성량이 부족한 경우에 식이섭취로 요구되는 필수아미노산의 종류가 달라질 수 있다. 아르기닌, 티로신 등은 영아기에 추가로 요구되는 아미노산들이다. 특히 성장기에 필수아미노산이 고루 함유된 단백질의 섭취가 성장을 위한 필요조건이므로 아르기닌 등의 아미노산은 성장을 위한 조건적 필수아미노산이 된다.

아미노산 대사 장애를 앓는 질환자에게도 특정 아미노산들이 조건적 필수아미노산이 된다. 페닐케톤뇨증(phenylketonu-ria) 환자는 페닐알라닌 수산화 효소의 결핍으로 인하여 페닐알라닌으로부터 티로신 생성을 하지 못한다. 이 경우에는 정신지체 장애와 대사 장애가 초래될 수 있으므로 식단에서 페닐알라닌을 제한하는 식이를 해야 하고 티로신 생성이 불가능하므로 이 환자들에게는 티로신이 조건적 필수아미노산이 된다.

check point

제한아미노산

제한아미노산이란 해당 단백질의 영양적 가치를 떨어뜨리는 가장 적게 함유되어 있는 필수아미노산을 말한다. 필수아미노산 표준 패턴과 비교하였을 때 함량이 가장 낮은 순서로 제1, 제2 제한아미노산이라고 한다. 곡류, 견과류, 종실류 단백질의 대부분은 라이신이 제1 제한아미노산으로서, 해당 단백질 식품에 부족한 제한아미노산을 채워주면 단백질 보충 효과를 볼 수 있다. 부족한 제한아미노산이 서로 다른 경우 상호보충 되도록 단백질 식품을 혼합하여 섭취할 수 있는 단백질 상호보완(protein complementation)은 완전 단백질 식품을 공급하는 좋은 방법이다.

표 4-2 식물성 식품 내 제한아미노산과 단백질 상호보완

식품	제한아미노산	제한아미노산의 식물성 급원	단백질 상호보완
콩	메티오닌	곡류, 견과류, 종자류	쌀밥과 두부
곡류	라이신, 트레오닌	두류	콩밥
견과류와 종자류	라이신	두류	참깨된장소스
채소류	메티오닌	곡류, 견과류, 종자류	쌀밥과 나물
옥수수	트립토판, 라이신	두류	옥수수와 콩 샐러드

3. 단백질 분류

단백질은 구성요소의 특성에 따라 단순단백질, 복합단백질, 유도단백질로 화학적 분류가 가능하다(표 4-3). 그러나 영양학적 측면에서 필수아미노산을 공급하는 특징에 따라 단백질을 구분하고 해당하는 급원 종류를 파악하는 것이 더 중요하다.

(1) 완전단백질

완전단백질은 필수 아미노산의 종류와 양이 충분한 단백질을 말한다. 성장과 생명유지를 위해 필요한 단백질이다. 대부분의 동물성 단백질과 식물성 단백질 중 콩 단백질이 완전단백질에 속한다.

(2) 부분적 불완전단백질

부분적 불완전단백질은 한 가지 필수아미노산의 양이 부족한 단백질을 말한다. 성장을 돕지는 못하지만 생명유지는 가능하게 해주는 단백질이다. 대부분의 식물성 곡류 단백질이 여기에 속하며, 밀의 글리아딘, 보리의 호르데인 등이 있다.

(3) 불완전단백질

불완전단백질은 몇 종류의 필수아미노산 함량이 극히 부족하거나 결여된 단백질로 이런 종류의 단백질 섭취에 의존할 경우 성장은 물론 생명유지도 어렵다.

표 4-3 단백질의 화학적 분류

	단순단백질	복합단백질	유도단백질
특징	아미노산과 그 유도체로 구성된 단백질	단순단백질에 인, 핵산, 당, 지질, 금속 등 결합	화학적, 물리적으로 처리되어 변성되거나 가수분해된 단백질
종류	근육 – 미오겐(알부민) 근육 – 미오신(글로불린) 쌀 – 오리제닌 보리 – 호르데인 옥수수 – 제인 밀 – 글루테닌, 글리아딘	인단백질 – 우유 카제인 핵단백질 – 리보솜 당단백질 – 뮤신, 면역글로불린G 금속단백질 – 세룰로플라스민, 페리틴 헴단백질 – 헤모글로빈, 미오글로빈	제1차 유도단백질 변성단백질 제2차 유도단백질 가수분해된 단백질 프로테오스, 펩톤, 펩티드

예를 들어, 옥수수 단백질인 제인(zein)의 제한아미노산은 라이신이고, 트립토판도 많이 부족하다. 콜라겐은 동물성 단백질 중 예외적으로 불완전 단백질에 속하며 이소류신, 트레오닌, 메티오닌이 제한아미노산이고 트립토판은 부족하다.

4-3 단백질의 소화와 흡수

단백질은 소화효소가 작용하기에 복잡한 구조를 하고 있어 변성과정이 필요하다. 조리단계에서 물리적 · 화학적으로 단백질의 구조가 흐트러지게 하는 변성은 단백질의 소화가 용이하도록 돕는다. 입에서의 구강 저작 과정을 통해 음식물이 잘게 부수어 지지만 탄수화물이나 지질의 경우와 달리 단백질 분해 효소는 구강에서 분비되지 않으므로 단백질의 화학적 가수분해는 일어나지 않는다.

1. 위에서의 단백질 변성과 소화

단백질의 화학적 소화는 위에서부터 시작되며 소화효소의 작용을 받기 용이하도록 위산에 의한 변성이 먼저 일어난다.

표 4-4 단백질 소화 효소

기관	효소			특이성	소화작용	
	불활성형	활성 촉진제	활성형		기질	최종산물
위	펩시노겐	염산	펩신		단백질	
	–	–	레닌	응유효소	카세인	응유효소
췌장	트립시노겐	엔테로키나제	트립신		단백질, 폴리펩티드	짧은 폴리펩티드, 디펩티드
	키모 트립시노겐	트립신	키모트립신			
	프로카르복시 펩티다아제	트립신	카르복시 펩티디아제	카르복실기 말단 잔기	폴리펩티드	디펩티드, 아미노산
소장	–	–	아미노 펩티다아제	아미노기 말단 잔기	폴리펩티드	디펩티드, 아미노산
	–	–	디펩티다아제		디펩티드	아미노산

분비된 위산에 의해 단백질의 3차구조가 풀어지면서 소화효소에 의한 가수분해가 쉬워진다. 위산은 또한 펩시노겐 전구체를 펩신으로 활성화 시켜준다. 펩신은 위에서 분비되는 단백질 분해 효소로 분자 사이즈가 큰 단백질을 길이가 짧은 폴리펩티드로 분해한다.

2. 췌장 단백질 소화효소에 의한 단백질 분해작용

십이지장으로 유입된 폴리펩티드와 일부 아미노산은 콜레시스토키닌(cholecystokinin) 호르몬의 분비를 촉진하여 췌장소화효소가 분비되도록 한다.

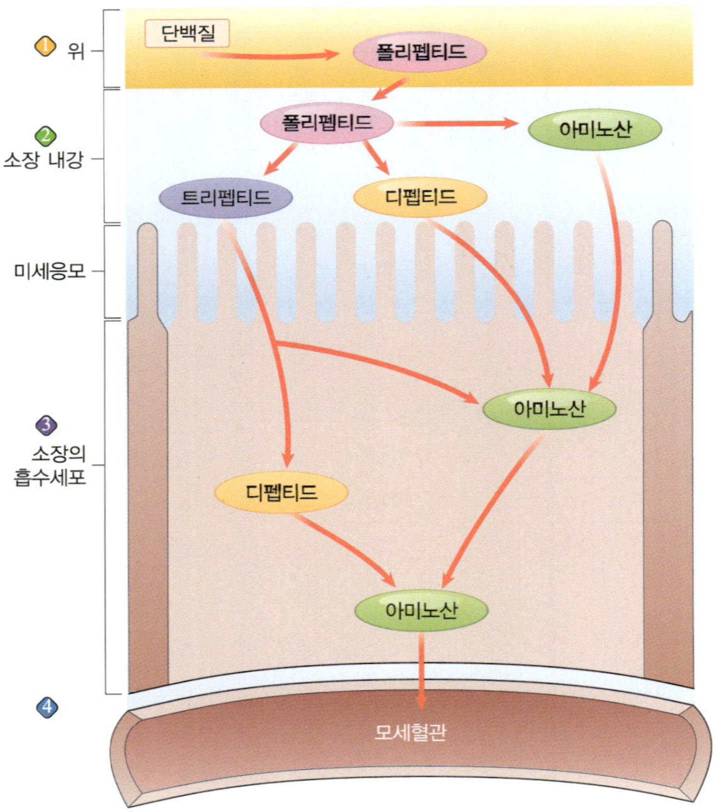

그림 4-6 단백질의 소화와 흡수

췌장소화효소들은 비활성형의 전구체 형태로 분비되며, 소장에서 활성형으로 전환되어 작용한다. 소장의 미세융모에도 단백질 분해 효소가 있다. 단백질은 아미노산과 저분자펩티드로 분해되면 소장점막을 통한 흡수가 가능해진다.

3. 아미노산과 저분자 펩티드 흡수과정

흡수속도는 아미노산에 따라 달라진다. 중성과 염기성 아미노산은 능동수송으로 흡수되므로 흡수속도가 빠르며 염기성 아미노산의 흡수속도가 조금 더 빠르다. 반면에 산성 아미노산은 촉진확산으로 흡수된다. 아미노산과 함께 디펩티드, 트리펩티드의 저분자 펩티드도 흡수가 가능하다.

그러나 흡수된 저분자 펩티드들은 소장점막세포 내에서 효소에 의해 모두 아미노산으로 최종 분해되므로 모세혈관을 따라 이동하는 단백질은 모두 아미노산 형태이다. 아미노산들은 흡수 후 간문맥을 통해 간으로 이동하여 일부는 단백질로 합성되고 일부는 혈류를 통해 체조직으로 보내진다.

4-4 단백질 합성과 구조

체내로 필수 아미노산이 고루 유입되어 아미노산의 부족이 없으면 체내 세포는 필요한 조직의 신호전달을 받아 단백질 합성을 시작한다. 즉, 합성에 필요한 필수아미노산이 없는 경우 단백질 합성은 일어나지 않는다. 체내에 필요한 단백질을 합성하고 공급하기 위해서는 필수아미노산이 항상 부족하지 않도록 언제나 완전단백질 형태의 식이가 가능하도록 주의하여야 하는 이유이다.

1. 단백질 합성 : 세포신호, 전사 및 번역

단백질 합성은 세포가 특정 단백질의 필요를 느끼고 합성 신호를 보낼 때 일어난다. 이러한 세포의 신호전달은 세포 핵안에 있는 DNA로부터 messenger RNA(mRNA)를 전사하도록 유도한다. DNA에는 인체에 필요한 모든 단백질의 합성지도가 들어있다.

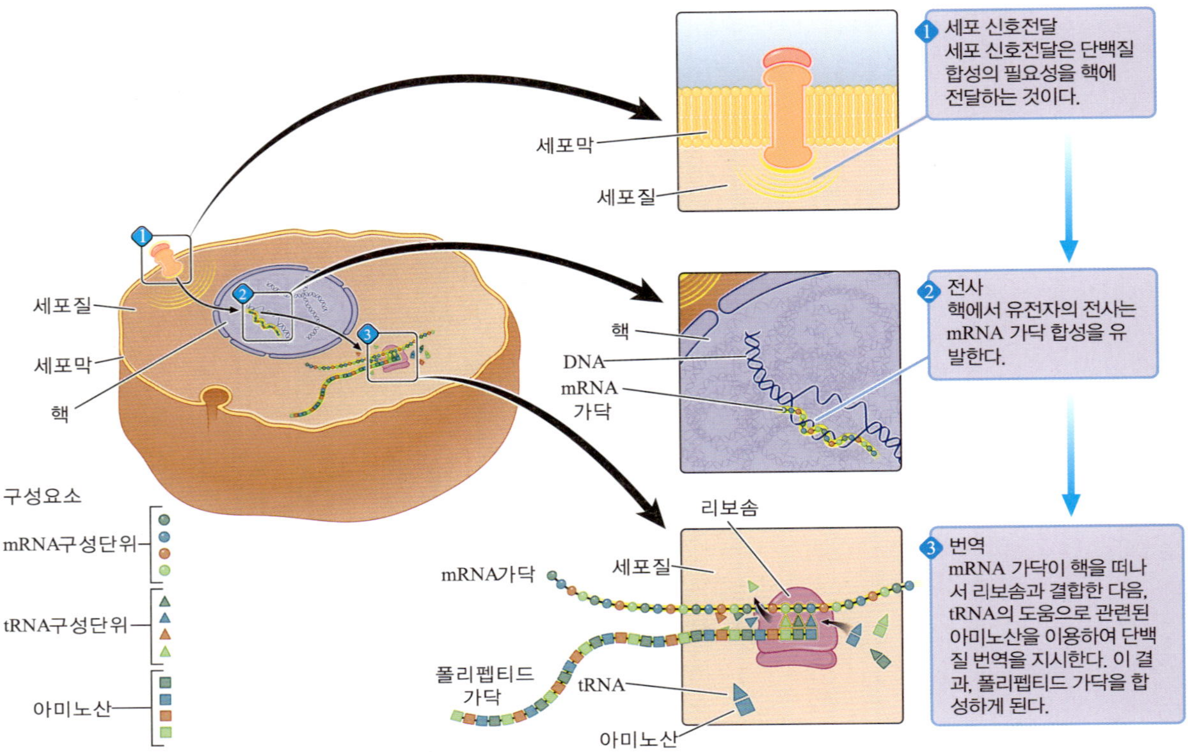

그림 4-7 단백질의 합성 단계

그러나 핵 밖으로 나와 명령을 실행하는 것은 전령RNA인 mRNA가 담당한다. 전사과정으로 DNA의 염기서열 정보를 갖고 있는 mRNA는 핵공을 통해 핵밖으로 나와 리보솜과 결합한다. 리보솜에는 단백질 합성에 필요한 모든 효소가 들어있다. 리보솜은 mRNA의 가닥을 훑어 내려가면서 염기서열 배열에 따라 아미노산을 불러오도록 transfer RNA(tRNA)에 염기서열 내용을 번역하여 전달한다.

세포질에는 단백질 합성에 사용될 수 있는 아미노산풀(amino acid pool)이 있다. 모든 아미노산에는 특정 tRNA와 염기서열이 배정되어 있다. DNA의 염기서열순서는 tRNA가 번역하여 실어오는 아미노산의 순서로 재현되고 리보솜이 mRNA 염기서열을 따라 이동하면서 tRNA에 의해 실려온 아미노산들은 펩티드결합으로 연결된다.

길어진 폴리펩티드 사슬은 구성하는 아미노산 곁가지의 특성에 따라 2차 구조와 3차 구조를 형성하며 조금씩 단백질의 형태를 갖추게 된다. 단백질 사슬이 완성되면 리보솜과 mRNA에서 떨어져 나오고 구조와 형태가 완성된 단백질은 세포 밖으로 이동하여 기능을 수행한다.

2. 단백질 구조

단백질의 폴리펩티드 사슬 구조는 세포 내에서 합성될 때 그 형태가 완성된다. 모든 단백질의 구조는 고유의 형태를 가지고 있으며 해당 단백질의 기능에도 영향을 미친다. 단백질의 구조는 다음과 같다.

① 단백질의 1차 구조

폴리펩티드 사슬을 형성하는 아미노산의 배열순서이다. DNA의 염기서열 순서에 의해 결정된다. 단백질의 고유 성질을 결정짓는 가장 큰 요소로 아미노산 배열순서가 단 1개만 바뀌어도 전혀 다른 단백질이 된다. 20여 개의 아미노산은 다양한 수와 조합을 만들 수 있으므로 자연계에는 단백질의 종류가 다양하고 많다. 식품을 구성하는 단백질이 다양한 이유이기도 하다.

② 단백질의 2차 구조

폴리펩티드 사슬을 구성하는 아미노산의 카르복실기와 아미노기 사이에 규칙적인 수소결합이 발생하여 형성되는 구조이다. 알파 - 나선형과 베타 - 병풍구조가 대표적이다. 1차구조의 아미노산 배열순서와 달리 입체적인 형상을 갖기 시작한다.

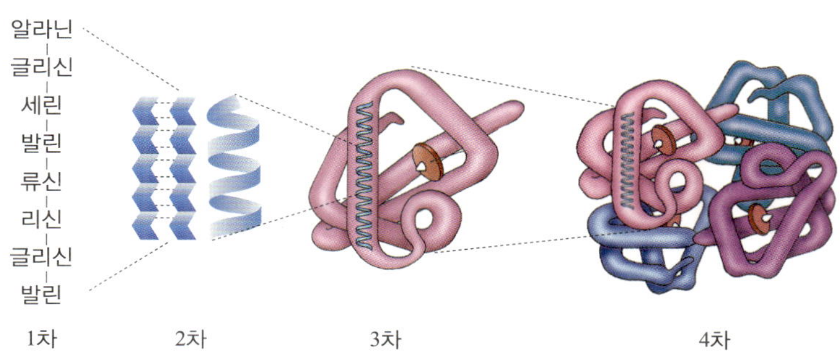

그림 4-8 단백질의 단계별 구조

③ 단백질의 3차 구조

각 구성 아미노산이 갖고 있는 곁가지들의 특성에 따라 형성되는 구조이다. 사슬은 좀 더 복잡하고 입체적인 구조를 갖게 된다. 구조의 형성에는 수소결합, 이온결합, 이황화결합, 소수성결합 등이 기여하며 2차 구조와는 다른 랜덤한 구조적 다양성이 나타난다. 대부분의 단백질은 구형의 형태를 갖추게 된다. 단백질 변성은 이러한 3차적 구조를 지탱하는 결합의 일부를 끊어내어 풀어진 형태의 사슬로 만드는 것이다.

④ 단백질의 4차 구조

대부분의 단백질은 3차 구조를 형성하는 것만으로도 기능을 수행할 수 있게 된다. 그러나 헤모글로빈등의 일부 단백질은 3차 구조 폴리펩티드 사슬을 여러 개 모아 최종 단백질 형태를 완성한다. 길이가 긴 섬유상단백질들의 대부분은 3차 구조 폴리펩티드들을 모아 형성된다.

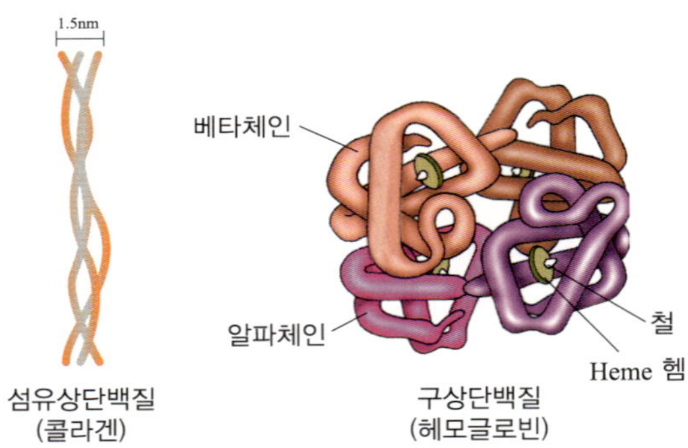

그림 4-9 구상단백질, 섬유상단백질

4-5 아미노산 대사

아미노산을 구성하는 아미노기와 카르복실기, 그리고 탄소골격 부분은 각각 체내에서 물질생성과 에너지대사 과정에 중요한 기능을 담당한다.

1. 아미노기 대사

(1) 아미노기 전이반응

비필수아미노산 합성이 필요한 경우 아미노기 전이효소에 의한 전이 반응이 일어나며 이 과정에는 비타민 B_6의 조효소 PLP가 필요하다.

아미노산 합성에 필요한 아미노기는 글루탐산과 글루타민 형태로 합성경로에 유입되며, 아미노기를 전달받는 알파-케토산으로는 당질 대사의 중간 대사산물인 피루브산, 옥살로아세트산 등이 탄소 골격으로 사용된다.

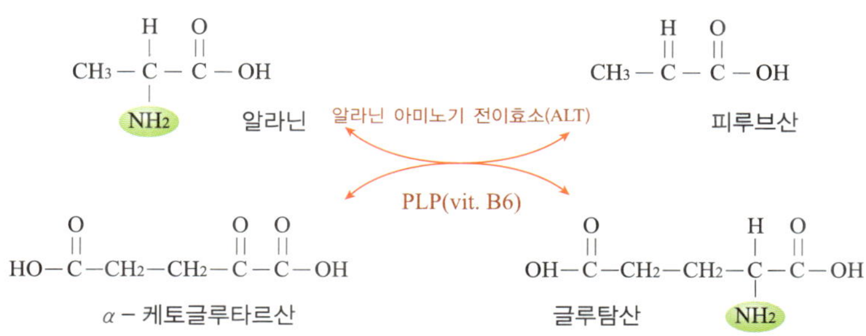

그림 4-10 아미노기 전이반응을 통한 알라닌의 형성

(2) 탈아미노반응

아미노산에서 아미노기가 제거되어 배출되는 과정이다. 아미노기 전이반응과 달리 탈아미노반응에서는 1분자의 $NADH^+$와 H^+ 가 얻어지고 전자전달사슬로 전해져 ATP 형성에 사용된다. 탈아미노반응을 통해 얻어진 알파-케토산은 신체 필요에 따라 다양한 대사과정을 거쳐 활용된다.

근육에서 에너지 생성을 위해 이화된 아미노산의 아미노기 잔기들은 모두 간으로 보내져 요소 합성을 통해 뇨로 체외 배출된다. 요중 질소량을 측정하면 체구성 단백질로 사용되지 못하고 이화대사된 단백질량을 추정할 수 있는 원리이기도 하다.

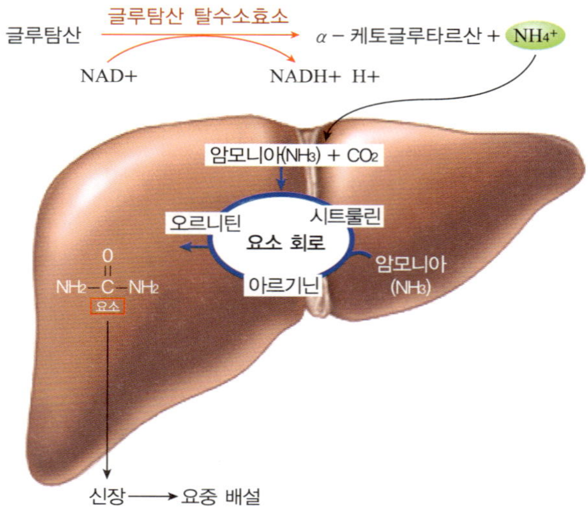

그림 4-11 요소합성

제거된 아미노기는 유독한 암모니아를 형성하므로 독성이 덜한 요소로의 전환이 필요하다. 요소합성은 간에서 발생하며 2개의 아미노기를 요소 형태로 방출한다.

2. 아미노산의 탄소골격 대사

아미노기가 제거된 아미노산의 탄소골격 부분인 알파 - 케토산 (α-keto acid)은 체내에서 물질 합성에 활용되거나 분해되어 에너지 생성을 한다. 20여 가지 아미노산들은 각 아미노산의 특성에 따라 다양한 경로로 대사된다.

① 당원성 아미노산(glucogenic amino acid) : 당대사를 거쳐 포도당 생성이 가능한 아미노산이다. 대부분의 아미노산으로부터 포도당 신생합성이 가능하다. 근육 단백질의 분해로 얻어지는 포도당은 기아상태의 뇌와 적혈구를 위해 공급된다.

② 당원성-케토원성 아미노산(glucogenic-ketogenic amino acid) : 당질 또는 지질대사를 거쳐 포도당, 지방산, 케톤체 형성이 모두 가능한 아미노산이다. 이소류신, 페닐알라닌, 트립토판, 티로신, 트레오닌이 해당된다.

③ 케토원성 아미노산(ketogenic amino acid) : 지질대사를 거쳐 지방산이나 케톤체 형성이 가능한 아미노산으로 류신과 라이신이 있으며, 이 2가지 아미노산은 포도당 신생합성의 전구물질이 될 수 없다.

표 4-5 당원성-케토원성, 당원성 및 케토원성 아미노산의 분류

분 류	아미노산
케토원성	류신, 라이신
당원성-케토원성	이소류신, 페닐알라닌, 트립토판, 티로신, 트레오닌
당원성	나머지 아미노산들

3. 탈탄산반응

아미노산의 카르복실기가 CO_2 형태로 제거되면서 약리작용을 주로 나타내는 아민을 형성하는 반응이다. 대표적인 예는 히스티딘으로부터 생성되는 히스타민으로 혈관 확장작용을 하며 알레르기반응을 일으키기도 한다.

글루탐산의 탈탄산반응은 뇌신경전달물질인 감마 - 아미노부티르산(GABA)을 생성한다. 트립토판의 탈탄산반응을 통해 생성된 세로토닌은 기분조절에 관여하는 호르몬으로 작용한다.

4-6 단백질 대사

1. 단백질의 동적평형

신체를 구성하는 대부분의 단백질은 끊임없이 새로운 조직으로 대체된다. 체조직의 분해와 합성이 반복되는 사이클을 단백질전환(protein turnover)이라고 하며, 전환주기는 조직마다 다르다. 새로운 단백질의 형성을 위해 필요한 필수아미노산이 부족하지 않도록 좋은 단백질 식품을 항상 공급하도록 한다.

식이 공급 이외에 단백질 합성에 사용되는 대부분의 아미노산은 체내에서 분해된 단백질로부터 공급된다. 재활용되기 전까지 체내에 일정량 저장되는 아미노산을 아미노산풀(amino acid pool)이라고 한다. 아미노산풀의 크기는 식이섭취량과 체단백질 분해량에 따라 달라진다.

아미노산풀이 커지면 단백질 합성의 발생이 쉽고 아미노산풀이 작아지면 체단백의 분해가 진행된다. 정상적인 에너지 대사 상태에서는 아미노산풀의 크기는 일정하다. 유입되어 저장되는 아미노산과 합성에 사용되기 위해 빠져 나가는 아미노산간에 동적평형상태(dynamic state)가 유지된다.

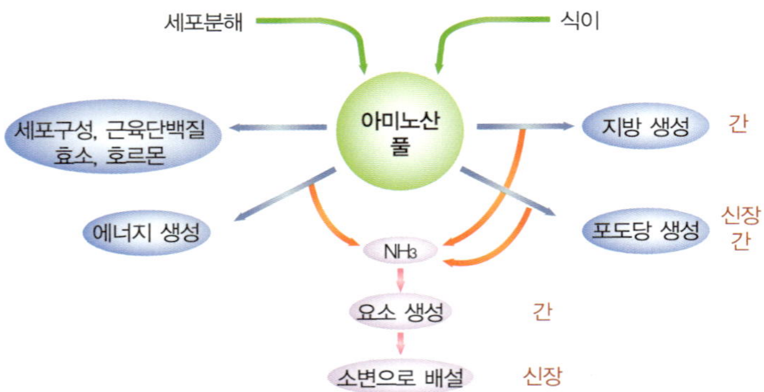

그림 4-12 아미노산 풀

2. 질소평형

질소평형이란 식이 섭취된 질소량과 체외로 배출된 질소량의 평형관계를 말한다. 적절한 신체활동과 체내 필요한 단백질 합성의 유지를 위해 신체는 끊임없는 단백질 공급을 필요로 한다. 질소평형은 인체에 필요한 단백질에 대한 평가를 위해 활용되는 방법이다. 질소는 체내에서 활용되는 영양소 중 단백질에 대부분 존재하며 16%의 일정비율로 존재하므로 섭취질소와 배설질소량을 추적하면 간접적으로 단백질의 체내활용 정도를 추정할 수 있다.

대변 속의 질소는 흡수되지 않은 단백질이라고 하며, 요속의 질소는 체내에서 활용되지 않은 단백질량을 의미한다. 단백질이 체조직 구성 등에 활용되었다면 아미노산의 아미노기 잔기는 배출되지 않고 체구성 성분으로 체내에 잔존하게 된다. 섭취된 질소량보다 배출 질소가 많다면 체조직의 낭비나 분해가 진행되고 있음을 의미한다. 질소평형은 영양불량 상태 판정에 적용할 수 있다. 섭취질소량을 대변배설 질소를 제외한 "체내 보유 질소량"으로 간주하여 적용하여도 된다.

표 4-6 질소평형

질소 균형	섭취 = 배설	건강한 성인
양의 질소 평형	섭취 > 배설	성장기, 임신기, 질병회복기, 근육형성 운동 시기(세포형성기) 호르몬 : 성장호르몬, 인슐린, 남성호르몬 분비 시
음의 질소 평형	섭취 < 배설	화상, 열병, 감염병 등 소모성 질환, 신경쇠약증, 출혈 많은 외과적 부상, 기아상태 등 (체단백 분해시기) 호르몬 : 글루코코르티코이드, 갑상선 기능 항진 시

4-7 단백질 평가

1. 생물학적 평가

생물학적 평가는 동물실험 또는 인체실험의 체내 대사를 활용한 단백질 평가방법으로 체중증가 활용법인 단백질 효율(protein efficiency ratio, PER)과 질소출납 활용법인 생물가(biological value, BV), 소화율이 고려된 단백질 실이용률(net-protein utilization, NPU) 등이 있다.

check point

$$\text{단백질 효율(PER)} = \frac{\text{일정기간 증가한 체중의 양(g)}}{\text{일정기간 섭취한 단백질의 양(g)}}$$

$$\text{생물가(BV)} = \frac{\text{보유된 질소량}}{\text{흡수된 질소량}} \times 100$$

$$\text{단백질 실이용률(NPU)} = \text{생물가} \times \text{소화흡수율}$$

2. 화학적 평가

체단백질 합성에는 모든 아미노산이 고루 필요하며 단백질 합성량은 가장 부족하게 공급되는 필수 아미노산인 제1 제한 아미노산의 함량에 영향을 받는다. 화학가(chemical score, CS)는 평가하고자 하는 식품에 함유된 제1 제한 아미노산 함량과 표준 아미노산 패턴의 해당 아미노산 함량을 비교하여 단백질의 영양적 가치를 평가한다. 화학가의 표준 아미노산 패턴은 FAO에서 제공한 수치를 활용하거나 달걀이나 모유의 아미노산 함량을 표준수치로 정하여 사용하였다.

1973년 FAO/WHO 에서는 인체에 필요한 단백질 조성에 근거한 표준 아미노산 패턴을 새롭게 정하여 계산된 수치를 아미노산가(amino acid score, AAS)라 하였고 표준 수치는 1985년 한 차례 더 개정되었다.

check point

• 화학가(CS)의 종류

단백가 (protein score, PS) : 1957년 FAO 제공 표준 아미노산 패턴
난가 (egg score, ES) : 1965년 달걀 단백질
모유가 (human milk score, HS) : 1965년 인유 단백질

그러나 화학적 평가 방식은 단백질의 소화율을 고려하지 않은 단점이 있다. 최근에는 단백질의 평가를 위해 생물학적 평가법과 화학적 평가법의 단점을 보완한 '단백질 소화율이 고려된 아미노산가' 를 사용한다.

check point

• 아미노산가(AAS)

아미노산가 (amino acid acore, AS) : 1985년 FAO/WHO 제공 표준 아미노산 패턴

• 화학가(CS), 아미노산가(AAS) 계산

$$\frac{\text{평가 식품단백질의 제1 제한 아미노산량(mg/g)}}{\text{기준 아미노산 패턴의 동일 아미노산량(mg/g)}} \times 100$$

3. 생물학적 평가와 화학적 평가의 보완

단백질 소화율 보정된 아미노산가(protein digestibility corrected amino acid score, PDCAAS)는 1993년 FAO/WHO에 의해 단백질 평가를 위한 가장 효율적인 방법으로 승인되어 사용되고 있다. PDCAAS는 인체가 필요로 하는 실질적 아미노산 요구량을 반영하여 동물실험의 단점이 있는 생물학적 평가 방법과 소화 흡수율을 고려하지 못한 화학적 평가방법들의 전반적인 단점을 보완한 평가방식이다.

수치 범위는 0~1까지 있으며 우유단백질 카제인, 유청단백질, 난백, 콩단백질이 1로 가장 높게 평가되고 곡류단백질은 0.4 ~ 0.6 정도의 스코어를 나타낸다. 결핍된 필수 아미노산이 있는 경우 수치는 0이 된다.

Check Point

단백질 소화율 보정된 아미노산가(PDCAAS)
= 아미노산가 × 소화율

4-8 단백질과 건강문제

1. 선천적 아미노산 대사이상

다음의 아미노산 대상 이상 질환들은 유전적인 요인에 의한 질환으로 식사요법에 주의한다.

① 페닐케톤뇨증

페닐알라닌 수산화효소의 유전적 결함이 원인이다. 페닐알라닌이 티로신으로 전환되지 못하고 혈액이나 조직에 축적되어 페닐케톤뇨증을 유발한다. 조기발견과 치료가 중요하며 치료시기를 놓치면 뇌손상으로 인한 영구적 정신지체가 발생한다.

식이요법으로 페닐알라닌 제한식을 한다. 티로신 합성을 하지 못하므로 티로신을 식이에 반드시 공급한다. 티로신이 “조건적 필수아미노산”이 된다.

② 호모시스틴뇨증

메티오닌으로부터 시스테인을 합성하는 과정에 필요한 시스타티오닌 합성효소의 결함으로 이 효소의 기질인 호모시스테인의 혈중농도가 증가하여 요로 배출된다. 호모시스테인 상승 시 동맥경화가 유발되어 심혈관질환(심장병, 뇌졸중 등)이 발병하므로 치료시기를 놓치지 않도록 주의한다.

식이요법으로 메티오닌 섭취량을 줄이고 전체적 단백질 섭취량도 줄인다. 시스타티오닌 합성효소의 활성을 증가시키는 비타민 B_6의 섭취를 증가시킨다. 호모시스테인 축적 방지하는 재메틸화 과정에 필요한 엽산, 비타민 B_{12}를 충분히 섭취한다.

③ 단풍당뇨증

분지아미노산의 산화적 탈탄산화 과정을 촉진하는 효소의 유전적 결함이 원인이 된다.

케톤체의 대량 생성으로 소변과 땀에서 단풍시럽 냄새가 나는 것이 특징이다. 생후 1주일 이내의 조기발견이 중요하며 치료시기를 놓치면 신경장애로 인한 정신지체가 발생하기도 한다. 치료가 지연되면 대사성 산혈증, 혼수를 거쳐 사망에 이르기도 한다. 예방을 위해 필수적으로 선천성 대사이상 조기 검사를 진행하는 것이 좋다.

식이요법은 류신, 이소류신, 발린의 분지아미노산(BCAA)의 섭취를 제한하고 근육 단백질 분해가 진행되지 않도록 열량공급이 부족하지 않게 공급한다.

2. 단백질 결핍증

단백질 결핍의 대표적 임상증상은 부종으로 알부민 농도 저하가 원인이다. 보통 수일간 양질의 단백질 식품을 공급하면 호전된다. 성인기에 발생하는 단백질 결핍은 보통 알코올 중독이나 거식증 등의 영양결핍이 발생하는 환경적 요인을 동반하게 되므로 식이요법적 처방 이외에도 심리적 상담이 필요한 경우가 많다.

성인에게 발생하는 단백질 결핍과 달리 식품 자원이 부족한 지역의 유아에게 나타나는 단백질 결핍은 좀 더 심각한 문제를 동반한다. 모유 수유를 중단하고 이유식을 시작하는 시기의 아이들은 경제적 · 환경적 · 사회적 요건 탓에 종종 심각한 단백질 결핍에 시달리는 경우가 발생한다.

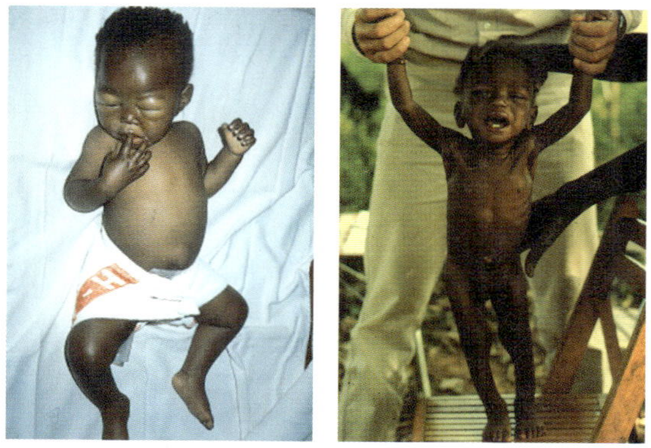

콰시오커 : 복수와 손발부종　마라스무스 : 근육약화, 체중감소

그림 4-13 콰시오커와 마라스무스

마라스무스는 단백질과 열량공급이 모두 부족한 상태일 때 나타나며, 매우 마른 체격이 관찰되고 열량의 공급부족으로 체지방 감소가 심하게 일어난다.

단백질이 심하게 부족한 경우에 발생하는 콰시오커의 경우 혈장알부민의 감소로 심한 부종이 나타난다. 열량 공급은 부족하지 않아 체지방 감소는 많지 않으나 부종과 더불어 지방간, 머리카락 탈색, 피부염증, 부스럼 등의 증상을 동반하며, 면역력 감소도 심하고 성장지연도 발생한다.

3. 단백질 과잉증

동물성 단백질을 과잉섭취하면 골다공증 발생률이 높아진다. 동물성 단백질에 많이 포함된 인이 체내 칼슘을 몰아내기 때문이다. 즉, 인의 과잉섭취로 체내 칼슘 배설이 증가한 것이다. 또 다른 건강상의 문제는 신장에 주는 부담이다. 단백질의 섭취는 요소의 배설을 동반하게 되므로 신장 건강이 좋지 않은 일부 사람에게는 고단백식이에 주의가 필요하다.

체중 감량을 위해 탄수화물과 지질을 줄이고 고단백 위주의 식단을 구성한다 하더라도 과잉섭취된 단백질은 역시 중성지방의 합성을 촉진하게 되므로 적정량의 섭취를 지키도록 한다.

4. 단백질 섭취기준

단백질은 체구성 성분, 효소, 면역체 등의 합성재료가 되는 필수적인 영양소 이므로 저열량 식이요법 실시 중에도 체내 단백질 필요량이 부족하지 않도록 주의한다. 단백질의 에너지적정비율은 1일 에너지필요추정량의 7~20%에 해당한다. 단백질은 권장섭취량이 설정된 유일한 '에너지영양소' 이다(2015, 한국인 영양소 기준).

check point

① 19~29세 남자의 에너지필요추정량 2,600 kcal
단백질의 에너지적정비율 7~20% = 182~520 kcal (단백질 46~130 g)
② 19~29세 여자의 에너지필요추정량 2,100 kcal
단백질의 에너지적정비율 7~20% = 147~420 kcal (단백질 37~105 g)
③ 단백질 권장섭취기준 : 19~64 세 남자 55~65 g, 여자 45~55 g
성인의 단백질 권장량은 0.91 g/kg/일

삶은 달걀 1개(60 g기준)에는 약 7 g의 단백질이 함유되어 있다. 달걀 8개 분량의 단백질을 섭취한다면 완전단백질 형태로 성인 남성의 1일 권장량을 어느 정도 만족시킬 수 있다. 난황의 콜레스테롤이 걱정된다면 콜레스테롤이 없는 난백으로 된 제품을 활용하는 것도 좋다.

Chapter 5
에너지

5-1 에너지 급원식품 종류
5-2 에너지의 생리학적 기능
5-3 에너지와 건강문제

Chapter 5

에너지

모든 생명체의 생명유지에는 에너지가 필요하며 이는 기계적인 일, 물질의 생합성, 능동적인 물질이동, 유전정보의 이동 등에 사용된다. 에너지를 주로 내는 영양소는 탄수화물, 단백질, 지방으로 체내에서의 에너지 형태는 ATP이며, 영양소가 체내에서 산화되어 만들어진다.(그림 5-1)

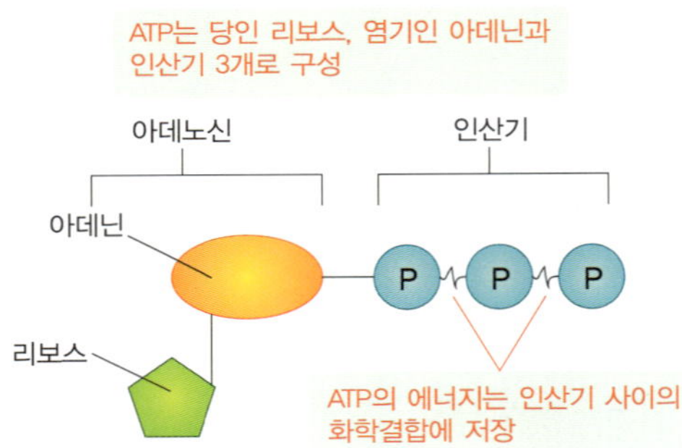

그림 5-1 Adenosine Triphosphate(ATP)

식품 내에 존재하는 에너지의 일부는 고에너지 화합물(ATP)로 저장되고 일부는 열로써 손실된다. 체내에서의 ATP 생성은 기질수준 인산화 반응과 산화적 인산화 반응에 의해 일어난다. 기질수준 인산화는 반응성 강한 인산결합물질의 인산기를 직접 ADP에 전달하여 ATP를 얻는 생화학 반응으로 해당과정과 시트르산 회로의 일부 단계에서 ATP를 얻는 과정이다.

보다 많은 양의 ATP는 산화적 인산화 과정을 통해 얻어지며 체내 ATP 생성의 주된 반응이 된다. 에너지를 내는 기질분자들이 산화될 때 얻어지는 수소이온(proton, H^+)과 전자(e^-)들은 미토콘드리아 내막의 호흡효소 체계로 운반되고 전자는 시토크롬계 중심의 효소 복합체들을 통해 전달된다.

이 전자전달 과정으로 수소이온은 미토콘드리아 내막안팎의 전위차를 조성하는데 사용되고 프로톤펌프(ATP 합성효소)를 통해 전위차가 회복되면서 ATP형성을 한다.

전자전달과정의 마무리는 전자와 수소이온에 산소를 반응시키는 호기적 반응을 통해 물(H_2O)을 형성하면서 이루어진다. 전자전달계(electron transport system) 또는 호흡연쇄계(respiratory chain)로 알려진 이 과정은 세포 내에서 에너지를 형성하는 주된 과정으로 비만과 연관되어 최근 많은 연구가 진행되고 있다.

5-1 에너지 급원식품 종류

에너지는 음식의 형태로 소비되어 열을 생산하게 되며 신체의 세포, 대사, 기계적인 일 등에 사용된다. 에너지 급원이 되는 열량영양소로 탄수화물, 단백질, 지질이 있고 영양소는 아니지만 체내에서 대사되어 열량을 내는 알코올이 있다.

1. 에너지 급원이 되는 영양소

열량영양소인 탄수화물, 지질, 단백질은 체내에서 소화작용을 통하여 각각 포도당, 지방산과 글리세롤, 아미노산을 생성하며 이들 영양소가 산화되어 ATP가 생성되고 에너지로 이용된다. 이들 영양소는 아세틸 CoA로 전환되어 TCA 회로로 들어가고 전자전달계에 수소를 제공함으로써 다량의 ATP를 생성한다.

포도당의 경우 2개의 피루브산(탄소 3개로 된 화합물)으로 분해되는 해당과정을 거쳐 2개의 ATP를 생성한다. 피루브산은 아세틸 CoA로 전환되고, 아세틸 CoA는 다른 열량원인 지방산, 아미노산으로부터도 생성되어 시트르산 회로(TCA 회로)에 유입된다.

이러한 일련의 과정을 거쳐 얻어진 수소이온과 전자는 전자전달계로 운반되고 ATP 생성에 활용된다. 영양소의 대사과정에서는 이산화탄소 형태의 노폐물이 생성되고 수소, 산소간의 반응을 통해 대사수도 얻어진다.

에너지로 사용되지 않은 지방간과 글리세롤은 트리글리세라이드(중성지방, TG)로 재형성되어 간과 지방조직에 저장된다.

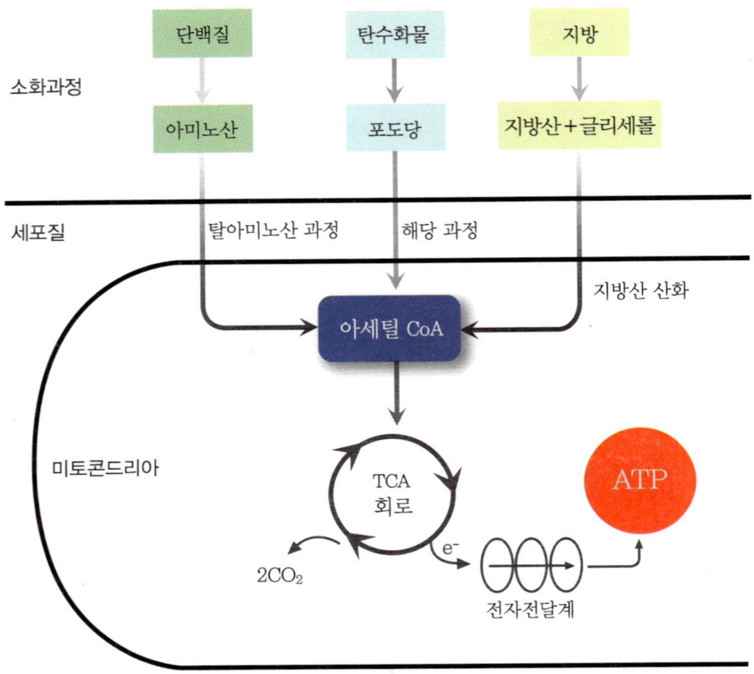

그림 5-2 에너지 대사

2. 영양소별 주요 에너지 급원식품

식품 속에 함유된 에너지를 측정하는 방법으로 폭발열량계(bomb calorimeter)가 가장 많이 이용된다. 밀폐된 내부 시료통에 측정하고자 하는 시료를 넣고 연소시키면 열이 발생하면서 시료통 주변의 물 온도가 상승하게 되고 상승정도를 연소 에너지로 환산하는 방식이다. 따라서 에너지 단위인 1킬로칼로리(1 kcal =1 Cal=1,000 cal)는 "물 1 kg을 14.5°C에서 15.5°C로 1°C 올리는 데 소요되는 열량"으로 결정한다.

최근에는 국제단위로 인정받는 줄(joule)을 에너지 단위로 적용하기도 하는데, 1 kcal를 4.184 kjoule로 환산하면 된다.

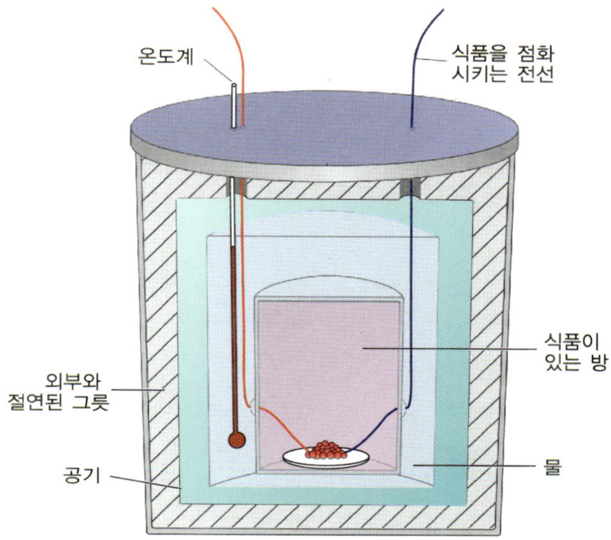

그림 5-3 Bomb calorimeter의 단면도

식품에 함유된 열량성분들의 측정된 산화에너지는 탄수화물 4.15 kcal/g, 지질 9.45 kcal/g, 단백질 5.65 kcal/g, 그리고 알코올 7.1 kcal/g로 실제로 우리가 알고 있는 식품들의 열량가와 조금 다르다. 이것은 식품으로 섭취하여도 100% 소화, 흡수되는 것이 아니라 일부는 대변으로 배설되고 특히, 단백질의 경우 폭발열량계에서 연소되었던 질소기를 생체 내에서는 연소시킬 수 없기 때문에 수치적으로 더 큰 차이가 발생하게 된다. 알코올의 경우 0.1 kcal/g는 휘발되어 사라진 분량이다.

식품에 포함되어 있는 이들 성분이 체내에서 대사될 때 생성되는 에너지, 즉 생리적 에너지는 탄수화물 4 kcal/g, 지방 9 kcal/g, 단백질 4 kcal/g, 그리고 알코올 7 kcal/g으로, 물리적 에너지 함량에 평균 소화율(배설율)을 적용하여 산출한다. 생리적 에너지는 애트워터(Atwater)계수로도 알려져 있다.

표 5-1 열량영양소의 산화에너지와 생리적 대사 에너지 함량

영양소	산화 에너지(kcal/g)	소화율(%)	생리적 대사 에너지(kcal/g)
탄수화물	4.15	98.0	4.0
지질	9.45	95.0	9.0
단백질	5.65 (−1.25)*	92.0	4.0

* 체내 산화되지 않는 질소의 불연소에너지량

표 5-2 주요 식품의 열량

구분	식품명	양	열량(kcal)	구분	식품명	양	열량(kcal)	구분	식품명	양	열량(kcal)
곡류	밥	220g 1공기	306	채소류	깻잎	8g 5장	3	일품요리	갈비탕	523g 1인분	693
	장국수	714g 1인분	387		상추	30g 5장	5		떡국	425g 1인분	471
	식빵	40g 1쪽	118		양배추	72g 2장	18		군만두	269g 10개	510
	도넛	37g 1개	145		무생채	107g 1접시	77		수제비	442g 1인분	325
	라면	569g 1개	545		오이	143g 1개	16		야채샐러드	90g 1인분	110
	짜장면	361g 1개	647		풋고추	56g 4개	6		잣죽	302g 1접시	205
	인절미	43g 2개	97		당근	146g 1개	50		단팥죽	260g 1접시	554
	비스킷	20g 5쪽	98		배추김치	155g 1접시	29	어패류 및 해조류	갈치	80g 1토막	58
	팝콘	20g 1접시	107	과실류	사과	244g 1개	86		고등어	150g 1토막	120
	보리밥	260g 1공기	346		배	370g 1개	92		조기	167g 1마리	139
	냉면	740g 1인분	590		딸기	100g 10개	20		어묵	31g 1장	28
서류	감자	150g 1개	104		바나나	144g 1개	85		오징어(건)	61g 1마리	206
	고구마	245g 1개	220		귤	70g 1개	24		쥐치포	26g 1마리	87
두류	두부	508g 1모	462		복숭아	302g 1개	100		참치통조림	190g 1통	314
	순두부	400g 1봉	160		감	140g 1개	71		김	2g 1장	7
육류·난류	닭고기	100g	132		토마토	153g 1개	31		미역국	414g 1대접	67
	쇠고기	100g	131		포도	292g 1송이	91	유제품	우유	194ml 1팩	116
	돼지고기	100g	131		수박	156g 1쪽	25		요구르트	65ml 1통	50
	햄	100g	204	일품요리	김밥	212g 1줄	276		치즈	20g 1장	70
	계란	64g 1알	91		카레라이스	260g 1인분	494	유지류	참기름	12g 1Ts	106
	계란 프라이	50g 1알	104		비빔밥	420g 1인분	672		버터	14g 1Ts	101

(1) 탄수화물

탄수화물 급원식품 중 에너지를 주로 생성하는 식품으로 곡식, 과일, 채소 및 시럽, 흑설탕등과 같은 당류가 있다. 일반적으로 단순당질과 복합당질로 나뉘며 단순당질에는 주로 단당류와 이당류가 속하고, 복합당질에는 다당류인 전분, 식이섬유, 글리코겐 등이 해당된다.

한국 성인의 경우 총 에너지의 55~65%는 주로 탄수화물에서 섭취하고 있으며, 최근에는 만성질병의 위험을 감소시키기 위해 식이섬유소를 1일 20~25 g 정도 섭취하도록 충분섭취량을 책정하였다. 2016 보건복지부에서 발표한 [국민 공통 식생활 지침]에서는 최근 가공식품과 음료를 통해 첨가당 섭취가 증가되고 있는 것을 고려하여 첨가당을 총 에너지 섭취량의 10% 이내로 제안하였다.

우리가 흡수하는 탄수화물은 주로 포도당 형태이고 일부 단당류로 흡수되어 들어오는 갈락토오스나 과당 등도 간으로 운반된 후 포도당으로 전환되어 대사되므로 체내 탄수화물 흡수와 에너지 대사의 시작은 포도당 대사로 이루어졌다.

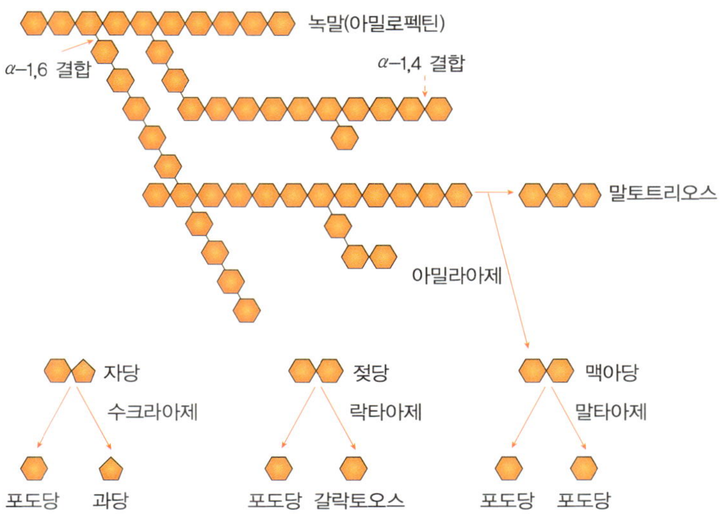

그림 5-4 탄수화물의 소화

check point

운동과 탄수화물

① 탄수화물은 무산소적(혐기상태)으로 ATP를 생산해 낼 수 있는 유일한 열량 영양소이다. 따라서 탄수화물은 유산소성(호기상태) 신진대사로 공급되는 에너지 이상으로 많은 에너지를 순간적으로 필요로 하는 최대 운동 시기에 매우 유용한 열량 공급 방식이 될 수 있다. 고강도 운동을 수분 간 시행할 때는 주로 근육에 저장된 글리코겐을 활용하여 혐기적으로 ATP가 생성된다.

② 가볍고 적당한 유산소 운동 시에는 주로 지방에서 에너지를 공급받지만 탄수화물도 신체 에너지 요구량의 1/3 정도를 공급한다.

③ 장시간 운동 시에도 탄수화물의 공급은 매우 중요한데, 지방으로부터 에너지를 얻기 위한 열량대사 과정에서는 지방의 원활한 신진대사를 위해 탄수화물의 지속적인 공급을 필요로 한다.

④ 에너지를 만들기 위한 탄수화물의 유산소성 분해는 지방산 분해로 얻어지는 에너지 생성에 비하여 더 빠르게 이루어진다. 따라서 탄수화물 분해가 계속되면 체내 글리코겐이 고갈되어 신체의 에너지 생성 속도가 저하되고 운동 파워가 급격히 감소한다. 마라톤과 같은 강도 높은 장시간의 유산소운동을 할 때 선수는 종종 영양과 관련된 피로(근육과 글리코겐 고갈로 인한 상태)를 경험하게 되므로 운동 중에 탄수화물을 공급하면 운동피로도 감소에 도움이 된다.

(2) 지 질

각종 종실류, 견과류의 식물성기름과 육류의 동물성지방 등이 우리가 주로 섭취하는 지질 식품들이다. 이들 지질들은 체내에서 중성지방, 인지질, 콜레스테롤 등으로 존재하지만 운동 중 에너지 소비에 기여하는 것은 주로 저장된 중성지방의 분해 산물이다.

식이 섭취된 지질은 소화 흡수되어 혈액으로 순환되어 들어오는데 3~4시간 이상이 소요되므로 탄수화물에 비해 운동 중 직접적 에너지 보충을 위해 섭취하기에 적합한 열량영양소는 아니다.

체내에 저장된 지방은 신체의 가장 풍부한 잠재적 에너지 형태로 저장량이 한정된 탄수화물이나 단백질에 비해 거의 무한한 에너지량을 저장 공급한다. 식품으로 섭취된 지방은 물론 과잉으로 섭취된 탄수화물과 단백질도 중성지방으로 전환되어 체내 저장될 수 있다.

지방으로부터 에너지가 방출되기 전에 이루어지는 가수분해(지방분해, lipolysis)는 트리아실 글리세롤 분자(중성지방, TG)를 글리세롤과 지방산으로 분리하면서 시작된다. 호르몬 민감성 리파아제 효소는 아래와 같은 경로로 중성지방분해를 촉진한다.

$$\text{트리아실 글리세롤} + 3H_2O \xrightarrow{\text{리파아제}} \text{글리세롤} + 3\ \text{지방산}$$

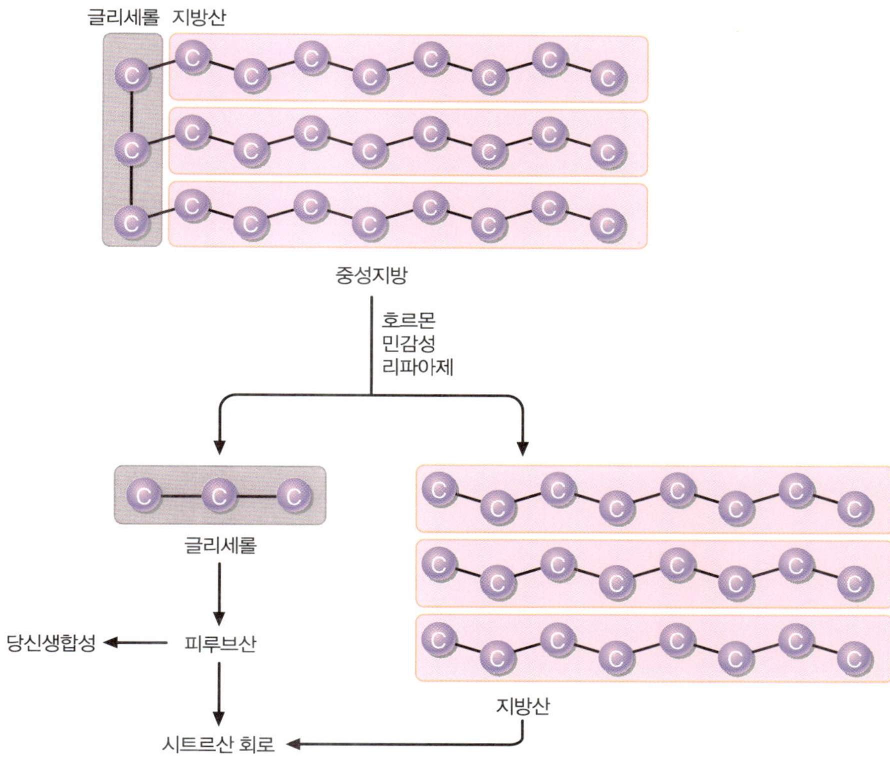

그림 5-5 지방분해

① 글리세롤의 분해

해당작용의 글리세르알데히드-3인산으로 유입된 글리세롤은 피루브산으로 전환된 후 시트르산 회로에서 산화되어 ATP를 생성하거나 포도당 합성을 위한 탄소체로 활용된다. 포도당신생합성(gluconeogenesis)은 공복이나 탄수화물 식이 제한 또는 운동 혹은 고강도 운동 등으로 혈당이 저하될 때 일어난다.

② 지방산의 분해

지방산 산화(β-oxidation) 과정은 지방산의 긴 사슬을 탄소 2개 단위인 아세틸-CoA로 분해하는 과정이다. 천연의 지방산은 주로 짝수 개로 구성되어 있으므로 지방산 사슬 전체가 모두 아세틸-CoA로 분해될 때까지 베타산화는 계속된다. 생성된 아세틸-CoA는 모두 시트르산 회로에서 대사되고 방출된 에너지는 전자전달계에서 ATP 형성에 사용된다. 특히, 지방산 산화는 산소가 없는 무산소 상태에서는 진행될 수 없으므로 효율적인 지방산 산화를 위해 유산소 운동을 통한 산소 섭취 과정이 매우 중요하다.

check point

운동과 MCT oil

최근 보충제 형태로 활용되는 MCT oil (중쇄중성지방유)은 탄소사슬 8~10의 지방산으로 구성되어있고 코코넛유 등으로부터 가공되어 만들어 진다. MCT oil은 소화와 흡수 단계에서 담즙을 필요로 하지 않아 지질 소화, 흡수에 문제가 있는 환자들을 위한 식이 처방용으로 주로 활용되었는데, 최근에는 비교적 빠르게 흡수되면서 체내 저장되지 않는 운동 에너지원으로 보디빌더 등의 일부 운동선수들에게 활용되고 있다. 그러나 보충제로 다량의 MCT oil 섭취 시 위장장애가 발생할 수 있으므로 주의한다.

자연계를 구성하는 지방산들은 대부분 장쇄지방산으로 MCT oil은 비교적 한정된 급원에만 존재하므로 일상적 식사 패턴으로는 많은 양을 섭취하기 어렵다.

(3) 단백질

단백질의 주요 급원식품은 육류, 가금류, 계란, 유제품, 콩류, 견과류 등이고, 그 외 곡류 등에도 일부 함유되어 있다. 체조직 단백질의 대부분을 차지하는 근육은 자연계에 존재하는 모든 아미노산 종류를 포함하고 있으며 따라서 인체는 체내에서 합성하지 못하는 아미노산들은 필수적으로 섭취하여야 한다.

섭취하는 단백질 중에서 필수아미노산 구성 종류와 함량을 고려해야 하는 가장 중요한 이유이기도 하다. 특히 근육구조의 20% 정도를 차지하는 분지아미노산(BCAA, branched-chain amino acid: 발린, 루신, 이소루신)이 풍부한 육류와 유제품의 섭취가 중요하다.

식품으로 섭취되는 단백질은 주로 체구성 조직의 구성과 보수 교체를 위해 필요하며 에너지원으로 활용하기 위해 섭취하지는 않는다. 체조직 교체의 목적 이외에 단백질이 분해 될 때는 아미노산을 에너지원으로 활용하기 위해 발생하는 과정으로 이 때 신체는 단백질 조직을 잃게 된다.

공복 시에 장시간 고강도 운동하는 경우 또는 스트레스성 호르몬인 코티졸의 분비로 당신생이 활발해진 경우 등에 근육분해가 발생한다. 분해된 아미노산은 에너지원으로 활용되거나 포도당 신생과정으로 유입되고 일부 아미노산은 케톤 생성과정을 통해 케톤체 형성에 사용된다.

단백질은 아미노산 탄소골격인 α-케토산 형태로 에너지 방출 경로로 들어가기 위해 미토콘드리아 기질 공간에서 아미노전이반응(transamination)과 탈아미노반응(deamination)을 거친다. 근육 형성 아미노산 중 분지아미노산, 아스파라긴, 아스파르트산, 글루탐산만이 에너지 산화에 활용될 수 있으며, 그 밖의 아미노산들은 아미노기 전이과정을 통해 글루탐산, 아스파르트산 등으로 먼저 전환되어야 한다.

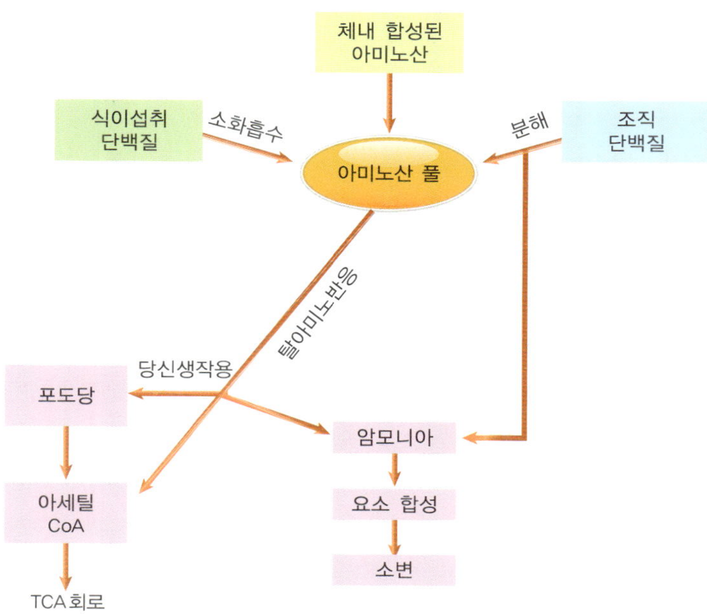

그림 5-6 단백질 대사

대부분의 아미노산은 아미노전이반응을 통해 글루탐산이나 아스파르트산을 형성하고 탈아미노반응을 거쳐 시트르산 회로로 유입되어 산화된다. 탈아미노반응을 통해 제거된 질소기(아미노기, $-NH_2$)는 독성물질인 유리암모니아(NH_3)를 형성하므로 제거를 위해 피루브산에 전달되고 알라닌을 형성한 후 간으로 보내져 요소형태로 요로 배출된다.

5-2 에너지의 생리학적 기능

인체의 생명유지를 위해서는 생체기관들의 무의식적 활동과 의식적인 근육활동 및 섭취한 음식물의 소화, 흡수, 대사 등 내부기능 작용을 위한 에너지가 필요하다.

check point

기초대사량(basal metabolic rate : BMR)
활동대사량(thermic effect of exercise : TEE)
식품이용을 위한 에너지 대사량(thermic effect of food : TEF)
적응대사량(adaptive thermogenesis : AT)

check point

운동과 BCAA

분지아미노산(BCAA)은 모두 체내에서 합성되지 않는 필수아미노산들로 운동 중에 섭취하는 보충제로 많이 활용되고 있다. 분지아미노산은 운동 중 에너지원으로 가장 먼저 산화되는 아미노산 형태로 휴식과 식이 섭취 없이 장시간 고강도의 운동을 지속하면 근육을 형성하던 분지아미노산이 가장 먼저 분해되면서 근육 손실이 발생한다. 운동선수들은 이를 방지하기 위해 운동 전후에 BCAA 보충제를 활용하는 경우가 많은데 보통 닭가슴살(100 g) 섭취를 통해서도 필요한 양의 분지아미노산을 동등하게 공급받을 수 있다.

1. 기초대사량(basal metabolic rate, BMR)

인간의 생명활동 유지에 소요되는 모든 에너지, 즉 심장의 근육활동, 혈액순환, 호흡작용, 근육긴장 유지, 간과 신장 기능을 위한 활동, 세포 대사, 호르몬 분비, 신경전달 등 여러 가지 기능을 유지하기 위해 에너지의 지속적 공급이 매우 중요하다. 이러한 생체 기능을 유지시키는 데 필요한 에너지를 기초대사량(basal metabolic rate: BMR)이라고 하며, 1일 총열량 필요량의 60~70%를 소모한다.

(1) 기초대사량의 측정

기초대사량은 직접열량측정법과 간접열량측정법을 활용하여 측정할 수 있다. 직접열량측정법은 식품열량 측정방식과 동일한 원리를 적용하여, 대사열량 측정장치가 연결된 밀실(metabolic chamber) 안에 사람이 들어가 활동하면서 발생시키는 열량의 온도변화를 감지함으로써 직접 측정하는 방식이다. 그러나 최근에는 직접열량측정법의 복잡성과 장비의 특수성에 따른 비용문제 등으로 인하여 거의 사용하지 않고 간접열량측정방법을 활용하여 측정하고 있다.

간접열량측정방법은 열량대사 과정동안의 산소 소모와 이산화탄소 배출에 따른 호흡상 또는 호흡계수(respiratory quotient: RQ)를 활용하는 방식이다. 호흡가스 측정기를 10분 정도 착용하고 피험자가 소모하는 산소량과 배출하는 이산화탄소를 측정하여 열량산화 정도를 산출한다.

check point

호흡계수(respiratory quotient, RQ)

호흡시 소모된 산소와 생성된 탄산가스의 비

$$RQ = \frac{\text{생성된 } CO_2\text{의 양}}{\text{소모된 } O_2\text{의 양}}$$

이러한 방식은 열량영양소의 종류에 따라 산소 소모량과 방출 이산화탄소량이 차이가 있기 때문에 가능하며 이러한 차이는 구성 영양소의 원소 조성비율이 다르기 때문에 존재한다. 구조에 산소비율이 높은 탄수화물은 호흡상 RQ값이 1이고 상대적으로 산소함유비율이 낮아 산화에 산소가 더 많이 소모되는 지질은 호흡상 RQ값은 0.7이고, 단백질의 RQ값은 0.8이다. 영양소를 골고루 섭취하는 일반적인 식이패턴에서의 RQ값은 0.85 정도이다.

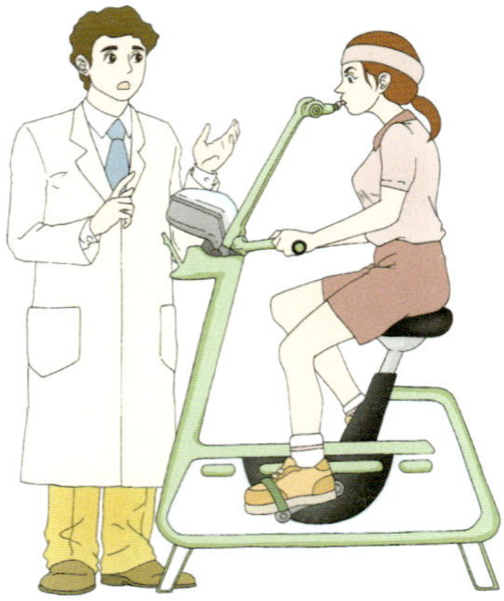

그림 5-7 간접 열량측정법

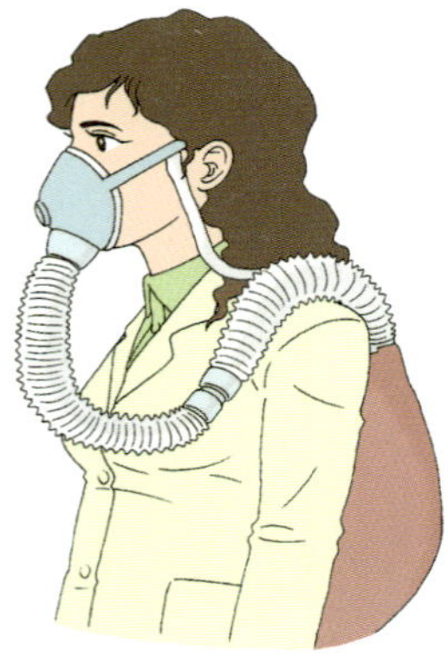

그림 5-8 Douglas-bag을 착용한 모습

기초대사량은 체표면적과 기초대사의 상관성을 활용한 계산식에 의해 추정할 수도 있다. 체표면적과 기초대사의 상관성은 1916년 뒤보아(Du bois)가 체표면적 1 m^2당 소모되는 기초대사량 산출방식을 제안한 이후에 다양한 임상적 목적으로 응용되고 있다.

일반적으로 활용되는 기초대사량 산출방법은 1919년 해리스(Harris)와 베네딕트(Benedict)에 의해 고안된 방식으로 체중과 신장을 활용하여 체표면적을 구한 후에 연령과 성별을 고려하여 산출하는 방식이다. 계산의 편의성을 위하여 체중만을 활용한 간이계산법을 활용하기도 한다.

표 5-3 기초대사량 산출계산식

종류	종류
체중으로 산출하는 법	남 : 1kcal/kg/시간 여 : 0.9kcal/kg/시간
해리스와 베네딕트 공식 (10세 이상)	남 : 66.5 + 13.5 × 체중(kg) + 5.0 × 신장(cm) − 6.8 × 나이 여 : 655.1 + 9.6 × 체중(kg) + 1.8 × 신장(cm) − 4.7 × 나이

(2) 기초대사량에 영향을 주는 요인

① **체표면적**(체중과 신장)

체표면적이 넓을수록 피부를 통한 발산되는 열량이 커지고 기초대사량은 증가한다. 체표면적은 신장과 체중 등 체격에 따라 달라지며 뒤보아의 체표면적 차트를 통해 손쉽게 구할 수 있다. 같은 체중일 때는 키 큰 사람의 체표면적이 더 넓다(그림 5-9).

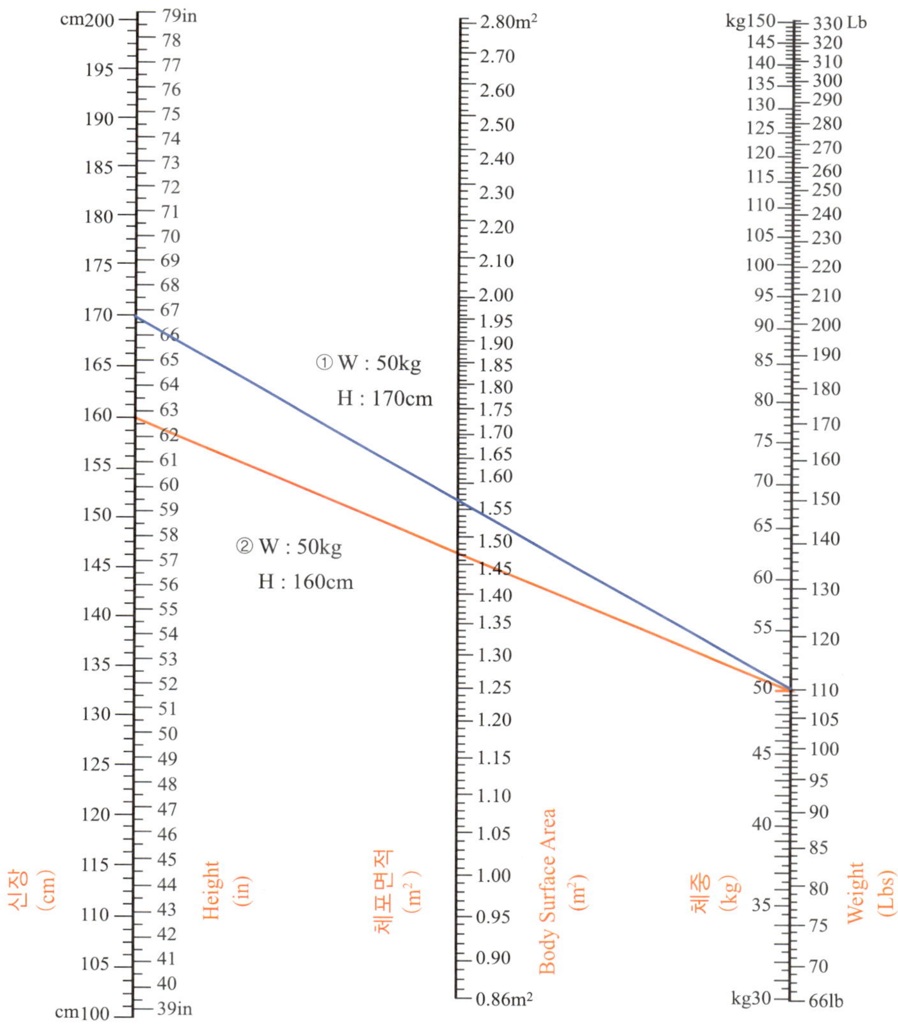

그림 5-9 뒤보아의 체표면적 노모그램(nomogram of body surface area)

② 체조성 성분

신체를 구성하는 조직성분에 의해서도 기초대사량은 크게 영향을 받는다. 근육조직이 발달한 운동선수나 근육운동을 하는 사람들은 기초대사량이 높다. 반대로 지방조직이 많은 사람들은 기초대사량이 낮게 나타난다. 지방조직은 대사활동이 거의 발생하지 않는 조직이고 이에 반하여 근육조직은 유지를 위한 생체 대사가 활발하게 발생하는 조직이다.

따라서 골격근육이 발달한 사람일수록 단위 시간당 소모하는 기초대사량이 많아지게 된다. 제지방조직(lean body mass, LBM)은 체지방을 제외한 조직으로 LBM의 증가분은 기초대사량의 증가와 관련성이 높다.

③ 성별

남성은 여성에 비해 5~10% 정도 기초대사량이 높다. 이것은 남성에게 근육조성 비율이 상대적으로 높기 때문이며 남자에게 더 많이 분비되는 테스토스테론 호르몬도 기초대사의 증가에 일정부분 기여한다.

④ 연령

기초대사는 생후 1~2세경에 가장 높고 연령이 증가함에 따라 서서히 감소하게 된다. 사춘기에 잠시 증가하는 시기가 있지만 성장이 멈추는 20세 이후부터는 제지방량 감소와 함께 기초대사량의 저하가 계속된다.

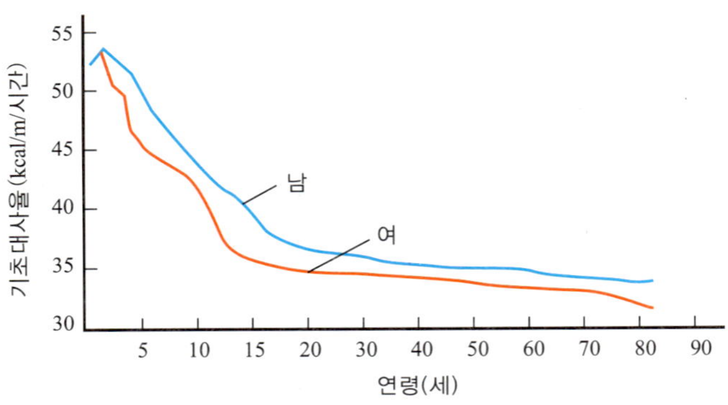

그림 5-10 연령에 따른 기초 대사율의 변화

세포대사와 성장이 활발한 영 · 유아기와 사춘기에 기초대사가 높게 나타나며 나이가 어릴수록 단위체중당 기초대사량은 높게 나타난다. 제지방량 감소, 성장호르몬 분비량 감소 등이 연령증가에 따른 기초대사 저하의 주요원인이 된다. 따라서 성인기와 노년기의 기초대사 증가를 위해 저항성 운동을 활용한 근력강화운동 등을 병행하는 것이 바람직하다.

⑤ 호르몬

아드레날린(에피네프린), 갑상선호르몬, 테스토스테론, 성장호르몬 등의 내분비 호르몬 분비가 증가하면 기초대사율이 높아진다. 반대로 연령 증가에 따른 성장호르몬의 감소, 갱년기 남성에서 나타나는 테스토스테론 분비감소, 갑상선 기능저하에 따른 티록신 분비감소 등은 기초대사를 저하시키는 주요원인이 된다.

⑥ 환경과 기온

외부 기온이 낮아지면 체온 유지를 위한 열발산량이 증가하면서 기초대사량이 증가한다. 항온동물에 해당하는 인간은 체온 손실을 막기 위해 체내 영양소의 산화작용을 항진시키므로 대사율이 높아지게 된다. 평균 외부기온 10℃가 낮아지면 기초대사량은 3~5% 증가한다. 따라서 여름보다는 겨울에 기초대사가 높아지는 계절적 차이가 발생하고 온대지역보다는 한대지역 거주민에게 기초대사량이 높게 관찰되므로 증가한 분량만큼의 열량을 식사에 제공하는 것이 바람직하다.

⑦ 체 온

체온이 정상보다 높아지면 기초대사가 현저하게 증가한다. 열병과 같은 발열성 질환으로 체온이 1°C 상승하면 기초대사량은 13%정도 증가한다.

⑧ 영양상태

영양상태가 불량하면 기초대사량이 감소한다. 장기간 단식을 통하여 체중감소가 발생한 경우, 기초대사는 급격히 저하되며 정상에 비해 50% 수준까지 기초대사량이 감소하기도 한다. 영양소 공급이 차단되면 인체 세포조직들은 활동이 감소하게 되고 에너지 소비를 줄이기 위한 신체적응반응이 일어난다.

⑨ 임 신

임신기에는 기초대사량이 20~25% 정도 증가한다. 특히 임신 후반에 최고의 증가치를 보인다.

⑩ 수 면

수면 시에는 깨어 있을 때보다 기초대사량이 10% 정도 낮아지는데 근육긴장이 사라지고 이완되면서 발생하는 근육유지 대사량 차이와 호르몬 분비의 안정화 등이 원인이다.

⑪ 심리상태

긴장, 공포, 초조감 등의 심리적 변화가 나타나면 호르몬 분비에 변화가 발생하고 기초대사가 항진된다.

위와 같이 기초대사량은 측정 환경이나 조건에 따라 측정값이 달라질 수 있으므로 정확한 측정을 위해 반드시 지켜야 할 항목들이 있다.

check point

기초대사량의 측정조건

- 식후 12시간 이상이 지난 공복 시에 측정한다.
- 수면에서 깨어난 직후에 누운 상태로 측정한다.
- 적정실내온도(20°C)를 준수하고 심리적으로 안정된 상태에서 측정한다.

(3) 기초대사량으로 적용 가능한 휴식대사량의 측정

휴식대사량(resting metabolic rate, RMR)은 기초대사량의 측정이 까다롭기 때문에 종종 대체 적용 가능한 대사량으로 활용된다. 식후 2~3시간 후에 편안하게 앉은 자세로 측정하며 1일 총 소모 에너지의 65~75%를 차지하여 실제 기초대사량의 측정치와 5% 미만의 차이밖에 나지 않으므로 혼용하여 사용하기에 크게 무리가 없다.

휴식대사는 개인간 편차가 크지만(±25%) 각 개인에 있어서는 매우 일정하게 측정된다(±5% 미만). 휴식대사량은 각 개인의 제지방량에 따라 결정된다. 기초대사량과 마찬가지로 휴식대사량도 계산이 가능하다. 최근에는 체중으로 휴식대사량을 산출할 수 있는 공식이 개발되어 있다.

표 5-4 성별 및 연령에 따른 체중을 이용한 휴식대사량 계산

연령(세)	휴식대사량 산출 공식(여성)	휴식대사량 산출 공식(남성)
0~3세	(60.9×wt)−54	(61.0×wt)−51
3~10세	(22.7×wt)+495	(22.5×wt)+499
10~18세	(17.5×wt)+651	(12.2×wt)+746
18~30세	(15.3×wt)+679	(14.7×wt)+496
30~60세	(11.6×wt)+879	(8.7×wt)+829
>60	(13.5×wt)+487	(10.5×wt)+487

2. 활동대사량(thermic effect of exercise, TEE)

노동, 운동 등으로 근육 움직임이 발생하는 경우에 소모되는 에너지량이다. 활동의 강도와 지속시간에 따라 달라지며 체중에 따라 시간당 소모하는 에너지량에도 많은 차이가 난다.

중간 정도의 노동량을 지속하는 경우 1일 소모하는 총 에너지의 30% 정도는 활동대사량으로 필요하다. 일부 운동선수의 경우 활동대사량이 기초대사량을 능가하기도 하지만 대부분의 경우 활동대사량은 5~30%에 머문다.

표 5-5 1일 각종 활동대사량

등급	활동상태	kcal/kg/hr
A	하루 종일 휴식하고 있는 상태 (앉아서 독서나 바느질, 느리게 걷기나 서 있기 등)	0.50
B	아주 가벼운 노동 및 활동상태 (앉아서 하루 종일 일하기, 2시간 걷기나 서 있기 등)	0.59
C	가벼운 노동 및 활동 (앉아서 컴퓨터 하기, 실험실에 서 있기, 걸어다니는 업무)	0.79
D	중간 노동 및 활동 (서있거나 걸어다니며 집안일, 마당손질 하기 등)	1.10
E	심한 노동 및 활동 (서서 또는 걸으면서 운동하기, 춤추기 등)	1.69
F	아주 심한 노동 및 활동 (수영, 테니스, 농구, 달리기 등의 운동)	2.40

출처 : Taylor, C.M. and O.F.Pye, Foundation of Nutrition(New York: The MaCmillan Company)

표 5-6 각종 활동량에 따른 열량 소모량

활동량	kcal/kg/hr	활동량	kcal/kg/hr
계단오르기	15	계단내려가기	6
달리기(런닝머신)	13	수영(자유형)	9
땅파기	8.3	축구	8.2
댄스	4	샤워	3
운전	2	서 있기	1.2
대화하기	1.6	강의	1.5
앉아서 먹기	1.2	앉아서 책읽기	1
누워서 휴식	1	잠자기	1

3. 식품이용과 에너지 대사량(thermic effect of food, TEF)

식품이용을 위한 에너지량(식이성 발열효과)은 영양소를 소화, 흡수, 대사 시키면서 소요되는 에너지량으로 체열이 상승하는 발열효과로 나타난다. 식품 섭취 후에 나타나는 식이성 발열효과는 영양소마다 다르게 나타난다. 흡수와 분해, 저장에 많은 에너지를 필요로 하지 않는 지질은 발열효과가 5% 미만이며, 탄수화물은 약 6% 정도의 발열효과를 보인다.

단백질은 아미노산별로 흡수과정이 다르고, 체단백질 합성, 질소 배설을 위한 암모니아의 운반 및 요소의 생성, 포도당 신생합성과정 등과 같은 복잡한 대사과정의 양상이 나타난다. 단백질의 발열효과는 30% 정도로 대사 상승률이 가장 높은 열량 영양소이다.

일상적 패턴의 정상식사를 하는 경우 혼합식이의 발열성 대사 소모율은 10% 정도이므로 총 에너지 계산을 할 때 식품이용을 위해 소모되는 10% 정도의 추가 에너지를 계산하여 적용하면 된다.

4. 적응대사량(adaptive thermogenesis, AT)

추위, 스트레스 등으로 유발되는 에너지 소모량으로 환경적 · 심리적 변화에 적응하기 위해 인체가 소모하는 에너지를 말한다. 급격한 온도 저하, 긴장상태 등의 변화요인이 발생하면 인체는 적응을 위해 호르몬 분비를 하게 되고 교감신경계가 자극되는 자율신경활동의 변화가 발생하면서 주로 갈색지방조직에 발열반응으로 나타난다.

갈색지방조직에는 1일 소모하는 에너지의 7% 정도가 사용되지만 정기적, 일상적으로 나타나는 에너지 대사가 아니므로 1일 총 에너지 계산식에 포함시키지는 않는다.

Check point

백색지방조직과 갈색지방조직 비교(백색vs갈색 순)

① 중앙에 큰 지방구가 있다. vs 여러 개의 작은 지방구가 퍼져 있다.
② 미토콘드리아가 적다. vs 미토콘드리아가 많다.
③ 미토콘드리아 내막에 ATP 합성효소가 있다. vs UCP단백질이 있다.
④ 전자전달계의 산화적 인산화 반응을 통해 ATP를 생성한다. vs 발열반응으로 체온상승을 유도한다.

UCP단백질(uncoupling protein: 짝풀림 단백질)

갈색지방조직의 미토콘드리아 내막에 존재하는 단백질로 전자전달된 에너지를 ATP 합성 대신 발열에 사용하는 단백질이다.

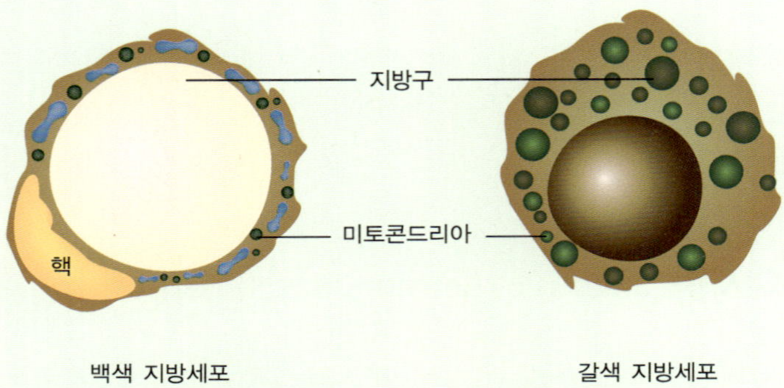

그림 5-11 백색지방조직과 갈색지방조직의 구조적 차이

5. 1일 총 에너지소요량 계산

1일 총 에너지 소요량 =
기초대사량 + 활동대사량 + 식품 이용을 위한 에너지 소모량

Check point

계산 예

체중 : 65 kg
성별 : 남자, 만 19세
활동상태 : C급(가벼운 활동)
수면시간 : 8시간
활동시간 : 16시간(수면시간 제외)

① 기초대사량 : 간단계산식 적용
② 활동대사량 : 1일 각종 활동 대사량 적용

step 1. 24시간동안의 기초대사량 : 1,560kcal (A)
기초대사량 : 1.0 kcal/kg/hr×65 kg×24 hr/day = 1,560 Kcal/day
step 2. 활동대사량 : 0.79 kcal/kg/hr×65 kg×16 hr = 821.6 Kcal (B)
step 3. 식품이용을 위한 에너지 소모량(A+B의 10%) = 238.2 Kcal (C)
(1,560+821.6)×0.1 = 238.2 Kcal
step 4. 1일 총 에너지소요량 (A+B+C) : 1,560+821.6+238.2 = 2619.8 Kcal

2015년 개정된 한국인 영양소 섭취기준에서는 에너지 필요추정량을 제시하고 있다. 에너지 필요 추정량이란 적정 활동을 하는 정상체격의 사람이 1일 에너지 균형을 유지하는데 적합한 에너지량으로, 설정된 필요량을 초과하여 섭취된 열량영양소는 체지방으로 축적되어 에너지 불균형을 초래하므로 권장섭취량을 설정하지 않는다.

각 개인별 체격 차이에 따른 에너지 필요추정량은 다음의 계산식을 통해 산출한다.

Check point

성인 남자의 에너지 필요량 추정공식

662−9.53×연령(세)+PA[15.91×체중(kg)+539.6×신장(m)]
PA=1.0(비활동적), 1.11(저활동적), 1.25(활동적), 1.48(매우 활동적)

성인 여자의 에너지 필요량 추정공식

354−6.91×연령(세)+PA[9.36×체중(kg)+726×신장(m)]
PA=1.0(비활동적), 1.12(저활동적), 1.27(활동적), 1.45(매우 활동적)

표 5-7 2015년 한국인 영양소 섭취기준의 에너지 필요추정량(kcal/일)

성별	에너지(kcal/일)	
	연령	필요 추정량
영아	0~5(개월)	550
	6~11	700
유아	1~2(세)	1,000
	3~5	1,400
남자	6~8(세)	1,700
	9~11	2,100
	12~14	2,500
	15~18	2,700
	19~29	2,600
	30~49	2,400
	50~64	2,200
	65~74	2,000
	75 이상	2,000
여자	6~8(세)	1,500
	9~11	1,800
	12~14	2,000
	15~18	2,000
	19~29	2,100
	30~49	1,900
	50~64	1,800
	65~74	1,600
	75 이상	1,600
임신부		+0
		+340
		+450
수유부		+320

5-3 에너지와 건강문제

1. 에너지 불균형의 문제

에너지 균형이란 에너지 소모량과 섭취량 사이에 균형을 이루어 적정체중과 건강상태가 유지됨을 말한다. 에너지 섭취가 소모량보다 많아지면 양(+)의 에너지 균형으로 나타나 체중이 증가하여 각종 성인병에 노출될 확률이 증가한다.

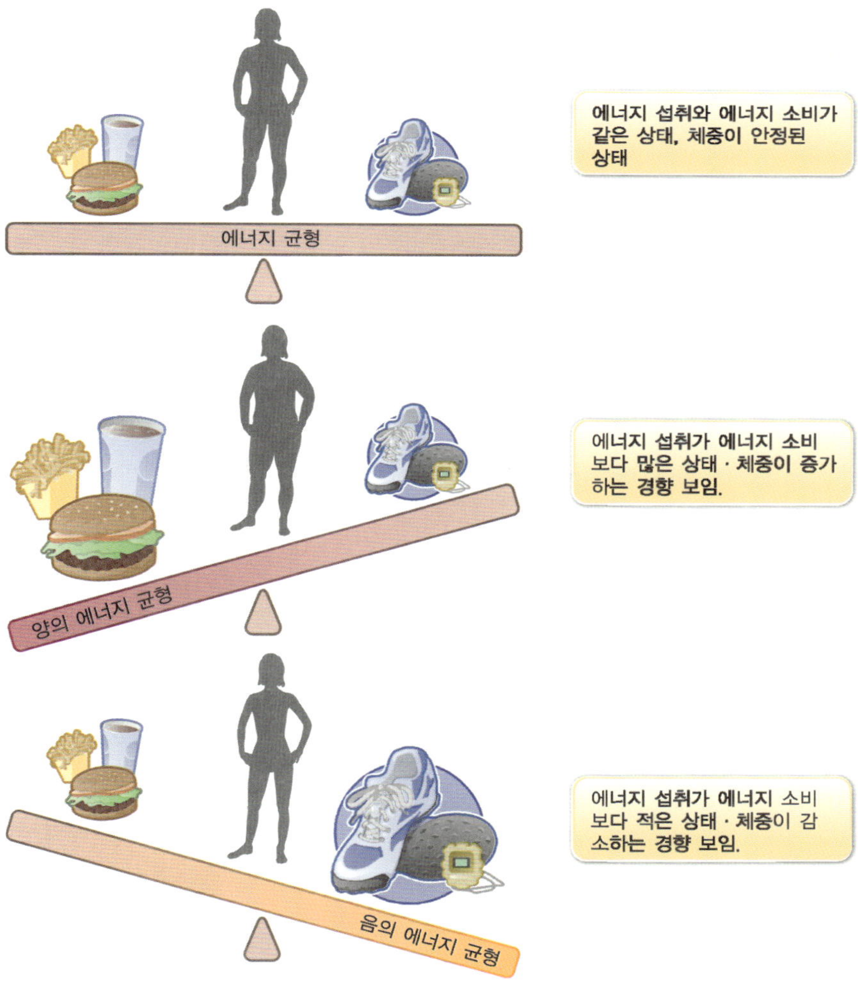

그림 5-12 에너지 균형과 불균형

반대로 에너지 소모량에 비해 섭취가 부족한 경우 음(−)의 에너지 균형이 되고 체중이 감소하게 된다. 임신과 성장으로 인한 체중증가와 근육조직의 증가에 의한 체중 증가는 바람직하지만 그 밖의 체중 증가는 체지방 증가가 원인이므로 바람직하지 않다.

2. 비만(obesity)

양의 에너지 균형으로 과다한 체지방이 축적되어 발병하는 질환을 비만(obesity)이라고 하며 과체중(overweight)과 구분된다. 과체중은 신장에 비해 표준체중을 초과한 상태를 의미하며 체조성에 따라 근육증가로 인한 체중증가일 수 있으므로 반드시 부정적인 의미를 갖지는 않는다. 다만 과체중인 경우 체지방 조직 증가로 인한 경우가 많으므로 비만이 되지 않도록 주의할 필요가 있다.

비만은 동맥경화증 등의 심혈관 질환, 제2형 당뇨병, 골관절염, 담석형성, 대장암, 통풍 등의 발병 원인이 되므로 비만이 되지 않도록 지속적인 관리가 중요하다. 과도한 에너지 섭취와 운동 부족이 원인인 단순 비만과 달리 내분비 이상, 유전적 질환, 대사장애 등으로 유발되는 증후성 비만이 있을 수 있으므로 비만 발생 원인을 우선 체크하고 식이 처방과 운동요법 등을 병행하도록 한다.

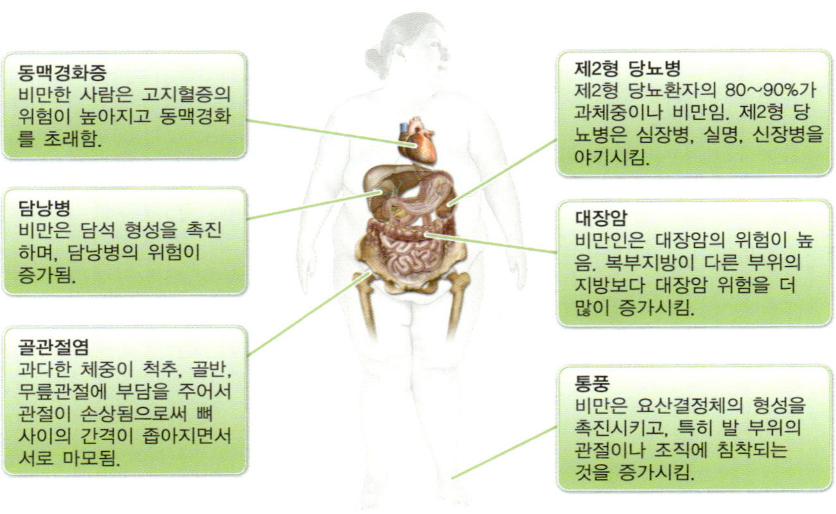

그림 5-13 비만으로 인해 발생하는 건강 위협요소

체지방조직이 증가할 때는 지방세포의 수와 크기가 달라지는데 성장기에 나타나는 소아비만의 경우 지방세포수 증가와 비대형 증식이 동시에 발생하기 때문에 비만의 치료가 더 어려워진다. 이미 성장을 완료한 성인에게 발생하는 성인형 비만은 지방세포 크기가 커지는 비대형 증식으로만 나타난다. 이미 형성된 지방세포 수는 감소하지 않으며 체중이 감소되어도 지방세포의 크기만 작아진다.

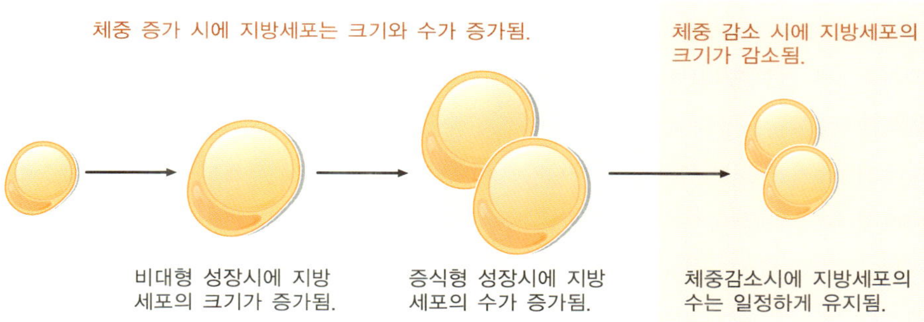

그림 5-14 체중 증감에 따른 지방세포의 변화

(1) 비만 판정

비만 판정을 위해 신체 지수를 이용하는 방법과 체조성을 측정하는 방법들이 사용된다.

1) 체조성을 이용한 비만 판정

체지방량을 측정하여 비만을 판정하는 방법으로 수중체중 측정법(hydrostatic weighing), 생체전기저항 측정법(bioelectrical impedence), 피하지방 두께 측정법(skinfold thickness) 등이 있다. 수중체중 측정법은 조직 구성에 따른 체밀도 차이(densitometry)를 응용하여 측정하는 방식으로 물속에서 체중을 측정한다. 지방조직은 근육조직보다 밀도가 낮기 때문에 체지방 조직량이 많을수록 물속에서 측정한 체중이 적게 나타난다.

생체전기저항 측정법은 약한 전류를 신체에 흘려보내 전기 전도성을 측정하는 방식으로 편리성과 정확성 때문에 가장 보편적으로 활용되는 방식이다.

전극위에 올라서서 양손에 전극을 쥐면 수분함량이 많아 전류가 잘 전도되는 근육과 수분함량이 극히 낮아 전도율이 낮은 지방조직의 양이 비교적 정확하게 측정된다. 다만 체수분량에 따라 측정수치가 달라 질 수 있으므로 운동 직후 탈수상태에서는 체지방량이 과도하게 측정되기도 한다.

피하지방 측정법은 체지방을 평가하는 데 가장 오랜기간 사용되어온 방식이다. 캘리퍼(caliper)를 사용하여 측정하고자 하는 부위의 피하지방 두께를 측정하고 계산식을 활용하여 체지방량을 산출한다. 측정할 때마다 수치가 달라지지 않도록 정확한 부위를 일정한 방식으로 측정할 수 있는 숙련도 훈련이 필요하지만 편리성과 저렴한 비용 때문에 아직도 널리 활용되고 있다.

측정된 수치들은 비만판정에 활용되며 남자의 경우 체지방이 25% 이상일 때, 여자의 경우 체지방이 33% 이상일 때 비만으로 판정한다.

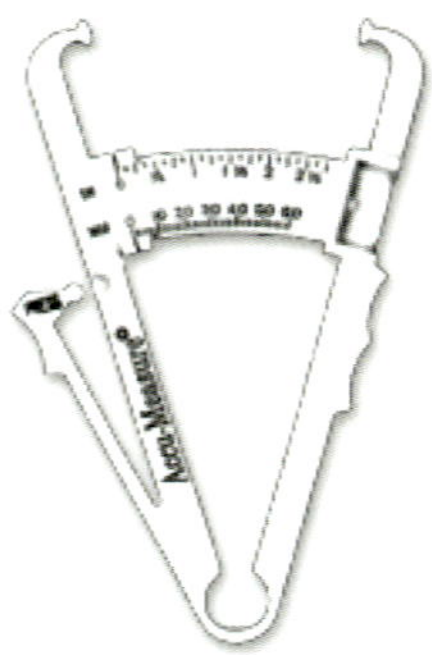

캘리퍼

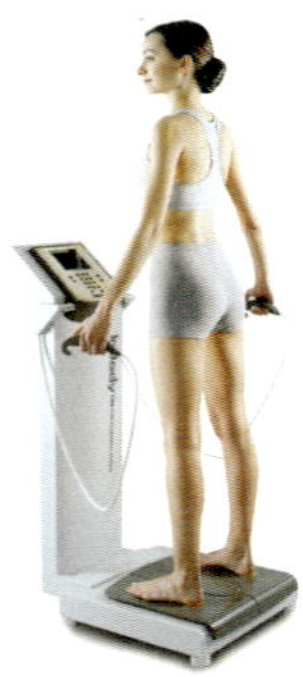

생체전기저항 측정기

그림 5-15 체지방 측정에 활용되는 방법들

표 5-8 체지방과 비만 판정

	남자	여자
정상	8~15%	13~23%
약간 체중 과다	16~20%	24~27%
체중과다	21~24%	28~32%
비만	≥25%	≥33%

2) 신체지수를 이용한 비만 판정

① 표준체중 계산과 비만도

신장만을 이용하여 간단하게 표준체중을 계산한 후 자신의 체중이 표준체중에 비해 몇 인지 확인하여 비만도를 측정하는 지표로 활용된다. 1871년 프랑스 의사 가 제안한 브로카법이 표준체중 계산 방식으로 가장 널리 활용되고 있으며 표준체중에서 ±10%이면 정상이고 20% 이상이면 비만으로 판정한다.

② 체질량지수(body mass index, BMI)

가장 널리 활용되는 방식으로 신장과 체중만으로 계산할 수 있으며 대부분의 경우 체질량 지수는 체지방량과 상관성이 높게 나타나므로 비교적 손쉽게 적용되는 방식이다. 대한비만학회가 제시한 판정기준에 의하면 한국인의 경우 체질량 지수가 25 이상이면 비만이다.

③ 허리-엉덩이 둘레 비율(waist to hip ratio, WHR)

허리둘레만으로도 비만판정을 할 수 있는데 대한비만학회에서 제시한 기준은 남자허리 90 cm 이상, 여자허리 85 cm 이상인 경우 복부 비만으로 판정한다. 허리와 엉덩이 둘레를 측정하여 비율을 계산하면 더욱 정확한 결과를 알 수 있는데 WHR이 남자 0.95, 여자 0.85 이상이면 비만으로 판정한다. 특히 복부지방으로 판정된 경우 내장지방인지 피하지방인지에 따라 건강에 미치는 위험도가 달라지므로 컴퓨터단층촬영(computed tomography, CT)을 통하여 복부 체지방의 정확한 분포를 측정하기도 한다.

내장지방은 남성은 30세 이후 여성은 폐경 이후에 급격히 증가하게 되는데 림프액 흐름이 원활하지 않은 경우 주로 내장 기관의 복강내에 지방이 축적되어 발생한다. 복부비만 중에서도 특히 내장지방이 많은 경우는 혈액으로 과도한 지방산이 분비되어 고지혈증, 동맥경화, 고혈압 등을 유발하게 되고 혈액순환을 방해하여 심장에 혈액순환 부담을 증가시키게 된다. 기관 조직사이에 증가한 지방세포는 인슐린 저항을 증가시켜 제2형 당뇨병의 원인이 되기도 한다.

표 5-9 신체지수를 활용한 비만 판정

표준체중(브로카법)과 비만도	
표준체중=[신장(cm)−100]×0.9 키 : cm　　현재 체중 : kg $\text{비만도} = \dfrac{\text{현재체중} - \text{표준체중}}{\text{표준체중}} \times 100$	10% 이상 부족 : 저체중 ±10% 이내　: 정상 10~20% 초과　: 과체중 20% 이상 초과 : 비만
체질량지수(BMI)	**[대한비만학회]**
$\text{체질량지수} = \text{체중(kg)}/\text{신장}(m^2)$	18.5 미만 : 저체중 18.5~22.9 : 정상 23.0~24.9 : 과체중 25.0 이상 : 비만
허리 · 엉덩이 둘레비(WHR, waist to hip ratio)	
$\text{WHR} = \dfrac{\text{허리(cm)}}{\text{엉덩이둘레(cm)}}$	남자 0.95 이상 비만 여자 0.85 이상 비만

그림 5-16 허리-엉덩이 둘레의 비율측정 : 체지방 분포 판정법

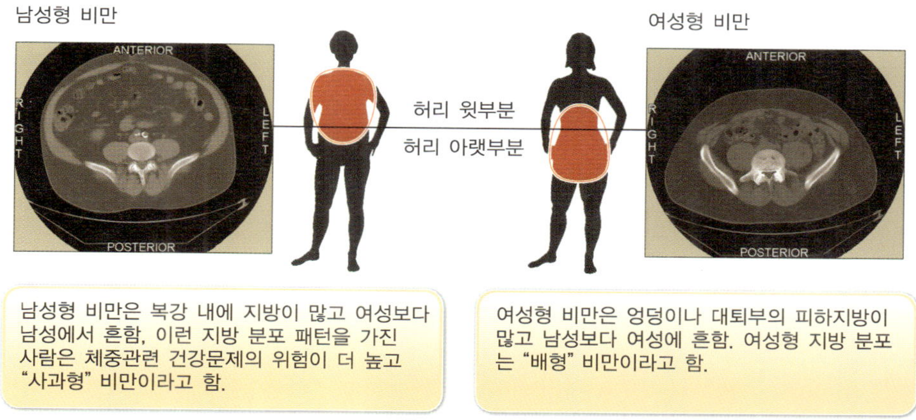

그림 5-17 복부지방의 분포 패턴

(2) 체중관리를 통한 비만 치료

비만 치료를 위해 식사요법과 운동요법의 적절한 병행이 필요하다. 음식에 중량과 부피감을 주기 위해 수분함량이 높은 채소와 과일을 식단에 적극 활용하고 고식이섬유 식품을 제공하여 포만감을 유지하도록 한다. 단백질이 부족하지 않도록 난류, 두류, 유제품의 공급량을 적절히 조절하고 포화지방, 트랜스 지방 등의 섭취를 줄이도록 한다. 정제된 탄수화물도 피해야 할 품목이다.

에너지 섭취는 1일 1,200~1,500 kcal 정도로 제한하고 필수영양소가 부족하지 않도록 에너지 밀도는 낮고 영양밀도는 높은 식단을 제공하도록 한다. 체중감량은 몸에 무리가 가지 않도록 1주일에 체중의 1% 내외에서 감량을 하도록 한다. 지방조직은 500 g당 약 3,500 kcal를 함유하므로 1주일에 체중 500 g 감소를 위해 매일 500 kcal씩 에너지 섭취를 감소시키거나 신체활동을 500 kcal씩 증가시키면 된다. 또는 이 두 가지 방법을 병행하여 실시할 수도 있다.

운동은 요요현상 없이 체중감량을 하기 위한 필수요소이다. 운동을 지속하게 되면 제지방량이 증가하면서 기초대사량이 상승하게 되고 근육 내에 미토콘드리아도 증가하여 보다 효율적인 에너지 대사가 가능하다.

운동은 골격 밀도를 증가시켜 골다공증을 예방하고 혈액순환을 원활하게 해주며 심장과 폐의 기능도 강화시켜준다.

소화기능 개선, 면역기능 증진, 당뇨의 개선 등도 운동의 긍정적인 효과이다. 효과적인 체중감량을 위해 최소 1주일에 3회 정도는 운동을 하는 것이 좋으며, 지구력을 요하는 장시간 운동을 할 때 체지방이 주로 연소되므로 매회 적어도 30분 이상은 운동을 지속하도록 하는 것이 좋다.

3. 심리적 섭식장애

심리적 또는 사회적 요인으로 발생하는 식행동장애는 일상적인 식이패턴을 벗어나 섭식장애가 발생한 상태로 에너지 불균형으로 인해 체중 미달이 되는 경우가 많다. 이 경우 폭식, 과식, 거식, 또는 2가지 이상의 패턴이 번갈아 나타나기도 한다.

폭식장애(binge-eating disorder)은 정상보다 음식을 빨리 섭취하거나 불편한 느낌이 들 때까지 음식섭취를 지속하고, 배고픔과 상관없이 많은 양의 음식을 먹게 된다. 남이 보지 않는 곳에서 혼자 주로 음식을 섭취하며 음식을 먹은 후에는 우울과 좌절감, 죄의식 증상 등을 보인다.

신경성 식욕항진증(bulimia nervosa) 또는 과식증은 폭식증세를 보이지만 동시에 구토를 통해 먹은 음식을 배출하는 특성을 나타낸다. 관장약이나 설사를 유도하는 하제를 사용하여 배출을 남용하기도 하며 과식 후에 일정기간 단식을 반복하거나 격심한 운동 등으로 과식을 보상받으려는 심리를 보인다.

신경성 식욕부진증(anorexia nervosa)은 저체중 상태임에도 자신의 체중 증가를 두려워하거나 뚱뚱해지는 것에 대해 극도의 정서적 거부감을 나타내고 식품섭취와 식욕을 거부하는 증상을 보이며 주로 젊은 나이의 여성에게 많이 관찰된다. 신경성 거식증 환자는 주로 표준 체중의 85% 미만인 경우가 많으며 75% 이하로 체중이 감소하면 입원치료를 필요로 한다. 젊은 여성의 경우에는 월경주기가 불규칙해지면서 무월경 증상으로 발전하기도 하므로 주의가 필요하다.

Chapter 6

비타민

Chapter 6

비타민

6-1 비타민의 발견과 분류

1. 비타민의 발견

그리스 - 로마시대에 이미 여러 가지 비타민 결핍증이 알려져 있었으나 비타민이 발견된 것은 수세기를 훨씬 지난 이후의 일이었다. 가장 흔히 나타나는 비타민 결핍증은 비타민 C 결핍에 따른 잇몸 출혈, 치아상실, 심지어 사망에 이르는 괴혈병(scurvy)이었다.

비타민을 발견하고 명명하게 된 것은 20세기 초반의 일이다. 20세기 초반, 폴란드 생화학자 풍크(Casimir Funk, 1912)는 생명유지에 필수적인(vital) 아민류(amine, 질소 함유 유기화합물)를 발견하고 'vitamine'으로 명명하였다. 그러나 훗날 모든 비타민이 아민기를 갖지는 않는다는 사실이 밝혀진 후 'vitamin'으로 부르게 되었다.

비타민은 발견순서에 따라 비타민 A, B, C로 명명되거나 또는 고유의 기능성(예, 비타민 K: Koagulation, 독일어의 응고)에 의해 알파벳 명칭이 부여되었다. 비타민 B군은 한 가지 물질이 아닌 여러 물질로 구성된 것이 발견되어 비타민 B_1, B_2, B_3 등으로 숫자가 부여되었으나 현재는 비타민 B_6와 비타민 B_{12}를 제외한 나머지 비타민 B군은 그들의 화학명으로 불리고 있다. 지금까지 총 13종의 비타민이 건강에 필수적인 것으로 알려져 있다(표 6-1).

표 6-1 비타민의 분류

종 류			화학명	조효소	약어	발견연도
지용성 비타민		비타민 A	Retinoid			1916
		비타민 D	Calciferol			1919 ~ 1922
		비타민 E	Tocopherol			1929
		비타민 K	Phylloquinone			1929
수용성 비타민	B 복합체	비타민 B_1	Thiamine	Thiamin pyrophosphate	TPP	1926
		비타민 B_2	Riboflavin	Flavin adenin MonoNucleotide Flavin Adenin Dinucleotide	FMN FAD	1933
		니아신	Niacin	Nicotinamide Adenine Dinucleotide Nicotinamide Adenine Dinucleotide Phosphate	NAD NADP	1937
		판토텐산	Pantothenic acid	Coenzyme A	CoA	1939
		비타민 B_6	Pyridoxine	Pyridoxal phosphate	PLP	1938
		엽산	Folate	TetraHydroFolic Acid	THFA	1943
		비타민 B_{12}	Cobalamine	Methylcobalamin		1948
		비오틴	Biotin	N-carboxybiotinyl lysine		1948
	비타민 C		Ascorbic acid			1917

2. 비타민의 역할

인체는 비타민을 합성할 수 없거나 합성량이 불충분하므로, 비타민은 반드시 식품으로 섭취해야 하는 필수영양소이다. 섭취된 비타민은 체내에서 열량원으로 이용되지않고, 인체의 구성성분도 아니지만 조절 작용을 통해 에너지 대사와 성장 및 건강을 유지하는 데 중요한 기능을 한다. 비타민의 섭취량이 부족하거나 또는 지나치게 섭취하면 체내 정상적 대사와 기능을 유지하지 못하고 여러 가지 결핍증상이나 과잉증상(독성)이 나타난다.

이러한 증상들은 섭취량을 조절하면 그 증상이 사라지거나 개선될 수 있으므로 각각의 비타민에는 적정 섭취량이 설정되어 있다. 비타민은 보충제 형태로 섭취할 수도 있지만, 다양하고 신선한 식품을 통하여 섭취하는 것이 가장 안전하고 바람직한 섭취방법으로 간주되고 있다. 일반적으로 천연 식품을 통한 비타민의 생체이용률이 보충제보다 더 높다.

3. 비타민의 분류

비타민은 용해 특성에 따라 기름에 녹는 지용성 비타민(4종)과 물에 녹는 수용성 비타민(9종)으로 구분할 수 있다(표 6-2).

지용성 비타민은 물에 용해되지 않으므로 혈중에서는 단백질 운반체의 도움을 받아 운반된다. 지용성 비타민은 간과 체지방에 장기 저장이 가능하므로 매일 섭취하도록 특별히 강조되지는 않으며 주기적인 섭취를 통해 필요량 충족이 가능하다. 간이나 체지방에 주로 축적되기 때문에 과량의 지용성 비타민 섭취는 독성으로 작용할 수 있으며 부작용이 나타날 수 있다. 지용성 비타민은 간에서 생성된 담즙의 도움으로 지방이 소화될 때 함께 소화 흡수되기 때문에 지방소화 및 흡수계통에 이상이 발생할 경우 결핍이 초래될 수 있다.

표 6-2 수용성 비타민과 지용성 비타민의 생리 · 화학적 특징

	지용성 비타민 [비타민 A, D, E, K]	수용성 비타민 [비타민 B군, C]
• 섭취	주기적인 섭취가 필요함	매일 섭취할 필요가 있음
• 흡수/운반	지방처럼 림프관으로 흡수된 후 혈류로 운반되며 운반체 단백질(carrier protein) 필요	혈액으로 직접 흡수되며 혈류를 따라 자유롭게 운반
• 저장	체내 교체율이 매우 느림(수개월) 체지방조직에 저장, 축적됨	체내 교체율이 빠르고(며칠) 저장량이 많지 않음
• 배설	쉽게 배설되지 않고 과잉섭취할 경우 지방조직에 축적	과잉섭취된 것은 신장을 통해 쉽게 배설되고 비타민 농도의 항상성이 유지됨
• 독성	독성 위험도 높음	독성 위험도 낮음
• 용해성	지질에 녹음	물에 녹음
• 안정성	식품가공 중 안정성이 높음	식품가공 중 안정성이 낮음
• 주요 체내기능	조효소(coenzyme)로 작용하지 않고, 체내 여러 가지 항상성을 조절하는 기능에 관여. 예 : 비타민 D는 칼슘대사 및 항상성 조절	조효소로 작용하여 효소반응을 촉진. 예 : 비타민 B군은 에너지 대사과정의 각종 효소반응에 필수

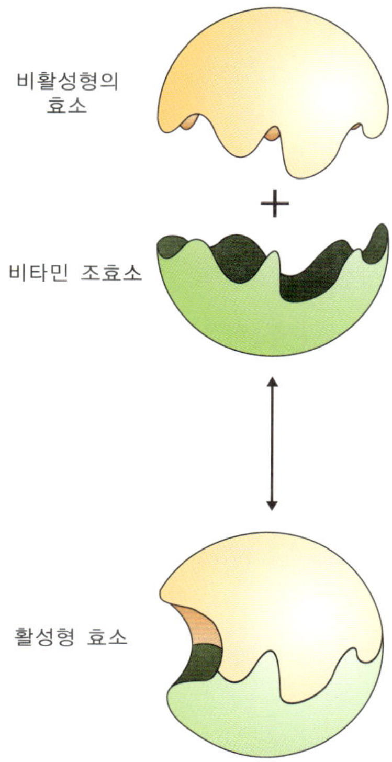

그림 6-1 비타민의 조효소 기능

수용성 비타민은 식품의 수용성분에 주로 함유되어 있으며 인체에서는 물로 채워진 부분에 존재한다. 과량의 수용성 비타민을 섭취하여 혈중 농도가 지나치게 높아지면 체내에 축적되지 않고 소변을 통해 배출된다. 체내에서 수용성 비타민은 여러 가지 효소작용을 촉매(catalysts)하는 조효소(coenzyme)로 작용하여 생체 생화학 반응의 대사 조절 기능에 주로 기여한다. 식품에 함유된 수용성 비타민은 저장 및 가공 중에 비교적 분해되기 쉬워 상당량이 식탁에 공급되기 전에 손실되므로 식품의 세척 및 조리방법 등에 주의가 필요하다.

4. 비타민의 흡수와 운반

식이를 통하여 섭취된 비타민은 대부분 소장에서 흡수된다. 일반적으로 건강한 성인의 지용성 비타민 흡수율은 약 40~90% 정도이고, 수용성 비타민 흡수율은 보통 90% 이상이다. 그러나 비타민의 체내 흡수량은 체내요구량에 따라 달라질 수 있으며 함께 섭취하는 식이에 의해 영향을 받는다. 특히 지용성 비타민은 지질 소화산물과 함께 미셀(micelle)을 형성한 후 흡수되기 때문에 그 섭취나 흡수 및 체내이용은 식이 지질의 양과 형태 및 체내 지질흡수나 이용 상황과 밀접한 관계가 있다.

따라서 지방의 흡수불량(위 · 장관 질환 및 췌장 질환자)은 지용성 비타민의 흡수불량을 초래한다. 반면에 수용성 비타민의 흡수는 지용성 비타민과는 달리 담즙 분비나 미셀의 형성이 필요하지 않으며, 섭취한 농도에 따라 능동운반 또는 확산기전에 의해 장점막 세포층으로 바로 흡수된다. 그러나 알코올 남용이나 특정 장질환은 일부 비타민 B군의 흡수불량을 초래하여 결핍증을 유발하기도 한다.

흡수된 지용성 비타민은 소장점막층에서 체내로 운반될 때 식품의 지질성분 이동을 위해 형성된 킬로미크론(chylomicron) 지단백질에 포함되어 함께 이동된다. 킬로미크론은 림프계를 따라 이동한 후 혈류에 합류되고 체내 곳곳의 표적세포(target cell)로 운반된다. 이와 달리 수용성 비타민은 물에 잘 용해되므로 소장점막의 모세혈관으로 바로 이동하여 혈류를 따라 운반되고 간, 근육 등 여러 조직으로 전달되어 활용된다.

6-2 지용성 비타민

1. 비타민 A (Retinol)

(1) 비타민 A의 급원식품

비타민 A는 활성형 비타민 A인 레티노이드(retinoid)와 비타민 A전구체인 일부 카로티노이드(carotenoid)를 총칭한다. 레티노이드는 체내에서 세 가지 형태, 즉 레티놀(retinol), 레티날(retinal), 레티노산(retinoic acid)으로 존재한다.

비타민 A와 그의 전구체 구조식은 그림 6-3과 같으며, 비타민 A의 특성을 나타내는 'ionone 고리'를 가지고 있다.

간 당근 호박 시금치 피망

그림 6-2 비타민 A의 급원식품

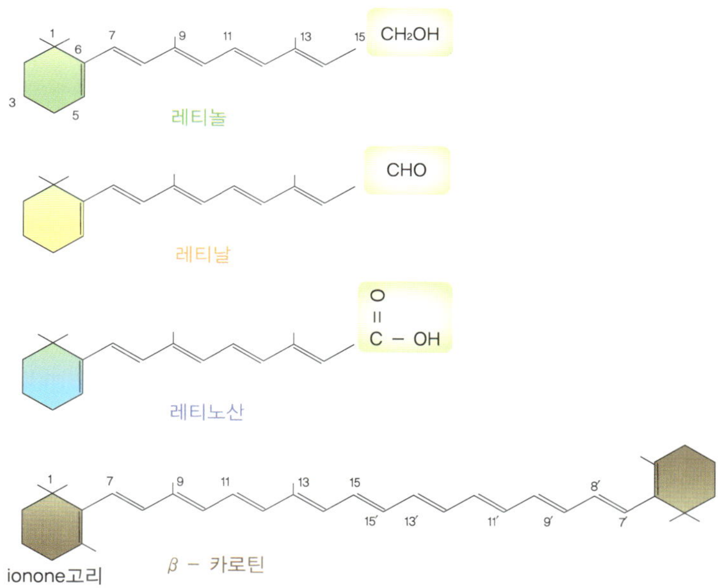

그림 6-3 비타민 A의 급원식품과 함유량 및 화학구조

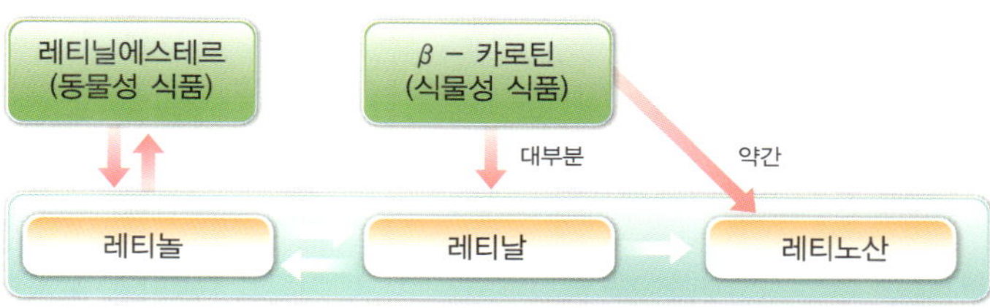

그림 6-4 비타민 A의 형태 전환

간, 생선, 어유, 강화우유, 달걀 등의 동물성 식품에 함유된 레티놀과 레티닐에스테르 형태는 체내에서 전환 과정 없이 직접 흡수되어 생체이용률이 높다. 반면에 식물성 식품에 함유된 카로티노이드는 흡수 후 체내에서 활성형으로 전환되어야 비타민 A의 기능을 할 수 있다.

노랑색, 주황색 등을 나타내는 600여 종의 카로티노이드 식물색소성분이 알려져 있으며, 이 중 50여 종이 체내에서 비타민 A로 전환 가능하다. 비타민 A 전구체(precursor)가 되는 카로티노이드에는 카로틴, 크립토잔틴 등이 있으며, 베타카로틴의 활성이 가장 크다. 당근, 시금치, 호박, 고구마, 브로콜리, 복숭아, 살구 같은 녹황색, 담황색 채소나 과일은 좋은 카로티노이드 급원식품이다.

레티노이드와 카로티노이드는 초저온이나 고온, 자외선, 산소 노출에 쉽게 파괴되므로 저장, 가공, 유통 중 보관 등에 주의가 필요하다. 예외적으로 베타카로틴의 경우 열처리를 통해 생체이용률이 증가하므로 적절한 조리방법의 선택으로 이용률을 높일 수 있다.

(2) 비타민 A의 대사

레티노이드와 카로티노이드는 식이 지방의 분해산물과 함께 미셀(micelle)을 형성하여 흡수된다. 흡수 후 소장점막세포에서 활성형 비타민 A는 레티닐에스테르(지방산과 레티놀의 에스테르 결합)형태로 지단백질인 킬로미크론에 합쳐지고 림프관을 통해 체내로 운반된다. 이후 흉관을 거쳐 정맥, 간문맥을 따라 간으로 운반되어 대사되거나 저장된다.

대표적 카로티노이드인 베타카로틴의 경우 1/3 정도가 흡수되고 흡수된 분량의 절반정도가 비타민 A 활성형으로 전환되어 기능을 나타낸다. 소장점막에서 일부가 활성형 비타민 A로 전환되고, 전환되지 못한 일부는 간에서 활성형으로 전환되며, 일부는 그대로 간이나 체지방조직에 저장된다. 만일, 식이로부터 섭취한 카로티노이드 섭취량이 많으면 인체는 흡수율을 급격히 낮추어 과잉 축적될 위험도를 줄인다.

흡수된 비타민 A는 90% 이상이 간에 저장되며 성인은 수개월에서 1년간의 필요량을 저장한다.

간에는 레티닐에스테르 형태로 저장되며 조직대사 요구에 따라 레티놀로 전환된 후 간에서 방출되어 레티놀 결합단백질(retinol binding protein, RBP)과 결합한다. 혈액에서 레티놀과 레티놀결합단백질은 혈중 단백질인 트랜스티레틴(transthyretin)과 결합하여 체내 필요조직으로 운반된다. 체내 대사에 활용된 비타민 A의 상당량은 담즙과 함께 분비되어 제거되며 일부는 소변으로 배설된다.

(3) 비타민 A의 체내 전환

대표적 카로티노이드인 베타카로틴은 체내에서 활성형 비타민 A로 전환될 수 있지만 이 과정은 아주 서서히 일어나며, 흡수율과 전환률을 고려할 때 일상식품으로 섭취하는 베타카로틴의 체내 이용율은 레티놀의 1/12 정도에 해당한다. 비타민 A의 급원이 다양하므로 레티놀활성당량을 사용하여 공급량을 표시한다.

Check point

RAE (retinol activity equivalent) = 레티놀활성당량 (μg RAE)

1 μg RAE = 2 μg 베타카로틴 (기름형태)

= 12 μg 베타카로틴 (일상식품)

= 24 μg 기타 카로티노이드

(4) 비타민 A와 카로티노이드의 기능

① 시각기능 조절

가장 잘 알려진 비타민 A의 기능은 암적응 시각반응에 관여하는 기능이다. 인간의 시각은 빛이 눈으로 들어와 망막에 부딪힐 때 색상과 형태를 인지한다. 망막에 있는 원추세포와 간상세포는 각각 색상과 명암구분을 담당한다. 특히 어두운 빛을 감지하는 간상세포에는 로돕신(옵신 + 11-cis 레티날)이 있어 빛이 닿는 순간 옵신 단백질과 11-trans 레티날로 분리되며 조도가 낮은 빛을 감지하는 기능을 한다.

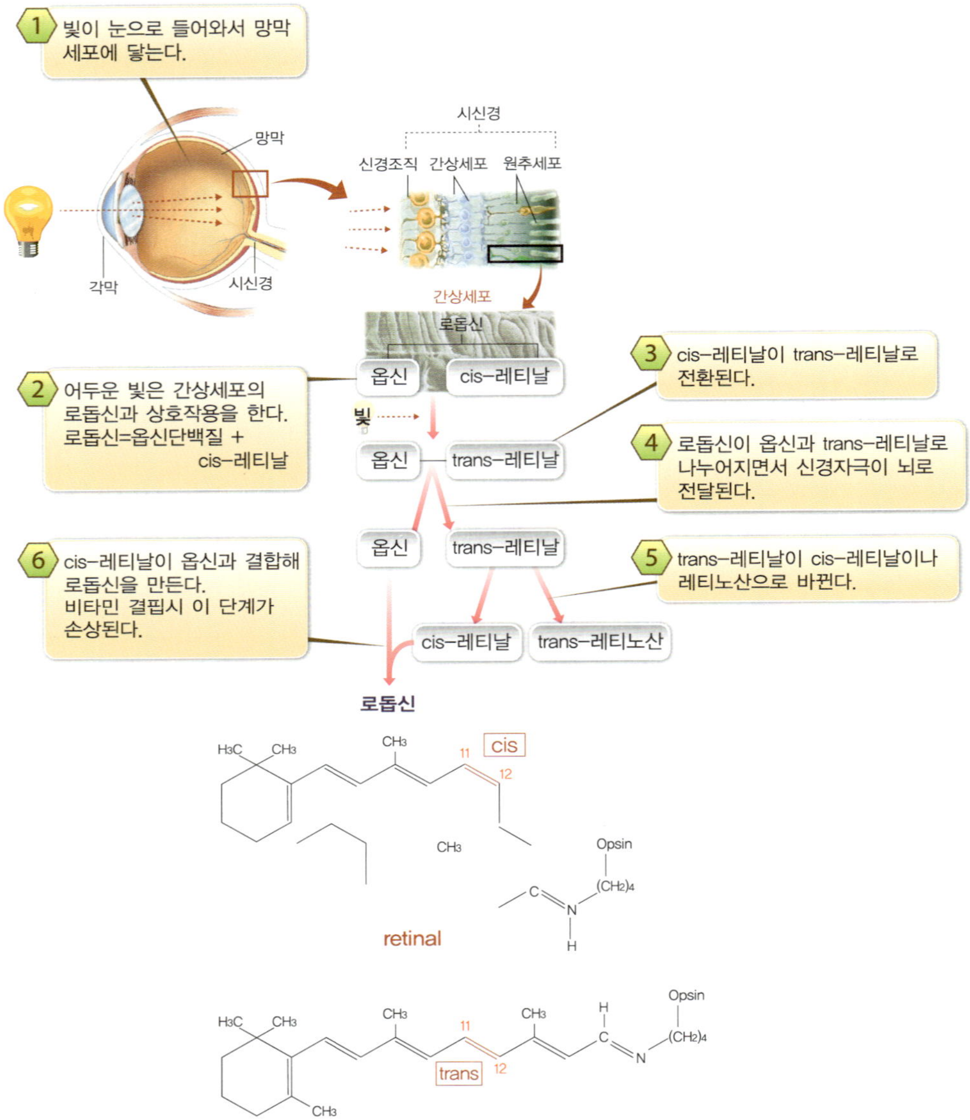

그림 6-5 비타민 A의 암적응 시각반응과 cis, trans형 레티날

'시홍' 이라고도 불리는 로돕신(rhodopsin)은 분해된 후 다시 11-cis 레티날이 되어 로돕신으로 합성 가능하지만 일부는 레티노산으로 비가역적으로 전환되므로 지속적인 레티날 형태의 비타민 A 보충이 필요하다.

간상세포에 레티날이 부족한 경우 암적응 시각반응은 정상적으로 이루어지지 않으며 비타민 A 결핍이 원인인 야맹증이 나타난다(그림 6-5).

② 세포분화 및 성장 조절

비타민 A는 유전자발현을 조절하고, 세포성장 및 세포분화를 조절하는 기능에 참여하므로 성장기에 공급이 강조되는 매우 중요한 성장인자이다. 세포분화란 줄기세포(stem cell)를 구조와 기능면에서 변화시켜 고유의 구조와 기능을 갖는 특정세포로 전환하는 과정으로 세포핵으로 전달된 비타민 A에 의해 발현된다.

• 상피세포 재생 및 유지

비타민 A는 세포주기가 비교적 빠른 체조직 표면의 상피 세포분화에 필요하며 단백질 합성을 시작하도록 유전자를 활성화하여 상피세포 재생을 돕는다. 따라서 비타민 A가 결핍되면 상처회복 지연을 초래한다. 비타민 A는 체조직 표면의 점액을 만드는 상피조직세포 분화에도 필수적이며, 결핍 시 점액분비 세포 대신 단단한 케라틴 단백질을 만드는 세포로 분화되고 상피세포의 각질화가 진행된다. 특히, 점막조직의 형성이 중요한 각막에서는 비타민 A 부족으로 인해 안구건조증, 각막연화증 등이 초래된다.

• 면역기능 유지

비타민 A는 병원성 미생물로부터 인체를 방어하는 호흡기 내막, 장 내막 조직의 보호 유지에도 관여하므로 인체 면역기능 유지에 중요한 영양소이다. 특히, 비타민 A가 부족한 어린이들에게 보호 상피조직의 파괴로 인한 감염성 설사나 호흡기 질환이 빈번하게 발생한다.

• 생식 및 성장

비타민 A는 정자생성, 태아성장, 골격형성에도 중요하며, 어린이에게 비타민 A 결핍의 초기 증상은 성장저해로 나타난다. 비타민 A는 뼈의 생성에도 중요하므로 결핍 시에 뼈 성장에 문제가 발생한다.

③ 항산화 기능

카로티노이드는 비타민 A로 전환되지 않더라도 산화성 질환의 위험을 감소시킬 수 있는 항산화 기능을 갖고 있다. 베타카로틴을 비롯한 카로티노이드는 조직 또는 혈액을 순환하다가 자유라디칼(free radicals) 손상으로부터 세포막을 보호하는 지용성 항산화제의 기능을 한다. 특히, 다양한 임상연구에서 LDL-콜레스테롤의 산화를 방지하여 심혈관계 질환의 위험을 낮출 수 있다고 보고되었다.

루테인(lutein)이나 제아잔틴(zeaxanthin) 같은 일부 카로티노이드는 비타민 A 전구체 기능은 없지만 노화성 안질환의 발생위험을 감소시켜 주고, 가열 조리된 토마토에 많은 리코펜(lycopene)도 비타민 A 활성은 없지만 산화방지 기능을 통해 일부 암의 발생률을 낮추는 것으로 나타났다.

그러나 카로티노이드를 식이섭취가 아닌 보충제 형태로 장기간 섭취한 경우 일부 부작용이 보고되었으므로 식이 형태가 아닌 고농도 보충제 형태의 섭취에는 주의가 필요하다. 시금치, 케일, 당근, 망고 등 다양한 형태의 카로티노이드가 풍부한 채소와 과일형태로의 섭취를 권장한다.

(5) 비타민 A 결핍증과 과잉증

① 결핍증

알려진 비타민 A 결핍 증세는 암적응 기능에 실패한 야맹증이 대표적이다. 그 밖에도 상피세포조직의 건조와 각질화에 의한 결막조직 건조증인 비토반점, 각막건조증, 각막연화증 등이 나타나며, 심한 경우 실명이 될 수도 있다. 상피세포 분화기능이 상실된 경우 피부 모낭주위의 과도한 케라틴(각질) 생성으로 털구멍이 막혀 닭살처럼 오톨도톨한 돌기가 형성되는 모낭각화증(follicular hyperkeratosis)이 발생하기도 한다(그림 6-6).

선진국의 경우 비타민 A 결핍에 따른 보건상의 문제는 거의 발생하지 않지만 지금도 개발이 진행 중인 일부 국가의 성장기 어린이들에서 비타민 A 결핍으로 인한 실명, 성장지연, 감염 등이 발견되고 있다. 특히, 수개월의 필요량을 간에 저장할 수 있는 성인에 비하여 어린이의 경우 간에 비타민 A를 저장할 수 있는 양이 제한적이므로 비타민 A 결핍증이 발생하지 않도록 주의가 강조된다.

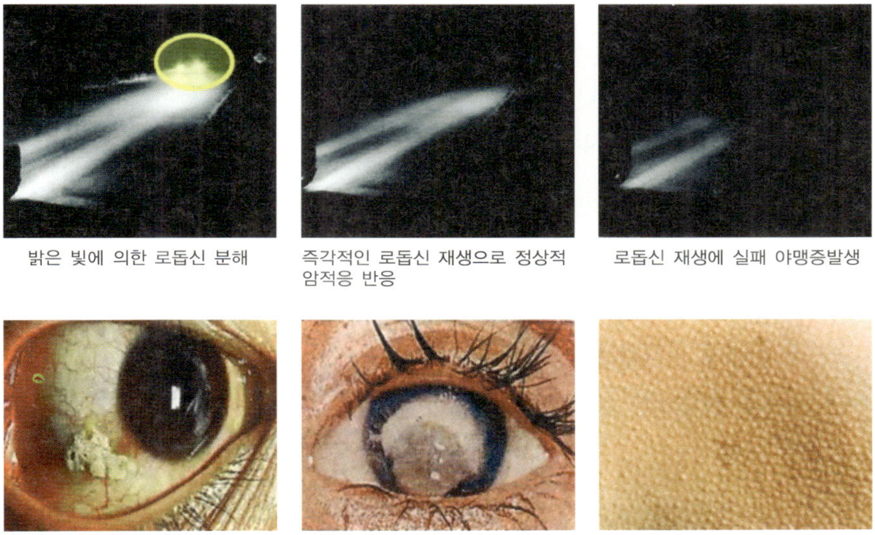

밝은 빛에 의한 로돕신 분해 / 즉각적인 로돕신 재생으로 정상적 암적응 반응 / 로돕신 재생에 실패 야맹증발생

비토반점(Bitot's spot) / 각막연화증 / 모낭각화증

그림 6-6 비타민 A 결핍증

② 과잉증

일반적으로 비타민 A는 결핍되기까지 상당한 시간이 걸리며 결핍보다는 과잉이나 독성의 우려가 더 많은 영양소이다. 레티노이드 형태의 보충제 오·남용에 의하여 발생할 수 있는 과잉증으로는 구토, 두통과 같은 급성독성증세나 간 손상, 관절통증, 뼈 기형과 같은 만성독성이 발생할 수 있다. 또한 임산부는 과잉섭취로 인한 자연유산, 기형아출산을 주의해야 한다.

비타민 A 전구체인 카로티노이드의 경우 식품형태로 섭취할 경우 사실상 독성은 없다. 일례로 카로티노이드인 베타카로틴은 과량을 섭취할 경우 비타민 A 자체로 축적되지는 않지만 지방조직에 베타카로틴 형태로 축적된다. 단시간에 과량의 베타카로틴 함유식품을 섭취할 경우 혈류에 황색 색소침착증이 발생하여 피부가 노랗게 보이는 고카로틴혈증(carotenemia)이 관찰되기도 하지만 유해하지는 않다.

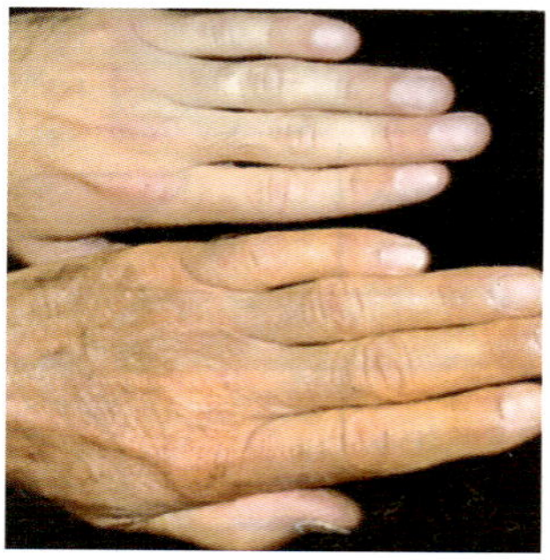

그림 6-7
고카로틴혈증

(6) 비타민 A 섭취기준

2015 한국인 영양섭취 기준에서 설정한 19 ~ 49세 성인의 1일 비타민 A 권장 섭취량은 남자 800 μg RAE, 여자 650 μg RAE이다. 성인의 비타민 A 상한섭취량은 3,000 μg RAE 이다. 임신이나 수유기에는 각각 70 μg RAE, 490 μg RAE가 추가로 설정되었다. 특히, 임신기에는 기형아 발생을 방지하기 위하여 섭취량에 주의하도록 한다.

2. 비타민 D (Calciferol)

(1) 비타민 D의 급원식품

비타민 D는 스테로이드 유도체로서 다양한 동족체 (D_2~D_7)가 존재하며 그 중 동물성 급원에 비타민 D_3(콜레칼시페롤, cholecalciferol)와 식물성 급원식품에 함유된 비타민 D_2 (에르고칼시페롤, ergocalciferol)가 대표적이다.

강화우유 대구간유 정어리 버섯

그림 6-8 비타민 D의 급원식품

에르고칼시페롤의 공급원은 제한적이어서 효모나 버섯 등에 전구체인 에르고스테롤(ergosterol) 형태로 존재한다. 식품으로 공급되는 비타민 D의 대부분은 간, 기름진 생선(고등어, 정어리, 연어) 또는 비타민 D 강화식품(우유, 시리얼)을 통해 섭취된다(그림 6-8). 비타민 D는 비타민 A보다 열이나 산화에 안정적이다.

(2) 비타민 D의 체내 합성

체내 일부 콜레스테롤은 7-디히드로콜레스테롤(7-dehydrocholesterol)을 형성하여 피하지방조직에 저장된다. 피부가 햇볕에 노출되어 자외선을 쪼이면 비타민 D_3 전구체, 7-디히드로콜레스테롤의 고리구조 일부가 변화하여 불활성형 비타민 D_3를 형성한다. 일반적으로 인체의 피부세포는 자외선 조사에 의해 비타민 D를 합성할 수 있으므로 매일 10~15분의 햇볕을 충분히 쪼이는 사람은 비타민 D를 따로 섭취하지 않아도 체내 비타민 D 요구량의 상당량을 얻을 수 있다.

그러나 자외선 노출이 부족한 극지방 거주민, 자외선 차단효과를 갖는 멜라닌이 많은 검은 피부, 일상생활에 야외활동이 부족한 사람, 노인 등의 경우에는 체내 합성이 불충분하므로 반드시 식이를 통해 비타민 D를 섭취하는 것이 바람직하다.

(3) 비타민 D의 대사

식이로 섭취한 비타민 D는 약 80%가 소장에서 미셀 형태로 식이지방과 함께 흡수되고, 지단백질인 킬로미크론 형태로 림프계 순환을 통해 간으로 운반된다. 간에서 구조의 25번 탄소에 수산기가 첨가된 25-OH-Vt.D는 이 상태로 혈액을 순환한다. 체내 칼슘의 항상성을 유지하기 위해 활성형 비타민 D가 필요한 경우 신장에서 수산기를 추가로 첨가하여 1,25-$(OH)_2$-Vt.D을 형성한다. 칼시트리올(calcitriol)로 알려진 활성형 비타민 D는 표적기관을 자극하여 혈중 칼슘 농도 향상 등의 기능을 수행한다. 혈중 칼슘농도 저하는 불활성형 비타민 D를 활성형으로 전환하는 중요한 조절 요인이 된다(그림 6-9).

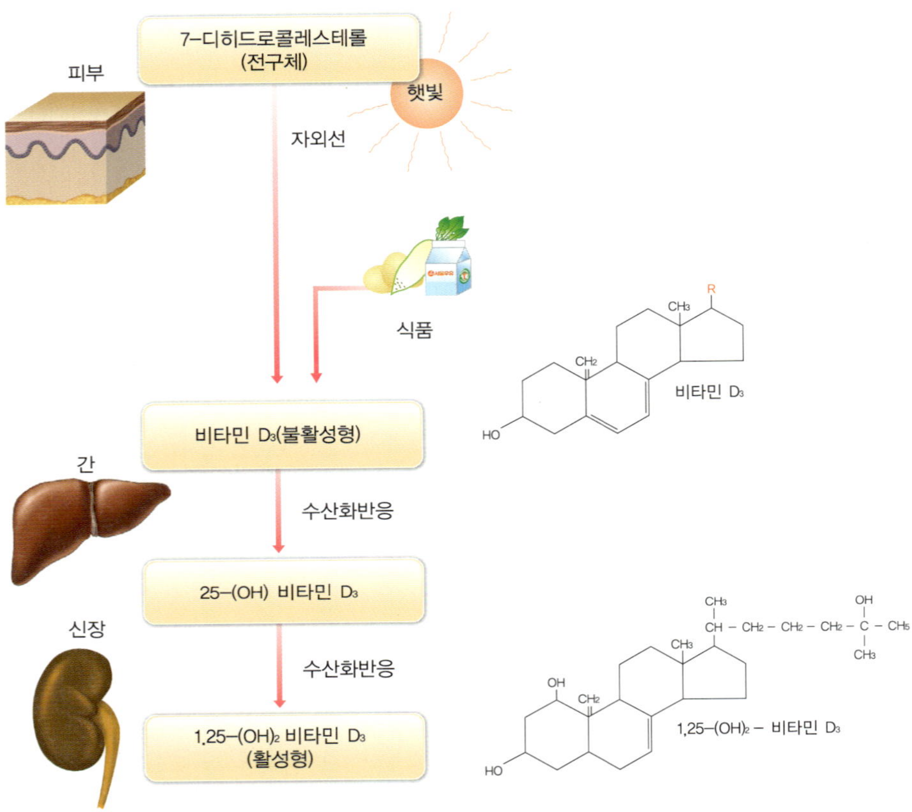

그림 6-9 활성형 비타민 D의 형성

(4) 비타민 D의 기능

① 혈중 칼슘 항상성 조절

비타민 D는 호르몬처럼 작용하여 혈중 칼슘 농도(9~11 mg/dL)를 일정하게 유지하도록 돕는다. 혈중 칼슘 농도가 낮으면 부갑상선호르몬(parathyroid hormone, PTH)이 분비되어 신장에서 칼슘의 재흡수를 촉진하여 배출을 감소시킨다. PTH는 비타민 D 활성화 과정에서도 참여하여 칼시트리올을 형성한다.

칼시트리올은 소장과 뼈에 작용하여 혈중 칼슘 농도 상승에 관여한다. 소장세포에서는 칼슘결합단백질 칼빈딘(calbindin)을 합성하여 식이칼슘의 흡수를 돕는다 뼈에서는 파골세포를 자극하여 칼슘을 혈중으로 용출시킨다. 적절한 파골세포의 작용은 낡은 뼈 조직을 분해하고 새로운 뼈 형성을 촉진하는 데 필요한 과정이다. 부갑상선호르몬과 칼시트리올은 모두 혈중 칼슘 농도의 상승에 기여한다.(그림 6-10)

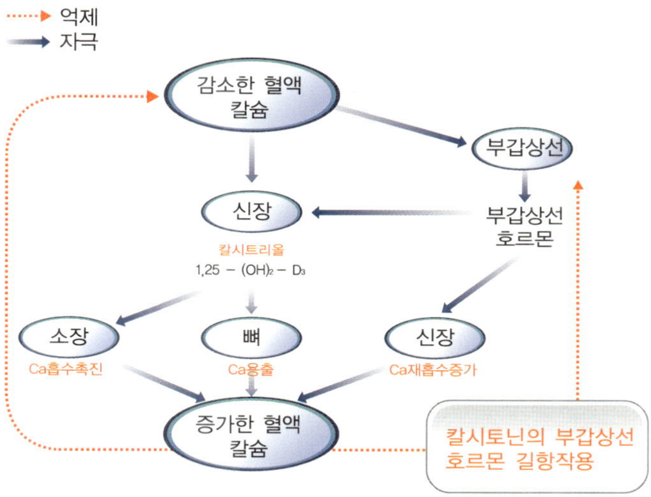

그림 6-10 활성형 비타민 D의 혈중 칼슘 항상성 조절

한편, 혈중 칼슘 농도가 지나치게 높아지게 되면 갑상선에서 분비되는 칼시토닌(calcitonin)이 부갑상선 호르몬 분비를 억제하여 활성형 비타민 D의 형성을 방해하는 길항작용을 한다.

② 세포분화, 증식 및 성장 조절

비타민 D는 미성숙세포가 증식하고 분화하는 과정에도 필요하며 비타민 A와 마찬가지로 세포핵의 유전물질을 자극하여 세포가 분화하도록 돕는다. 특히 유방암, 결장암, 전립선암 등에서 세포주기 조절에 관여하여 암 예방효과를 나타내며 호르몬(프로락틴, 칼시토닌)의 합성, 인슐린 분비 등에도 관여한다.

(5) 비타민 D의 결핍증과 과잉증

① 결핍증

비타민 D는 자외선(계절, 지정학적 위치, 고층건물, 자외선차단제의 사용, 피부색, 나이)에 크게 영향을 받는 것으로 알려져 있는데 최근 지구온난화, 대기오염도 증가로 인해 자외선에 노출될 기회가 줄어들고 있어 지역에 상관없이 비타민 D 체내 합성률이 낮아지고 있다는 보고가 있으며, 채식 위주의 식사를 하는 경우에도 결핍이 발생하기 쉽다. 특히 연령이 증가할수록 체내의 비타민 D 합성량이 감소하므로 결핍증이 발생하기 쉽다.

비타민 D는 칼슘과 인 대사를 조절하므로 결핍 시 골격건강에 치명적이다. 대표적인 결핍 증세는 성장기 어린이의 골격 기형인 구루병(rickets), 성인의 골연화증(osteomalacia), 골다공증(osteoporosis) 등이다.

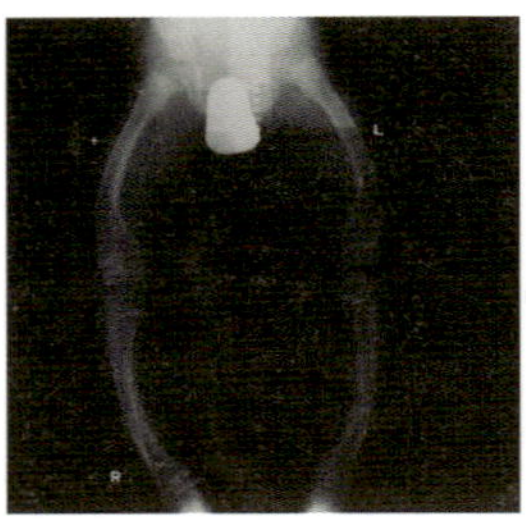

구루병

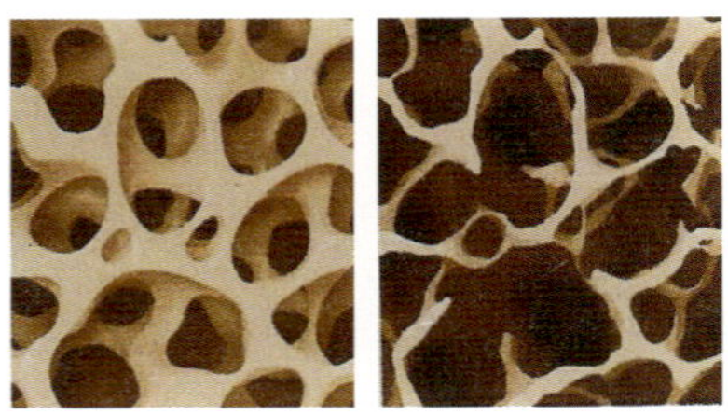

골다공증

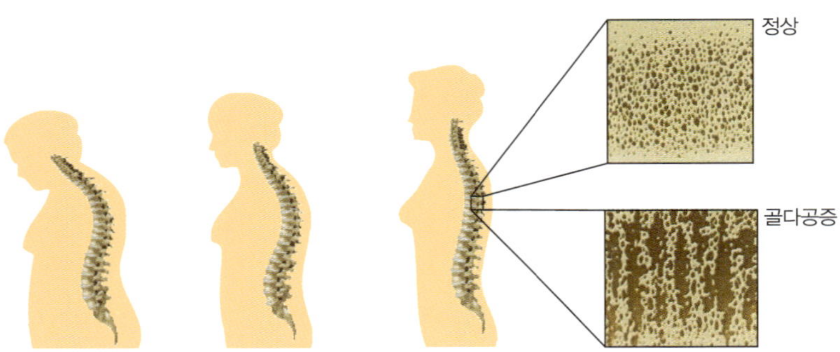

골연화증, 골다공증으로 인한 척추 이상

그림 6-11 비타민 D의 결핍증

구루병 어린이는 뼈의 석회화가 충분하지 못해 뼈가 약해지고 쉽게 구부러지게 되므로 성장에 문제가 발생하고 골반기형, 휜다리, 굵은 관절 마디 등이 나타난다.

골연화증은 성인형 구루병으로 불리며 뼈의 석회화 감소로 인하여 뼈의 총량은 정상이나 뼈 조성이 비정상적인 경우에 발생한다. 비타민 D 식이 섭취량이 부족한 경우, 지용성 비타민 흡수에 문제가 발생한 경우, 장기간 자외선이 부족한 생활을 한 경우, 임신 경험이 많은 경우 등에 뼈가 약해져서 뼈의 통증과 근무력증을 겪게 된다. 이를 예방하기 위하여 자외선 노출이나 활성형 비타민 D와 칼슘보충제의 섭취가 필요하다.

골다공증은 에스트로겐 분비가 급격히 감소하는 폐경기 여성에게 주로 발생하며 뼈조직의 형성보다 분해가 많아져서 뼈조직의 급격한 손실이 발생한다. 뼈의 총량이 감소하면서 기공이 많은 약한 뼈로 인하여 골절이 쉽게 발생하는 심각한 질환이다(그림 6-11).

② 과잉증

비타민 D 독성은 식이보충제나 강화식품의 과다섭취 시 나타날 수 있다. 비타민 D 과잉은 혈중 칼슘농도 과잉을 초래하고 결과적으로 혈관이나 신장조직에 칼슘 축적, 고칼슘혈증, 고칼슘뇨증, 심장혈관손상, 메스꺼움, 구토, 탈염, 허약, 관절통이 나타나며 사망에 이를 수 있다.

식이를 통한 비타민 D 섭취 과잉증은 보고된 바 없으나 식이보충제의 오·남용은 비타민 D의 체내 축적(지방조직)과 치명적인 독성을 나타낼 수 있으므로 주의한다. 특히, 자외선 조사량이 많은 여름철에는 체내 비타민 D의 합성이 활발해지므로 추가적인 보충제를 과다 섭취하지 않도록 한다.

(6) 비타민 D의 섭취기준

평균필요량 및 권장섭취량은 설정되어 있지 않으며, 체내 합성량을 고려하여 2015년도 한국인 영양섭취 기준에서 한국 성인(19~49세)의 1일 충분섭취량은 성인 남녀 모두 10 μg이다. 상한섭취량은 100 μg으로 정하여 과잉섭취하지 않도록 주의가 필요하다. 단, 노년기에는 야외활동이 많지 않아 자외선 노출과 체내합성 능력이 감소하므로, 골다공증 발생위험을 낮추기 위해 성인기의 1.5배인 15 μg이 충분섭취량이다.

또한, 비타민 D는 임신 · 수유기에는 태아성장 및 산모건강을 고려하여 비임신 성인에 비해 각각 5 μg/일이 추가로 설정되어 있다.

3. 비타민 E (Tocopherol)

비타민 E의 영문명 '토코페롤(tocopherol)'은 발견초기에는 생식에 중요한 영양소로 인식되어 '번식과 출산을 돕는 물질'이라는 의미로 명명되었다. 이후 비타민 E의 항산화 기능이 알려지면서 대표적인 항산화 영양소로서의 기능이 더욱 강조되고 있다.

(1) 비타민 E의 급원식품

비타민 E는 식물성 유지에 천연적으로 함유되어 있고, 곡물배아나 난황, 종실류에도 풍부하다. 단, 동물성 유지류에는 비타민 E가 풍부하지 않다. 비타민 E에는 8가지 동족체가 있으며 구성 기능단에 따라 생물학적 활성이 다르다. 이중 알파토코페롤(α- tocopherol, α-TE)의 생리적 활성이 가장 높다. 합성 토코페롤은 천연 토코페롤의 절반의 생리활성을 갖는다.

그림 6-12 비타민 E의 급원식품

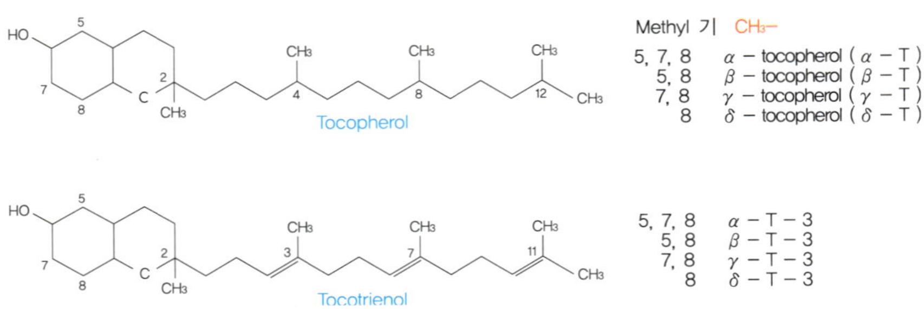

그림 6-13 비타민 E의 8가지 동족체

비타민 E는 산소, 금속, 빛, 고열에 쉽게 파괴되므로 식품의 조리 시에 가열을 최소화 하고 공기 중에 노출하거나 장기 저장하지 않도록 주의한다. 반복적인 튀김기름의 재사용은 함유된 비타민 E의 대부분을 파괴하며, 튀김과 가공공정이 많은 식품일수록 비타민 E 함량은 낮아진다.

(2) 비타민 E의 대사

비타민 E의 식이 흡수율은 20~80%이며 섭취량이 증가할수록 흡수율은 감소한다. 다른 지용성 비타민처럼 지방과 함께 흡수되므로 소장관에서 미셀형성을 위해 반드시 담즙과 췌장효소의 도움이 필요하다. 흡수된 이후에는 킬로미크론을 구성하여 림프계를 통해 간으로 운반된다. 간에 운반된 비타민 E는 체내 순환계에서 지단백질에 실려 필요조직으로 운반되는데, 그 밖의 지용성 비타민과 달리 비타민 E는 혈중에 특별한 운반단백질을 갖지 않는다.

비타민 E는 간보다는 지방조직, 세포막 구성 등을 위해 체조직 전체에 고루 분포하며 인지질로 구성된 세포막에 다량 포함되어 존재한다. 산화된 비타민 E는 담즙을 통해 분비되어 대변으로 배설되고 소량이 소변으로 배설된다.

(3) 비타민 E의 기능

비타민 E는 지방이 많은 부위에서 자유라디칼(free radical: 유리기, 자유기)이 유도하는 지방의 과산화과정을 중지시킬 수 있는 가장 효과적인 지용성 항산화제(antioxidant)이다. 항산화 영양소는 스스로 산화되면서 다른 화합물의 산화를 방지해주는 효과가 있는 물질이다. 지용성 비타민 E는 자유라디칼의 연쇄반응을 멈추기 위해 전자를 내어주고 산화된다.

특히 세포막 이중구조의 자유라디칼을 제거하고 세포막 구조를 유지하는 것은 인지질을 구성하는 불포화지방산이 정상적인 세포기능을 할 수 있도록 하는데 크게 기여한다. 적혈구 세포막 손상, 신경조직 세포 및 면역체계 세포 손상 등의 보호에 비타민 E의 항산화 기능은 필수적이다.

세포막 표면에 위치한 비타민 C는 비타민 E가 재활용 될 수 있도록 전자를 복원해줌으로써 항산화 기능을 복구시켜 준다. 체내 산화적 스트레스가 감소되면 심혈관계 질환, 암, 면역기능 손상, 뇌 인지력 저하 등을 예방하는데 도움이 된다.

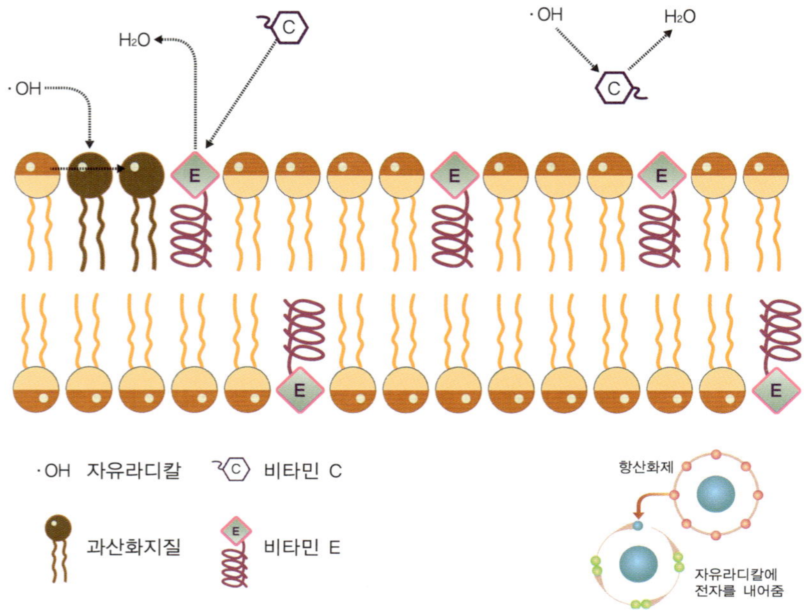

그림 6-14 비타민 E의 항산화반응

비타민 E는 항산화 작용을 통해 폐, 심장, 뇌, 그 밖의 조직기관을 구성하는 세포막(특히, 적혈구 세포막)의 유지에 중요한 기능을 하고 오염물질이나 산화물질로부터 손상을 낮출 수 있는 영양소로 여겨지고 있으며, 많은 임상적 연구들이 비타민 E가 산화물질로 둘러싸인 인지질 세포막에서 자유라디칼을 중화시켜 세포막 손상을 예방해 준다고 보고하였다.

(4) 비타민 E의 결핍증과 과잉증

① 결핍증

비타민 E는 일상적 식이 공급으로 충분한 양이 공급되는 편이므로 결핍증은 드물게 나타난다. 지난 수십 년간 비타민 E는 심장질환 등 만성질환의 예방, 운동수행력 향상, 주름개선, 성기능 향상, 노화예방 등 여러 가지 효능을 위해 활용되어 왔으며 비타민 E 복용의 효과에 대한 연구는 아직도 활발히 진행되고 있는 분야이다.

만일 비타민 E가 세포막에 없거나 부족하면 자유라디칼이 쉽게 막 구조를 뚫고 들어가 세포를 손상시키는 화학적 연쇄반응이 진행되고, 세포사멸과 종양 발생이 유도된다.

비타민 E의 임상적 결핍 증세로는 근육작용 약화, 시력손상, 용혈성빈혈 등이 있다. 모체로부터 태아에게로의 비타민 E 이동은 거의 임신 말기에 발생하므로 마지막 달을 채우지 못하고 태어난 미숙아의 경우 비타민 E수치가 매우 낮은 상태이며 산화스트레스가 높은 적혈구 세포막에 비타민 E가 부족하여 용혈성 빈혈이 발생하게 된다.

② 과잉증

지용성 비타민 가운데 비타민 E는 상대적으로 독성이 없는 편이다. 그러나 식이보충제 오남용으로 고용량의 비타민 E를 섭취할 경우 독성이 나타날 수 있다. 비타민 E 보충제 섭취에 따른 과잉증세로는 수술 후 환자의 비타민 K 기능 방해에 따른 혈액응고반응 지연과 과다출혈 현상이 보고된 바 있다.

(5) 비타민 E의 섭취기준

천연 알파토코페롤의 활성을 100으로 볼 때 베타-, 감마-, 델타-토코페롤의 활성은 각각 40, 10, 1 정도이다. 토코트리에놀은 25 정도의 활성을 갖는다. 다양한 형태의 비타민 E 급원이 가능하므로 식이로 섭취한 비타민 E의 생리적 활성은 알파토코페롤 1 mg의 천연 알파-토코페롤을 당량기준으로 하여 1 mg α-TE(tocopherol equivalent)로 표시한다.

성인의 1일 상한섭취량은 남녀 모두 12 mg α-TE이고, 독성 위험을 예방하기 위한 상한섭취량은 540 mg α-TE이다. 임산부의 설정량은 특별히 증가하지 않고, 수유부는 3 mg α-TE이 추가된다. 식이 섭취에 다가불포화지방산 섭취가 많아질수록 커지는 체내 산화스트레스를 감소시키기 위해 비타민 E 섭취량의 증가가 필수적이다.

4. 비타민 K (Phylloquinone)

비타민 K는 덴마크 과학자가 혈액응고를 촉진하는 지용성 인자를 발견하고 독일어 koagulation으로 명명한 데에서 유래되었으며 퀴논(guinone)을 갖는 물질을 총칭한다.

(1) 비타민 K의 급원식품

비타민 K_1, 필로퀴논은 녹색잎채소 (상추, 녹차, 순무잎, 시금치, 브로콜리, 양배추, 셀러리)에 풍부하다. 동물성 식품에 포함된 비타민 K_2, 메나퀴논은 장내 미생물에 의해서도 합성가능하다. 합성물질인 비타민 K_3, 메나디온은 수용성으로 K_1, K_2에 비하여 생체 효능이 크며, 흡수 후 체내에서 메나퀴논으로 전환된다. 비타민 K는 화학적으로 열에는 안정적이지만 산, 알칼리, 빛(자외선)에 의해 파괴된다.

그림 6-15 비타민 K의 급원식품

비타민K_2 (phylloquinone)
(녹색채소)

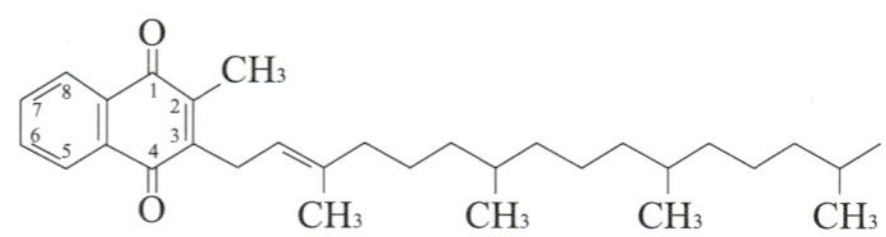

비타민K_2 (menaquinone)
(세균,동물성)

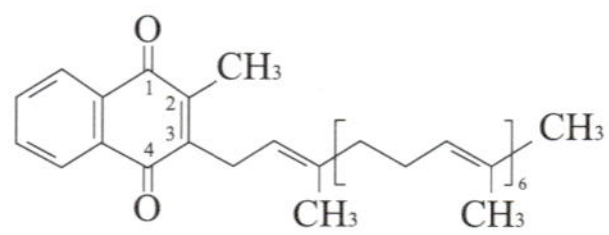

비타민K_3 (menadione)
(합성품)

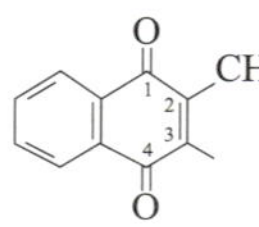

그림 6-16 비타민 K의 종류

(2) 비타민 K의 대사

비타민 K의 체내 요구량 가운데 일부는 장내세균에 의해 메나퀴논으로 합성되어 흡수 공급되며 나머지는 식이를 통한 섭취가 필요하다. 식이로 섭취한 비타민 K는 함께 섭취한 지방의 양, 형태, 담즙작용 등에 따라 흡수율이 달라진다. 합성품 메나디온은 수용성이므로 담즙작용과 무관하게 흡수가능하다.

필로퀴논은 소장상부에서 주로 흡수되고 메나퀴논과 메나디온은 소장하부와 일부는 대장에서도 흡수된다. 흡수된 비타민 K 일부는 간에 저장되지만 그 양이 많지 않으며 대부분의 체내 비타민 K는 지단백질에 실려 체내 필요조직으로 운반되어 빠르게 대사된다. 비타민 K의 주요 배설경로는 담즙이며 소변으로 배설되는 양은 적다.

(3) 비타민 K의 기능

① 혈액응고

비타민 K는 간에서 합성되는 혈액응고 관련 단백질 13종 가운데 최소 4종의 단백질 합성(인자 Ⅶ, Ⅸ, Ⅹ, 프로트롬빈)에 필수적인 지용성 비타민으로 혈액응고작용에 중요한 비타민이다.

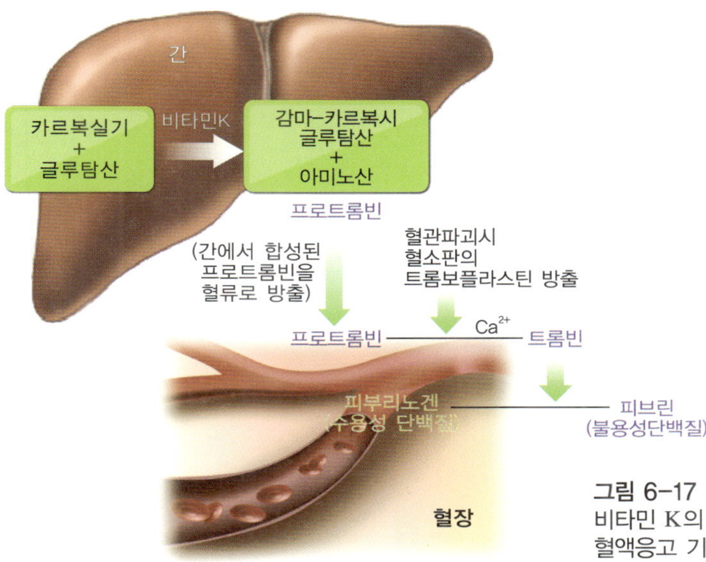

그림 6-17
비타민 K의
혈액응고 기능

특히 감마 - 카르복시글루탐산(γ-carboxyglutamic acid) 합성을 통해 프로트롬빈을 형성한다. 프로트롬빈은 칼슘과 결합하여 트롬빈으로 전환되고 수용성 혈장단백질 피브리노겐을 불용성 피브린으로 변화시켜 혈액응고를 유도한다.

② 뼈의 석회화

비타민 K에 의해 형성된 감마-카르복시글루탐산은 골격 단백질인 오스테오칼신(osteocalcin)에도 포함되어 있다. 오스테오칼신은 비타민 K 의존성 칼슘결합 단백질로 뼈의 석회화(mineralization)에 관여하며, 수산화인회석 결정이 뼈세포에 침착되도록 돕는다.

(4) 비타민 K의 결핍증과 과잉증

① 결핍증

성인은 장내 세균의 합성으로 메나퀴논이 일부 공급되므로 결핍이 드물다. 그러나 간 기능이 저하되면 비타민 K 흡수도 저해되고 혈액응고인자도 합성되지 못한다. 지방흡수 과정이 손상된 경우 결핍이 발생할 수 있고, 간 손상으로 혈중 프로트롬빈 합성을 못해 혈중 수준이 저하되면 출혈현상이 발생하는데, 이때는 비타민 K를 투여해도 효과가 없다. 따라서 수술 전에는 과출혈을 방지하기 위해 반드시 체내 비타민 K 수준을 확인해야 한다. 또한 비타민 K 합성에 영향을 미칠 수 있는 항생제를 장기간 복용하는 경우에도 결핍현상이 발생한다.

신생아는 장내 박테리아가 없으므로 비타민 K를 합성할 수 없고, 출생 후에 서서히 장내미생물을 확보하게 되지만 상당한 시간이 필요하다. 더욱이 모유에는 비타민 K가 부족하므로 신생아출혈 예방을 위해 출생 후 비타민 K를 투여하기도 한다.

② 과잉증

비타민 K는 체내 대사 후 배설이 빠르기 때문에 독성이 쉽게 나타나지 않는다. 지금까지 필로퀴논의 독성은 알려진 바 없으나 식이 보충제로 메나퀴논과 메나디온을 과량 섭취한 경우 출혈성 빈혈 등의 일부 독성사례가 보고되었다.

(5) 비타민 K의 섭취기준

한국 성인을 위한 비타민 K는 충분섭취량으로써 남자는 75 μg/일, 여자는 65 μg/일 이다. 한국인을 위한 비타민 K 상한섭취량은 설정되어 있지 않다.

표 6-3 지용성 비타민의 기능

비타민	급원식품	주요기능	결핍증상	독성증상
비타민 A	비타민A 강화식품 카로티노이드 : 주황색 채소, 과일	• 항산화 • 상피조직재생 • 성장 • 생식 • 면역 • 시각(암적응)	야맹증 시각기능 피부각화증 감염증가 뼈성장 장애	간손상(위험) 피부색소 침착 (위험하지 않음)
비타민 D	체내합성 비타민 D 강화식품	• 칼슘과 인 대사 조절 • 체내 칼슘 대사 보조	구루병(어린이) 골연화증(어른) 골다공증 관절통 성장장애	연조직에 칼슘축적
비타민 E	식물성 유지 녹황색채소 전곡류, 간, 난황, 마요네즈, 종실류, 견과류	• 항산화 : 불포화 지방산 보호 • 세포막 유지	면역력 저하 용혈성빈혈	혈액응고지연
비타민 K	장내 세균합성 간, 녹색잎채소 양배추류, 콩, 우유, 식물성 유지	• 혈액응고 • 뼈의 무기질화	출혈 뼈의 칼슘 감소	항혈전 약물의 기능저해

6-3 수용성 비타민

수용성 비타민은 모두 9종인데, 8종의 비타민 B군과 비타민 C로 구분한다. 비타민 B군은 조효소(coenzyme)로 작용하여 에너지 대사조절에 필수적인 기능을 담당한다. 즉, 열량 영양소 대사반응을 조절하는 효소는 불활성의 상태(apoenzyme)로 존재하다가 필요시 비타민 B군과 같은 보조인자(cofactor)가 결합하여 구조적 변화를 유도하면서 생리적으로 활성화된 상태의 효소(holoenzyme)가 되기 때문에 비타민 B군은 열량영양소 대사의 필수인자이다. 따라서 열량영양소의 섭취가 증가하면 함께 섭취량의 증가가 필요하다.

비타민 B군의 주요급원은 곡물인데, 특히 외피나 겨층에 풍부하므로 도정도를 낮춘 통곡식이 좋은 급원이다. 비타민 C는 대표적인 항산화 영양소로서 사람과 영장류, 기니피그 등은 체내합성을 하지 못하므로 반드시 섭취해야 하는 필수비타민이다.

지용성 비타민과 달리 수용성 비타민은 체내 저장량이 매우 적다. 따라서 독성이 낮은 경향이 있는데 이는 신장에서 소변 중으로 쉽게 제거되기 때문이다. 반면에 섭취수준이 부족할 경우 지용성 비타민보다 빠르게 결핍이 초래될 수 있으므로 매일 소량을 섭취하는 것이 바람직하다. 또한 수용성이므로 물과 함께 조리과정 중에 쉽게 용출되고 분해되어 소실되므로 식품 중 수용성 비타민의 생체이용률을 높이려면 찌거나 볶거나 전자레인지를 활용하는 것이 좋다.

1. 티아민 (비타민 B_1, Thiamin)

1800년대 후반 도정한 흰쌀을 주식으로 하는 아시아 지역에서 각기병이 증가하여 죽음에까지 이르렀다. 1900년대 초반까지도 각기병의 원인이 영양소 부족이라고 생각하지 못하였다. 티아민은 thio(황)을 가진 amine(아민)이라고 하여 thiamin이라고 명명되었다. 조효소형태는 2개의 인산기가 붙은 티아민피로인산(thiamin pyrophosphate)이다.

(1) 티아민의 급원식품

티아민은 여러 식품에 널리 함유되어 있으나 일반적으로 함유량은 낮다. 현미, 돼지고기, 곡류 배아, 효모식품, 견과류, 콩류 등이 주요 급원식품이다.

티아민은 화학적으로 열, 산소, 알칼리성에 민감하여 조리 과정이나 저장 중 쉽게 파괴된다. 탄수화물 위주의 식사를 하는 경우 탄수화물 에너지 대사 의존도가 높아지므로 체내 티아민 요구도 증가한다.

돼지고기 효모 배아 쌀 팥

그림 6-18 티아민의 급원식품

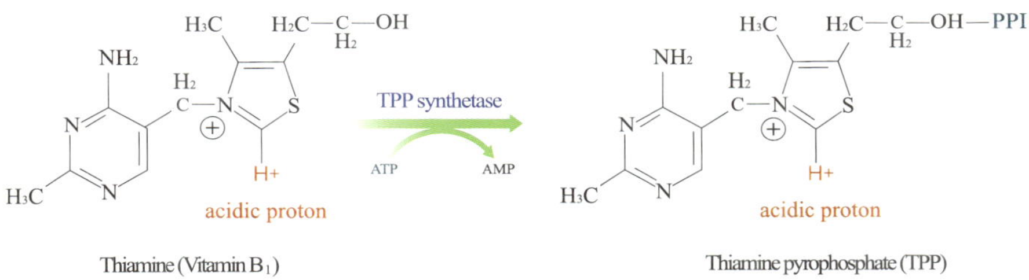

그림 6-19 티아민과 활성형 조효소의 구조

(2) 티아민의 대사

티아민은 장점막세포에서 인산화 반응으로 활성조효소인 TPP를 형성한다. 근육, 심장, 간 등에 소량(30 mg 정도)이 저장되며, 각 조직에서 빠르게 소모되고, 체내 요구량 이상으로 섭취된 티아민은 요로 배설되므로 매일 일정량을 섭취하도록 권장한다.

(3) 티아민의 기능

① 탄수화물 대사 조절 : 탈탄산 작용

에너지 대사에 관여하는 탈탄산 효소의 보조효소로 해당과정 산물인 피루브산을 아세틸-CoA로 전환하여 시트르산 회로에 진입할 수 있도록 돕는다(그림 6-20).

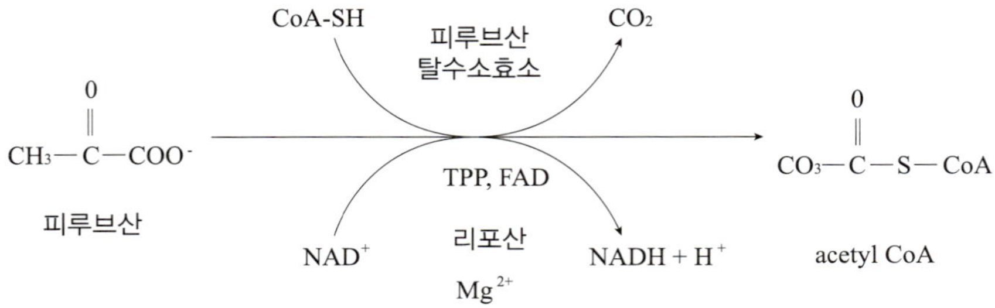

그림 6-20 피루브산 탈수소효소의 조효소로 작용하는 TPP

② 트랜스케톨라아제의 조효소

오탄당 인산회로(HMP shunt)의 트랜스케톨라아제(Transketolase) 효소의 조효소로 작용한다. 오탄당 인산회로는 핵산에 필요한 리보오스, 지방산 합성에 필요한 NADPH를 생성하는 중요한 대사과정이다.

③ 말초신경 자극 전달

말초신경 자극전달에 필요한 신경전달물질 아세틸콜린의 합성에 필수적이다.

(4) 티아민의 결핍증

각기병(beriberi)은 1800년대 동아시아 지역에 창궐한 질병으로 도정으로 배아부분이 제거된 백미 위주의 식사가 원인이었다. 배아부분에는 탄수화물 대사에 필수적인 티아민이 주로 함유되어 있는데 티아민이 결핍된 식사를 함으로써 탄수화물대사 중간산물인 피루브산이 아세틸-CoA로 산화되지 못하고 젖산으로 환원되면서 각 장기에 축적되고 신경, 심장, 소화기 계통 등에 이상 증상이 발생하여 나타난다.

① 건성각기 : 말초신경계 마비, 근육소모 극심, 운동기능과 보행 장애
② 습성각기 : 심부전, 심장부종 등 주로 심혈관계에 이상 증상, 각 장기조직의 부종
③ 뇌성각기 : 만성 알코올 중독자에게 나타나는 티아민 결핍증, 정신착란, 혼수 등 (알코올성 건망 증후군 : 베르니케-코르사코프 증후군)

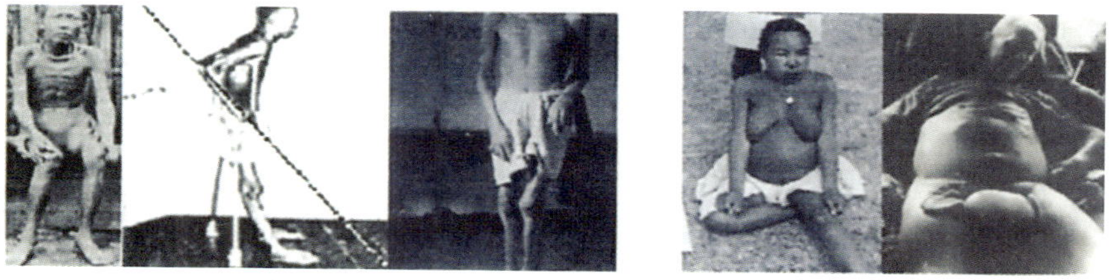

건성 각기병　　　　습성 각기병

그림 6-21　티아민의 결핍증

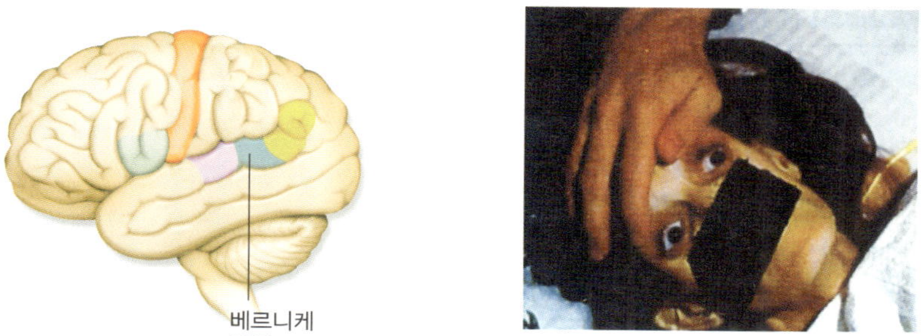

그림 6-22　베르니케-코르사코프 증후군

(5) 티아민의 섭취기준

상한섭취량은 정하지 않으며 19~29세 성인의 권장섭취량은 남자 1.2 mg, 여자 1.1 mg 이다.

2. 리보플라빈 (비타민 B_2, Riboflavin)

리보플라빈은 황색결정체로 수용액에서는 형광녹황색으로 나타난다.

(1) 리보플라빈의 급원식품

리보플라빈의 주요 급원식품은 우유 및 유제품, 달걀, 육류 등이다. 열에 안정적이지만 수용액에서는 광선이나 자외선에 의해 빠르게 분해되므로 식품 중 리보플라빈의 파괴를 방지하기 위해 불투명 포장 용기를 권장한다.

그림 6-23 리보플라빈의 급원식품

(2) 리보플라빈의 대사

식이 중에는 조효소 형태로 존재하고 섭취 후 위산(HCl)에 의해 유리형 리보플라빈 형태로 분해되며, 소장에서 능동수송 및 촉진확산에 의해 흡수된다. 장점막세포에서 인산화 되어 FMN이 되고 간으로 운반된 후 2차 인산화 되어 FAD로 전환된다. 간과 근육에 소량 저장되고 과잉 섭취하면 소변으로 배출되어 소변색이 형광노랑이 된다.

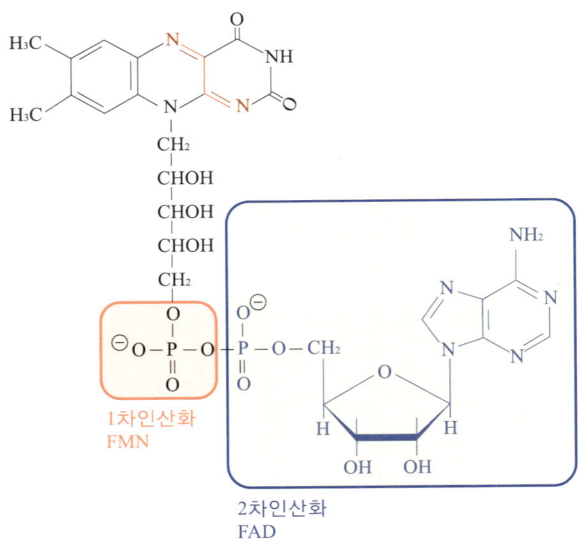

그림 6-24 리보플라빈의 조효소 형태

(3) 리보플라빈의 기능

① 에너지 대사 조절 : ATP 합성

에너지 대사에서 방출되는 에너지(수소와 전자형태)를 전달받아 전자전달계로 운반한다.

② 산화환원 반응의 조효소

산화환원 반응에 작용하는 "글루타티온 환원효소"의 조효소 기능을 한다.

③ 니아신 합성

트립토판에서 니아신으로의 전환 과정에 필요하다.

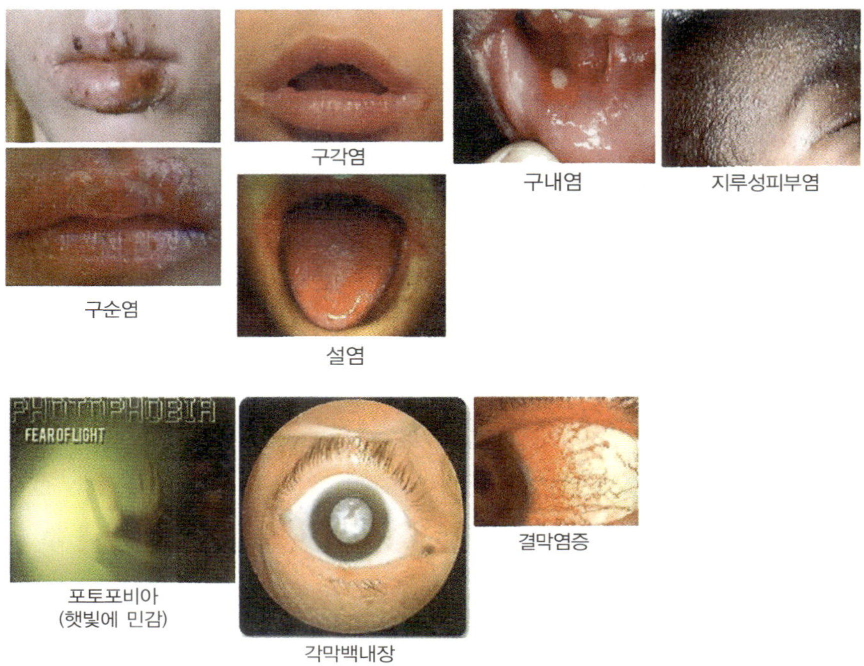

그림 6-25 리보플라빈의 결핍증

(4) 리보플라빈의 결핍증

면역 기능의 저하로 입 주변에 구순염, 구각염, 구내염 등이 발생하고 혀가 붉게 변하며 통증이 있는 설염 또는 인중과 생식기 주변에 비늘 같은 발진성 피부가 나타나는 지루성피부염이 관찰된다. 리보플라빈의 결핍은 각막 손상을 동반하는 결막염이나 백내장, 빛에 대한 민감성 증가 등으로 나타나기도 한다.

(5) 리보플라빈의 섭취기준

리보플라빈은 과량섭취 시 쉽게 배설되므로 상한섭취량은 따로 없으며, 19~29세 성인의 1일 권장량은 남자 1.5 mg, 여자 1.2 mg이다.

3. 니아신 (비타민 B_3, Niacin)

(1) 니아신의 급원식품

니아신은 일부 식품에서 직접 얻을 수 있지만, 인체는 필수아미노산인 트립토판으로부터 상당량의 니아신을 합성하여 공급한다. 육류, 간, 생선, 두류, 땅콩은 니아신이 우유와 난류는 니아신 전구체인 트립토판이 풍부한 식품이다.

닭고기　　콩　　생선

그림 6-26 니아신의 급원식품

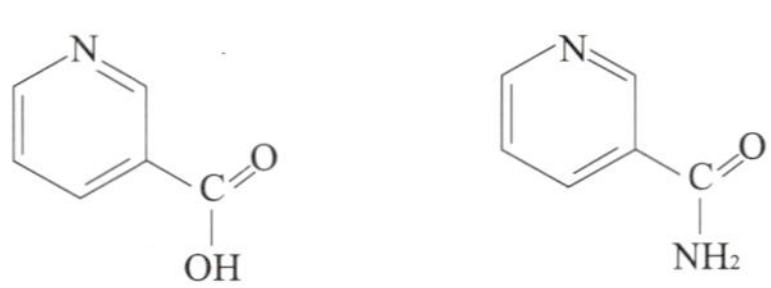

Nicotinic Acid　　Nicotinamide

[니아신의 2가지 형태]

그림 6-27 니아신의 구조

니아신은 비타민 B복합체 중 가장 안정적인 화합물로 열, 저장, 광선 등의 자극에 비교적 안정하다.

(2) 니아신의 대사

니코틴산과 니코틴아마이드는 능동수송 및 단순 확산으로 위와 소장상부에서 쉽게 흡수된다. 흡수된 니아신은 간문맥을 따라 간으로 운반되고 간에서 NAD, NADP의 조효소형태로 전환되어 활성화된다. 섭취한 니아신 중 소량만이 체내 저장되며 과잉 섭취된 니아신은 소변으로 쉽게 배설된다.

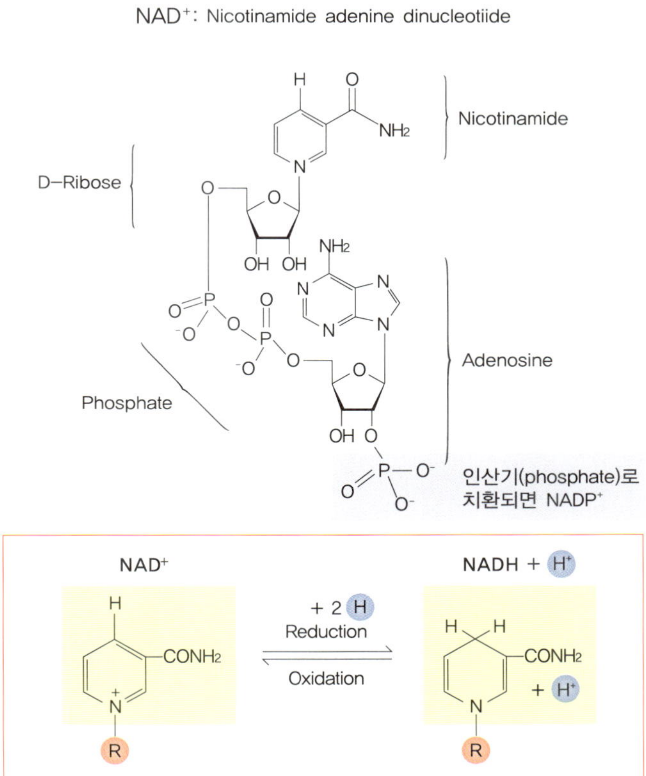

그림 6-28 니아신의 조효소 형태와 수소운반 기능

(3) 니아신의 체내 합성

니아신은 필수아미노산 트립토판으로부터 체내합성이 가능하다. 트립토판 60 mg은 니아신 1 mg 으로 전환된다. 이때, 티아민, 리보플라빈, 비타민 B_6가 조효소로 필요하다.

1 mg NE (니아신 당량) = 1 mg 니아신 = 60 mg 트립토판

(4) 니아신의 기능

① NAD의 에너지 대사 조절

NAD는 해당과정, TCA회로, 전자전달계에서 수소(전자) 운반체로 기능을 하며 산화, 환원 반응의 조효소로써 열량영양소의 에너지 생성 과정에 관여한다.

② NADPH의 지방산합성 보조

NADPH는 지방산, 콜레스테롤, 스테로이드 호르몬 합성에 필수 인자로 물질 전환과정에 필요한 수소를 공급한다.

③ 내당인자 구성

니아신과 크롬 복합체인 내당인자 GTF(glucose tolerance factor)의 구성 성분으로 포도당의 세포 내 유입을 돕는다.

(5) 니아신의 결핍증과 과잉증

① 결핍증

니아신 결핍증인 펠라그라 증세는 1735년 스페인 의사 카잘에 의해 알려졌는데, 목 주변에 붉은 발진이 나타난다고 하여 이탈리아어 pelle(피부) agra(거칠다)로 명명되었다.

펠라그라는 옥수수를 주식으로 하는 지역 주민에서 많이 발견되었는데 대부분의 식품으로부터 섭취된 니아신은 체내 이용률이 좋은 편이지만 옥수수에 함유된 니아신의 체내 이용률은 매우 낮으며, 이는 옥수수의 제한아미노산인 트립토판 때문이다.

거의 모든 대사과정에서 니아신은 중요하므로 결핍 시 체내에 나타나는 손상범위가 광범위하고 잘 치료되지 못하면 사망에 이른다.

니아신 결핍은 대표증상인 피부병(dermatitis), 설사(diarrhea), 치매(dementia)와 사망(death)을 뜻하는 4D 증상으로 알려져 있다. 체내에서 이용되는 니아신의 50% 이상은 트립토판에서 공급되므로 전환과정에 필수적인 티아민, 리보플라빈, 비타민 B_6 결핍 시에도 펠라그라 증상이 나타날 수 있다.

② 과잉증

열량 영양소의 섭취가 증가하면 함께 필요량도 증가하기 때문에 니아신 필요량은 에너지소비량을 기준으로 산출한다. 니아신이 과잉 섭취될 경우 혈관 과다 이완으로 인한 피부 홍조, 메스꺼움, 간기능 장애가 나타날 수 있으므로 주의한다.

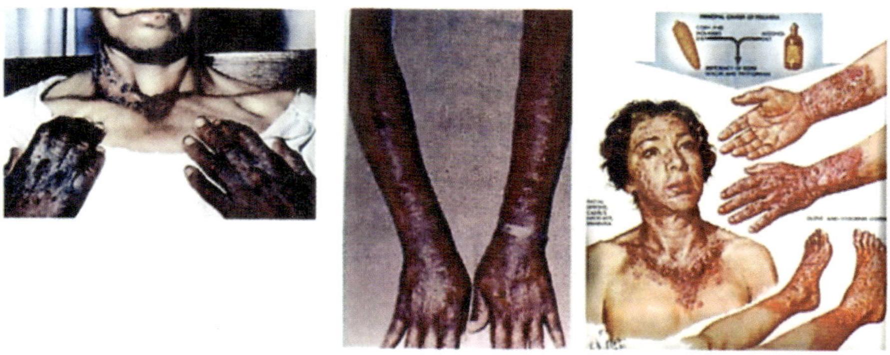

그림 6-29 니아신의 결핍증

(6) 니아신의 섭취기준

니아신의 과잉증을 예방하기 위해 1일 상한섭취량이 35 mg NE으로 설정되어 있으며, 성인의 1일 권장섭취량은 남자 16 mg NE, 여자 14mg NE이다.

4. 판토텐산 (비타민 B_5, Pantothenic acid)

급원이 자연계 어디에나 존재하므로 그리스어의 Pantos(everywhere)란 의미를 갖는 판토텐산(Pantothenic acid)으로 명명되었다. 급원식품이 다양하므로 결핍이나 독성의 우려가 없는 비타민이다.

(1) 판토텐산의 급원식품

판토텐산이 풍부한 주요 식품은 버섯, 간, 땅콩, 달걀, 효모, 브로콜리, 두유 등이다. 조리나 저장 과정 중의 파괴는 적은 편이지만 알칼리와 산성용액에 가열 시 분해될 수 있다.

효모 간 달걀 콩

그림 6-30 판토텐산의 급원식품

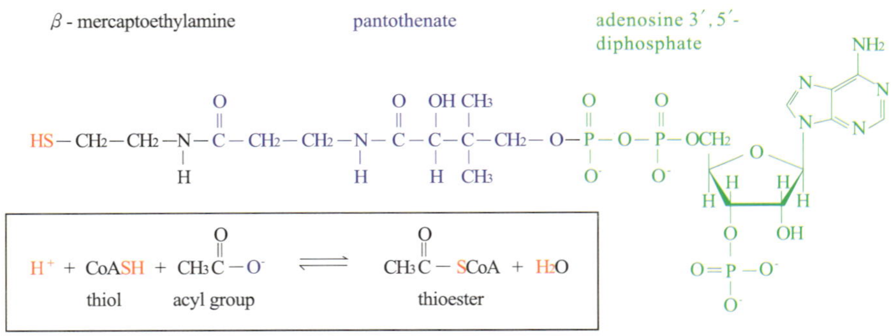

그림 6-31 판토텐산의 보조효소 Coenzyme A

(2) 판토텐산의 흡수 대사

소장의 소화과정에서 식이 중 판토텐산은 조효소 CoA(Coenzyme A)로부터 분리되어 흡수된다. 흡수된 판토텐산은 적혈구와 결합하여 이동하고, 모든 조직에 저장되나 특히, 간, 신장, 뇌, 심장에 많고 소량이 조효소 형태로 저장된다. 과잉 섭취된 분량은 소변으로 배설된다.

(3) 판토텐산의 기능

① Coenzyme A 구성성분 : 에너지 대사 조절과 지질 합성에 관여

에너지 대사에 필수적이다. 탄수화물, 단백질, 지질, 알코올 산화 시에 생성되는 아세틸-CoA의 Coenzyme A 구성성분으로써 시트르산 회로 진입에 꼭 필요한 조효소 성분이다. Coenzyme A는 지방산, 콜레스테롤, 담즙산, 스테로이드계 호르몬 합성 등에도 필수적인 조효소이다.

② ACP 구성성분

아실기 운반단백질(acyl carrier protein, ACP)은 판토텐산을 포함하고 있으며 지방산 사슬연장, 불포화지방산 생성 등에 관여한다.

③ 헴(Heme) 합성

헤모글로빈의 헴구조를 형성하는 포르피린 생성에 관여한다.

④ 아세틸콜린 합성

뇌의 콜린 성분이 신경전달 물질인 아세틸콜린으로 전환되는 것을 돕는다.

(4) 판토텐산의 결핍증

일반적으로 판토텐산 결핍증은 매우 드물지만 심각한 영양실조나 알코올 중독자에게서 결핍증이 나타날 수 있다. 특히 티아민, 리보플라빈, 비타민 B_6와 엽산 결핍증의 경우 판토텐산 결핍이 미처 발견되지 않는 경우가 많다. 결핍증상의 경우 두통, 피로, 근육손상, 소화기 장애가 관찰된다.

(5) 판토텐산의 섭취기준

판토텐산의 독성은 아직 알려지지 않았고, 성인의 1일 충분섭취량만 설정되어 있으며 남녀 모두 5 mg 이다.

5. 비오틴 (비타민 B_7, Biotin)

비오틴은 1920년대에 생난백상해 예방인자로 알려진 비타민이다. 비타민 H로도 명명됐고(독일어의 피부 haut), 구조에 황(S)을 함유하고 있다.

(1) 비오틴의 급원식품

식품에는 유리형 비오틴과 리신이 결합된 비오시틴의 2가지 형태로 존재한다. 다양한 식품에 널리 분포되어 있으나 특히, 간, 돼지고기, 연어, 달걀, 통곡식, 콩류 등에 풍부하다(그림 6-32).

간 강낭콩 돼지고기 녹색채소

그림 6-32 비오틴의 급원식품

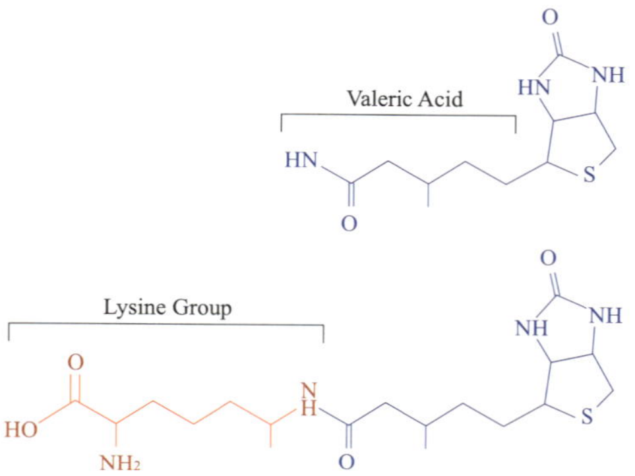

그림 6-33 비오틴의 화학구조

결정형 비오틴은 자외선 조사로 파괴되고, 강산, 강알칼리 용액에서 열처리 시 파괴된다.

(2) 비오틴 대사

식품의 비오틴은 대부분 단백질과 결합된 형태이며 장내 효소 biotinidase에 의해 가수분해된 후 유리형태의 비오틴만이 흡수된다. 비오틴은 소량이 근육, 간, 뇌에 저장되고, 과잉섭취량은 대부분 소변으로 그리고 일부는 담즙을 통해 배설된다.

(3) 비오틴의 기능

비오틴은 카르복실화효소(carboxylase)의 조효소로 탄수화물, 지질, 단백질, 대사에 필요한 이산화탄소(CO_2) 첨가 반응에 관여한다.

① 포도당신생합성 과정 조절

피루브산 카르복실화효소(pyruvate carboxylase)를 도와 피루브산을 옥살로아세트산으로 전환시켜 포도당신생합성 조절과정에 참여한다.

② 지방산 합성

아세틸-CoA 카르복실화 효소(acetyl-CoA carboxylase)를 보조하여 아세틸-CoA를 말로닐-CoA로 전환하고 지방산합성 과정을 돕는다.

③ 홀수지방산 대사

프로피오닐-CoA 카르복실화효소(propionyl-CoA carboxylase)가 작용하는 홀수지방산의 대사 마지막 생성물인 프로피오닐-CoA가 TCA회로에 유입되도록 돕는다.

(4) 비오틴의 결핍증

생(生)난백상해로 알려진 비오틴 결핍증은 흰쥐에게 다량의 날달걀을 섭취시키면 발진, 탈모, 무기력 증상 등이 나타났고, 효모나 간을 공급했더니 증상이 사라지는 것을 관찰함으로써 발견되었다. 날달걀에 함유된 항비오틴인자 아비딘(Avidin)이 비오틴과 강하게 결합하여 비오틴의 장관 흡수를 방해하여 발생한다. 그러나 일상적인 달걀흰자의 섭취만으로는 비오틴 결핍은 발생하지 않으며, 특히 달걀을 가열조리해 섭취할 경우 아비딘이 가열에 의해 불활성화되므로 안전하다.

비오틴 흡수에 필요한 biotinidase가 선천적으로 결손된 유아의 경우 식이로 섭취된 비오시틴을 비오틴으로 분해 흡수할 수 없어서 수개월 안에 결핍증상으로 나타나기도 한다. 주요증상은 피부발진, 탈모, 신경질환, 성장저해 등으로 정상 성인의 경우 비오틴은 장내 미생물에 의해 합성되어 일부 공급되기도 하므로 결핍이 거의 나타나지 않는다.

(5) 비오틴의 섭취기준

비오틴 과량섭취에 의한 독성은 알려진 바 없으므로 상한섭취량은 없으며, 성인의 1일 충분섭취량은 남녀 모두 30 μg으로 동일하다.

6. 비타민 B_6 (Pyridoxine)

(1) 비타민 B_6의 급원식품

비타민 B_6는 3가지 형태 피리독신(pyridoxine), 피리독살(pyridoxal), 피리독사민(pyridoxamine)으로 존재하며 체내에서 상호 전환이 가능하다. 동물의 근육에 주로 저장되므로 가금류, 어류, 육류, 그리고 간, 달걀 등이 좋은 급원식품이다(그림 6-34).

통곡식(현미)과 대두, 견과류도 좋은 급원이지만 도정된 곡류에는 대부분 손실되어 함량이 많지 않다. 대부분의 과일과 야채도 좋은 급원이 아니다. 단, 당근, 바나나, 시금치, 감자, 아보카도는 피리독신이 풍부한 식물성 식품이다. 피리독신은 열과 빛에 쉽게 파괴되어 열처리 가공 과정에서 손실이 많이 발생한다.

쇠고기　정어리　닭고기　달걀　배아미

그림 6-34 비타민 B_6의 급원식품

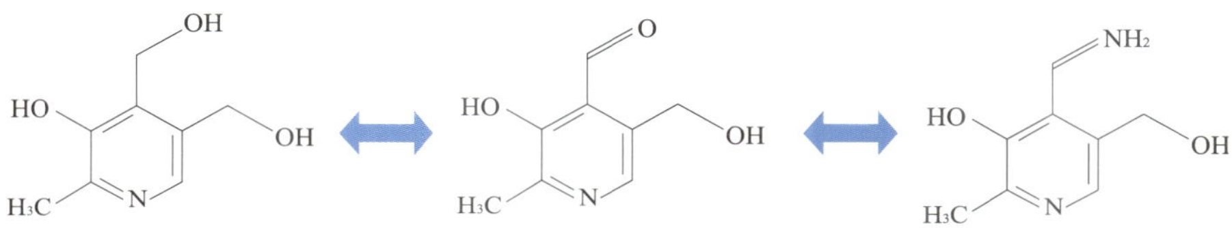

Pyridoxine　Pyridoxal　Pyridoxamine

그림 6-35 비타민 B_6의 화학구조

(2) 비타민 B_6 대사

피리독신은 소장 상부에서 주로 흡수되며, 회장에서도 일부 확산에 의해 흡수된다. 간문맥을 통하여 간으로 운반된 피리독신은 인산화되어 활성형 조효소 피리독살인산 (pyridoxal-5- phosphate, PLP)를 형성한다. 조효소는 알부민에 결합하여 혈류를 통해 운반된다.

근육은 피리독신의 주된 저장소이고 신장, 심장에도 일부 저장된다. 과량 섭취된 비타민 B_6는 주로 소변으로 배설된다. 장내 미생물에 의해 체내 합성이 가능하지만 체내요구량을 충분히 제공할 만큼 충분하지는 않다.

(3) 비타민 B_6의 기능

① 아미노산 대사 조절

피리독신은 질소함유 물질(아미노산)의 대사에 참여한다. 다른 비타민 B군과 같이 비타민 B_6는 약 100여 가지 이상의 효소반응에 조효소로 이용되고 특히, 비필수아미노산 합성을 위한 아미노기 전이반응에 중요한 조효소로 작용한다.

② 니아신 합성

트립토판에서 니아신으로의 전환과정에 관여한다.

③ 적혈구 생성

피리독신은 Heme의 전구물질인 포르피린 생합성에 조효소를 제공한다. 결핍되면 적혈구 헤모글로빈 생성이 어려워져 빈혈이 발생한다.

④ 신경전달 물질의 합성

세로토닌, 도파민, 노르에피네프린, 감마-아미노부티르산(GABA)등 신경전달물질의 합성을 돕는다.

(4) 비타민 B_6의 결핍증과 과잉증

① 결핍증

비타민 B_6가 결핍되면 단백질 대사이상이 초래되므로 트립토판 대사, 신경전달물질 대사이상 등이 나타난다. 주요 결핍증상은 소구성 저혈색소성 빈혈, 구토증, 체중감소, 신경불안, 불면, 피부염, 면역력 저하, 심장질환 위험 증가 등이다. 일반적인 식품에 다양하게 존재하므로 결핍증이 흔히 나타나지는 않지만, 부적절한 식사나 체내요구량이 증가하는 임신기나 알코올 남용, 약물의 복용에 의한 결핍증이 나타날 수 있다.

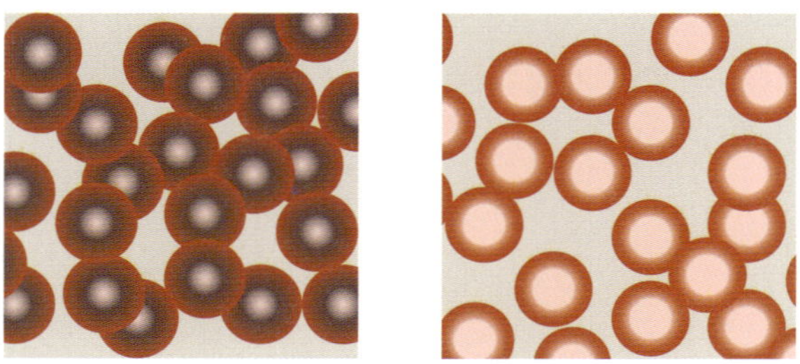

정상적혈구 / 헤모글로빈이 부족한 적혈구

그림 6-36 정상인의 적혈구와 빈혈이 있을 때의 적혈구

② 과잉증

장기간 식이보충제를 과량 섭취하면 말초신경 손상이 나타날 수 있으므로 상한 섭취량이 설정되어 있다.

(5) 비타민 B_6의 섭취기준

성인 남녀 모두 1일 상한섭취량은 100 mg이고, 권장섭취량은 남자 1.5 mg, 여자 1.4 mg 이다. 비타민 B_6의 체내요구량은 단백질 섭취량에 비례한다.

7. 엽산 (비타민 B_9, Folate)

(1) 엽산의 급원식품

엽산은 라틴어 folium (식물의 잎)에서 유래되었는데 잎사귀가 넓은 채소류에 풍부한 엽산이 함유되어 있는 데에서 기인한다. 엽산의 가장 좋은 급원은 간이고, 강화된 시리얼, 신선한 녹색채소, 오렌지주스, 아보카도, 콩류도 엽산이 풍부한 급원식품이다.

엽산에는 식품 중 함유 형태인 폴리글루탐산의 folate(folacin)와, 보충제로 공급되는 모노글루탐산 형태의 folic acid가 있다. 엽산은 프테리딘, 파라 - 아미노벤조산(PABA), 글루탐산(1~9) 등이 연결된 구조이며, 엽산의 조효소형태는 수소를 첨가하여 형성된 Tetrahydrofolate(THF)이다.

비활성 형태는 활성형 조효소에 단일탄소 기능단이 결합된 것이다. 엽산은 열, 자외선, 산화에 쉽게 파괴되고, 특히 광선에 약하다. 따라서 저장과 조리 중에 손실이 많은 편이다. 다량의 물을 사용한 고열 조리 및 가공 시에도 50~90% 손실이 발생한다.

(2) 엽산의 대사

식품 중 엽산은 폴리글루탐산형(polyglutamate, folate)으로 존재하므로 위장에서 체내흡수 시 또는 세포막 통과 시에는 소장 융모의 엽산 콘쥬게이즈 효소

간 시금치 검정콩 바나나

그림 6-37 엽산의 급원식품

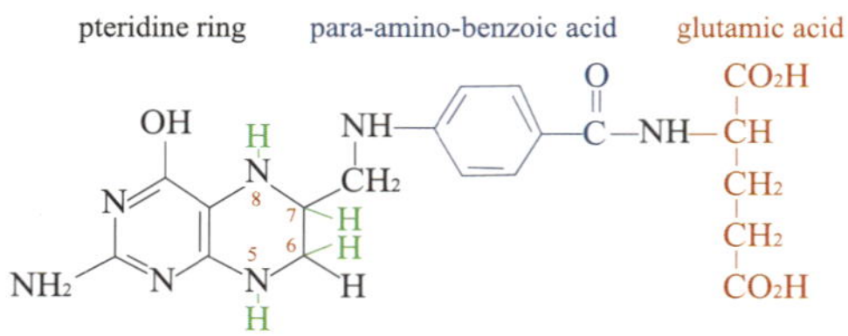

그림 6-38 엽산조효소 THF의 구조

(folate conjugase)에 의해 모노글루탐산형(monoglutamate, folic acid)으로 가수분해 되어야 한다. 모노글루탐산형은 장점막 세포에서 능동수송으로 흡수되고, 간문맥을 통해 이동한다. 간으로 운반된 뒤 다시 조효소(THF) 형태로 환원되고, 메틸기 등의 단일탄소기가 결합된 폴리글루탐산형 조효소로 저장된다.

체내 저장량(5~30 mg)의 50%는 간에 저장된다. 특히, 엽산은 간에 저장되거나 담즙을 통해 순환되므로 장간순환을 통한 재활용이 가능하다. 엽산의 장간순환은 혈청 엽산농도 유지에 중요하다. 엽산은 수용성 비타민이므로 과잉 섭취된 엽산은 소변과 변으로 배설된다.

(3) 엽산의 기능

엽산의 가장 중요한 기능은 체내 물질 대사 전환에 필요한 단일 탄소단위를 운반하는 것이다. 메틸기($-CH_3$), 메틸렌기($-CH_2-$), 메테닐기($-CH=$), 포밀기($-COH$) 등을 운반한다. 이 운반 과정에는 비타민 B_{12}의 도움이 필요하므로 엽산과 비타민 B_{12}의 결핍 증상이 유사하게 나타난다(그림 6-39).

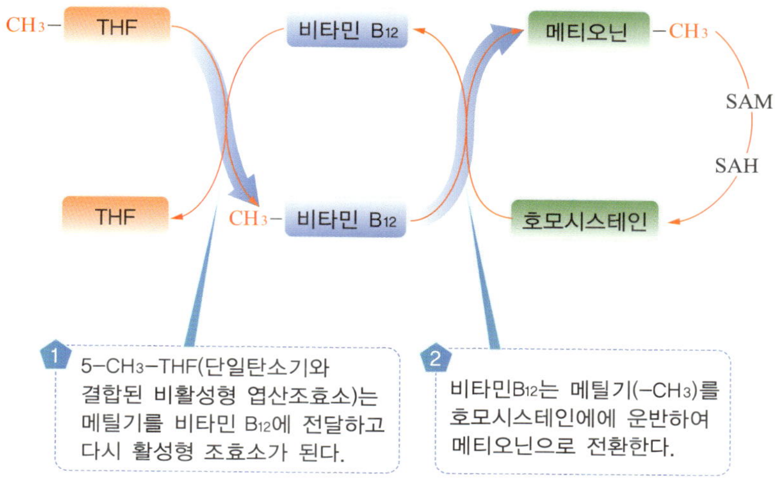

그림 6-39 엽산의 단일탄소기 전달과정

① 호모시스테인의 재메틸화

메티오닌(methionine) 대사과정에서 생성되는 호모시스테인(homocycteine)은 체내 축적 시 심혈관계 질환을 유발한다. 엽산은 호모시스테인을 다시 메티오닌으로 전환시키는데 필요한 메틸기 운반을 도와 심혈관 질환 예방효과를 나타낸다.

② DNA 합성

엽산은 세포 분열에 중요한 DNA의 형성을 돕는다. DNA의 피리미딘과 퓨린계열 염기 형성에 필요한 단일 탄소단위의 운반에 엽산이 필수적이다.

(4) 엽산의 결핍증

흡수불량, 대사이상증이 있는 환자에게 엽산 결핍증상이 나타날 수 있다. 알코올은 엽산의 장간순환을 방해하기 때문에 알코올중독자도 결핍 증상이 나타날 수 있는 위험군이다. 엽산결핍 초기에는 피로감, 무력감, 우울감, 건망증 등으로 나타나지만 설사, 기억상실증, 식욕감퇴, 두통 등이 나타나기도 한다.

① 거대적아구성 빈혈증(megaloblastic anemia)

적혈구는 신체조직 중 가장 빠른 교체가 필요한 세포로 세포주기는 약 120일이다. 정상 적혈구는 세포분열과정을 통해 무핵세포로 성장 형성한다. 적혈구 세포의 생성, 유지를 위한 DNA를 합성하지 못할 경우 크기가 비정상이고 핵이 제거되지 못한 미성숙한 거대 적혈구가 혈류로 방출되어 빈혈증이 발생한다.

② 신경관 결함(neural tube defects, NTD)

세포증식이 폭발적으로 증가하는 성장기의 엽산 결핍은 치명적 결과로 나타나며 엽산 소요량이 많은 성장기에 특히 엽산 결핍이 발생하기 쉽다. 대표적으로 임신기는 태아성장을 위한 엽산의 요구량이 증가하는 시기이다. 임산부의 엽산 결핍으로 태아의 신경관 손상, 이분척추, 척추 파열, 무뇌증 등을 초래한다.

신경관 발달과정에서 임신 후 28일 내에 완성되는 "신경관 폐쇄" 단계에 엽산이 많이 필요하다. 임신초기에는 태아의 세포분열과 증식이 가장 빠른 시기로 DNA 합성에 많은 양의 엽산이 소모되므로 필요량도 증가한다. 따라서 가임기 여성은 모두 임신 전이나 임신 초기에 충분한 엽산섭취가 필수적이다(그림 6-40).

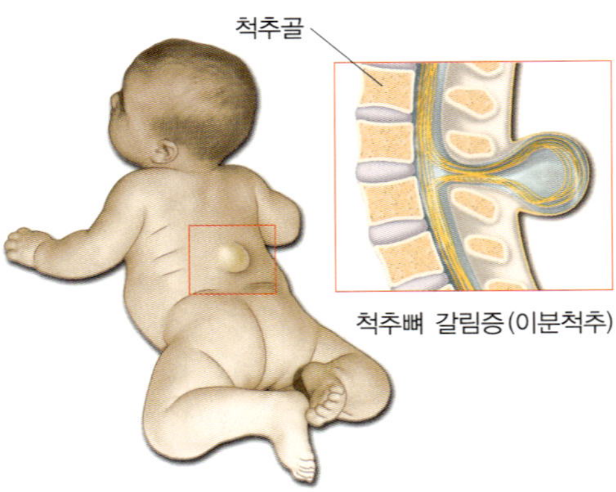

그림 6-40 엽산 결핍에 의한 신경관 결함

(5) 엽산의 섭취기준

식이에 함유된 엽산의 단위는 식이엽산당량(dietary folate equivalent, DFE)으로 표시하고 천연 식품속의 엽산보다 보충제에 함유된 엽산의 흡수율이 높은 것을 반영하여 계산한다.

식이엽산당량(DFE) = 천연 식품에 함유된 엽산(μg) + {1.7 × 보충제 엽산(μg)}

엽산의 성인 1일 상한섭취량은 1,000 μg DFE이고, 권장섭취량은 남녀 모두 동일하게 400 μg DFE이다. 가임기 여성은 엽산보충제 형태로 400 μg DFE/일 섭취를 권장하고 임신부는 성인 권장량에 220 μg DFE을 추가하도록 한다.

8. 비타민 B_{12} (Cobalamin)

비타민 B_{12}는 코발라민(Cobalamin)으로도 알려져 있는데, 동물성 식품에만 존재한다. 구조상에 무기질을 함유하는 유일한 비타민으로 코발트가 구조형성에 참여한다. 4개의 피롤(pyrrole) 핵이 있는 코린(corrin) 구조에 코발트(Co)를 갖는 거대 유기 화합물로 흡수 과정이 복잡하고 까다로운 편이다.

(1) 비타민 B_{12}의 급원식품

식물은 비타민 B_{12}를 합성하지 못하므로 식물급원은 비타민 B_{12}의 급원이 될 수 없다. 토양 미생물에 의해 주로 합성되는 코발라민은 뿌리식물의 표면에 일부 존재하지만 그 양은 미미하다. 반추동물인 소나 양은 위에서 비타민 B_{12}를 합성한다. 인간은 동물성 식품 섭취를 통해 비타민 B_{12}를 공급받을 수 있다.

육류(특히, 내장육), 생선, 달걀, 유제품 등이 코발라민의 좋은 급원이 된다. 인간 대장 내 미생물에 의해 생성되는 코발라민은 흡수율 등을 고려하면 유용성이 미미하다. 코발라민은 열에는 안정한 편이나 광선에 약하다. 조리과정에서의 손실은 적은 편이다.

간 조개 가다랑어 김

그림 6-41 비타민 B_{12}와 급원식품

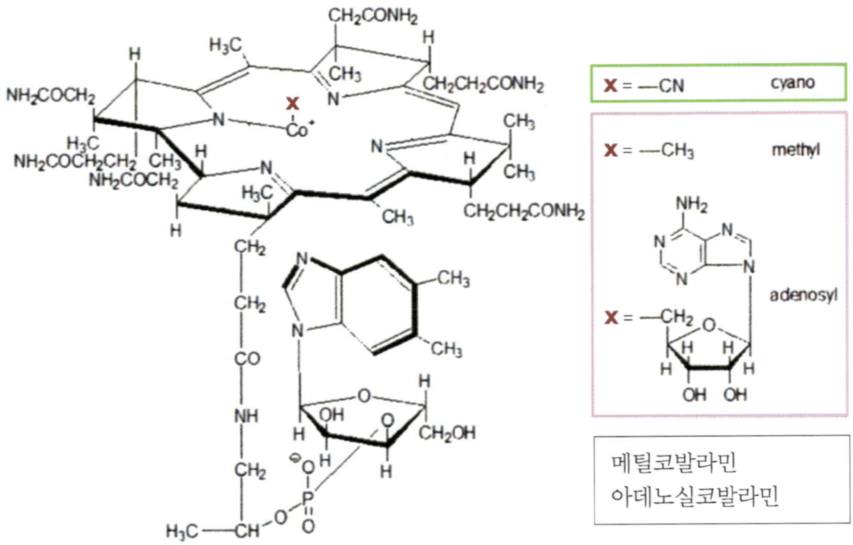

그림 6-42 비타민 B_{12}와 조효소 2가지

(2) 비타민 B_{12}의 대사

식품 중 비타민 B_{12}는 단백질과 단단히 결합한 상태로 존재한다. 섭취한 코발라민은 위에서 위액(HCl)에 의해 단백질과 분리된다. 위장에서 유리형 비타민 B_{12}는 침샘에서 분비된 "R-단백질" 과 "비타민 B_{12}-R단백질 복합체"를 형성하고, 소장에서 췌장트립신은 소장에 진입한 복합체에서 비타민 B_{12}를 유리시킨다. 유리된 비타민 B_{12}는 위(stomach)의 내인성인자 (Intrinsic Factor, 위벽에서 생성된 당단백질)와 "IF-비타민 B_{12}"를 형성하고, 회장에서 IF-비타민 B_{12} 복합체는 소장말단에서 Ca^{2+}과 결합하여 회장 융모에 붙어 있다가 내재인자(IF)가 제

거된 상태에서 비타민 B_{12}만 흡수된다. 흡수된 비타민 B_{12}는 혈중운반 단백질인 트랜스코발라민 II에 의해 운반된다.

비타민 B_{12}의 경우 다른 수용성 비타민과 달리 체내요구량을 초과한 섭취량을 간에(1.5 mg) 저장한다. 소화관을 통해 담즙과 함께 분비된 비타민 B_{12}의 70% 정도는 내재인자(IF)의 도움을 받아 재흡수된다. 최대 5~6년의 체내 요구량을 간에 저장할 수 있고 재흡수율도 높은 편이므로 결핍증은 드물게 나타난다.

(3) 비타민 B_{12}의 기능

① 엽산 조효소 재생

엽산 조효소의 체내 순환형태인 비활성형 5−CH_3−THF에 결합된 메틸기를 제거해주어 활성형으로 전환시키고 또 다른 단일 탄소기의 운반이 가능하도록 돕는다. 따라서, 비타민 B_{12}는 엽산의 호모시스테인 전환, DNA 합성 등에도 간접적으로 관여한다.

② 신경계 정상 유지

신경세포의 축색돌기를 감싸고 있는 신경수초 미엘린(myelin)의 형성과 유지에 관여하며 손상을 방지한다.

(4) 비타민 B_{12}의 결핍증

일반적으로 동물성식품을 섭취하는 사람들은 식이성 코발라민 결핍증이 나타나기 어렵지만 다음의 경우 결핍증이 유발된다.

① 악성빈혈의 발생요인

- 엄격한 채식주의자(고기, 달걀, 유제품 제한 식이)의 비타민 B_{12} 섭취부족
- 내인성 인자(IF) 생성 부족 (위장 질환자, 위 전체 절제환자)
- 위산분비 부족 시 (노인, 위축성 위염, 기능성 소화불량 등)
- 췌장분비액이 충분치 못한 경우 (췌장암 등)
- 회장 융모세포의 결함 (칼슘 이온의 부족 등)

② 악성빈혈 (pernicious anemia)

엽산 결핍증인 거대적아구성 빈혈증 증상이 나타나며 동시에 신경계 손상으로 인한 다리마비, 감각이상, 기억력 상실, 치매 등이 나타난다. 악성빈혈은 섭취부족보다는 흡수부족이 원인인 경우가 많으며, 발병 시 비타민 B_{12}주사나 코점막 젤, 대량복용 요법으로 치료한다. 만일 치료시기를 놓치면 비가역적 신경손상을 동반한 마비가 오거나 사망할 수 있다.

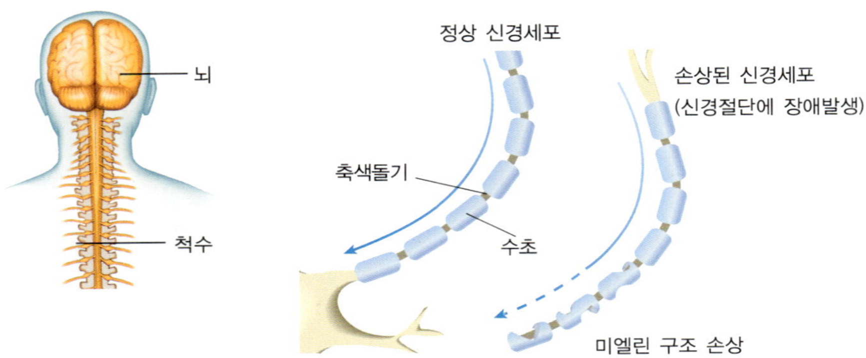

그림 6-43 비타민 B_{12}의 수초(미엘린) 유지 기능

신생아는 뇌 성장지연, 척수 퇴화, 빈혈 등의 임상증상이 나타난다. 신경계 손상은 산발적이고 불규칙한 수초탈락(demyelination)이 말초신경에서 중추신경 쪽으로 운반하며 뇌에서도 진행되어 광기를 일으킨다. 엄격한 채식주의자의 경우 코발라민 강화식품이나 보충제 섭취가 필요하다.

(5) 비타민 B_{12}의 섭취기준

성인의 일일 권장섭취량은 남녀 모두 2.4 μg이다. 비타민 B_{12}를 과도하게 섭취하여 나타나는 부작용은 발견된 바 없으며 따라서 상한섭취량은 설정하지 않았다.

9. 비타민 C (Ascorbic acid)

대부분의 동물들은 비타민 C를 합성할 수 있으나 인간과 침팬지, 기니아피그, 일부 조류와 어류는 합성할 수 없다. 따라서 인간을 비롯한 이들 일부 동물들은 비타민 C를 반드시 섭취해야 한다. 비타민 C는 아스코르브산으로도 알려져 있으며 괴혈병(scurvy)을 예방한다는 의미를 담고 있다.

(1) 비타민 C의 급원식품

대부분의 과일과 채소류는 비타민 C를 함유하는데 특히, 신선한 풋고추, 감귤류, 과일에 풍부하다. 육류나 유제품, 곡류는 비타민 C의 좋은 급원식품이 아니다. 환원, 산화형 모두 비타민 C 활성형이며 상호전환이 가능하다. 그러나 2차 산화형인 디케토글론산은 아스코르브산 활성이 없다.

① 환원형 – 아스코르브산(ascorbic acid)

② 1차 산화형 – 디하이드로아스코르브산(dehydroascorbic acid)

③ 2차 산화형 – 디케토글론산(diketogulonic acid)

풋고추 딸기 레몬 오렌지 시금치

그림 6-44 비타민 C의 급원식품

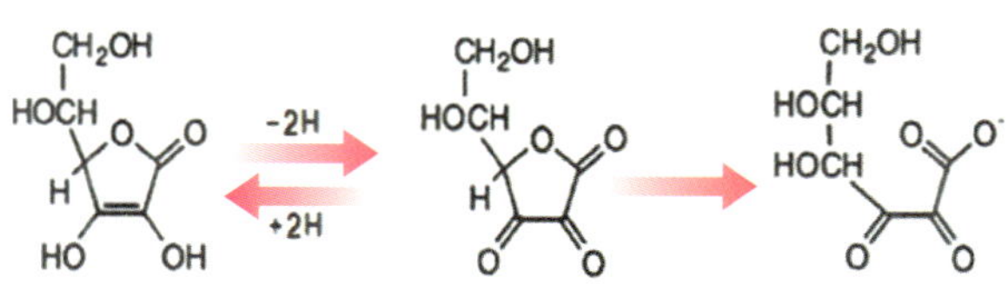

아스코르브산 환원형 디하이드로아스코르브산 산화형 디케토굴론산

그림 6-45 비타민 C의 화학구조

비타민 C는 산성에서 안정적이나 알칼리성, 산소, 빛, 열에는 불안정하다. 공기 중에 방치하면 산화로 쉽게 파괴되며, 가열조리 시 50% 정도의 비타민 C가 소실된다. 특히, 철, 구리 등 금속이온에 불안정하므로 조리도구, 포장용기에 주의가 필요하다.

(2) 비타민 C의 대사

비타민 C는 소장하부에서 능동수송에 의해 흡수되며, 고농도로 섭취 시 수동확산에 의해 흡수된다. 부신피질, 뇌하수체, 수정체 등에 (최대 저장량 약 1,500~2,000 mg) 고농도로 존재하고 소량이 혈류 및 침에 존재한다. 체내 저장량이 300 mg 이하로 떨어지면 괴혈병이 발생한다. 비타민 C는 섭취량이 증가할수록 흡수율은 감소한다. 과잉 섭취된 비타민 C는 저장되거나 축적되지 않고 소변으로 배설된다.

(3) 비타민 C의 기능

① 항산화 기능

비타민 C는 수용성 혈액 환경에서 비타민 E는 지질로 이루어진 세포막환경에서 함께 자유라디칼(free radicals)이 유도하는 연쇄 반응을 정지시키는 데 기여하며, 비타민 C는 비타민 E의 재생에 관여함으로써 항산화 시너지 효과에 기여한다. 비타민 C는 글루타티온(glutathione)에 의해 환원 재생되어 항산화 작용을 지속한다.

비타민 C는 활성산소와 환경오염물질을 제거하는 강력한 항산화제로 미국 국립과학원(The National Academy of Science)은 흡연자들이 비흡연자들보다 비타민 C를 일일 35 mg씩 추가적으로 더 섭취하여야 한다고 권장하고 있다.

② 콜라겐 합성

비타민 C는 뼈, 치아, 피부, 혈관 구조에 중요한 결합 단백질, 콜라겐의 합성에 필수적인 영양소이다. 비타민 C는 콜라겐 아미노산 중 프롤린과 라이신의 수산화 과정을 통해 “하이드록시 프롤린 (hydroxy-proline), 하이드록시 라이신

(hydroxy-lysine)" 형성에 필수적이다. 따라서 외상, 화상 등이 발생하여 결합조직의 재생이 필요할 경우 상처회복에 비타민 C의 섭취는 필수적인 영양소가 된다.

③ 스트레스에 대한 저항 기능

신체는 스트레스 상황에서 평소보다 더 많은 비타민 C를 요구한다. 이는 스트레스 호르몬 분비에 대응하고 신경전달물질(세로토닌, 에피네프린, 노르에피네프린, 도파민 등) 합성에 비타민 C가 필요하기 때문이다.

④ 면역기능

비타민 C는 항산화작용을 기반으로 면역반응에 기여한다. 특히 백혈구의 기능 유지에 관여하여 감기 예방 등의 효과를 나타낸다.

⑤ 철분 흡수 촉진 기능

비타민 C는 흡수율이 낮은 산화형 비헴철(Fe^{3+})을 환원(Fe^{2+})시켜 철 흡수율을 개선할 수 있다.

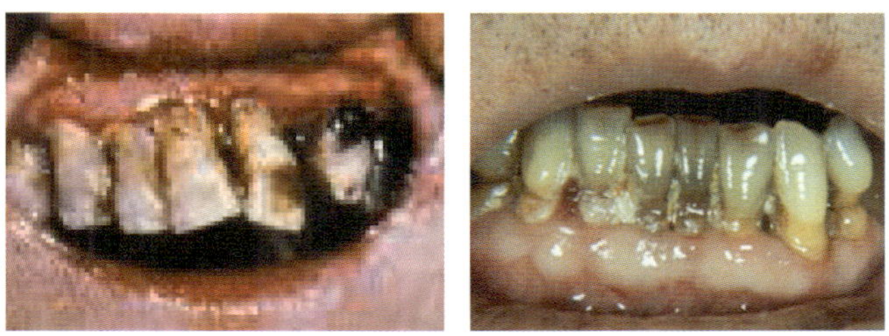

그림 6-46 비타민 C의 결핍증상 괴혈병

(4) 비타민 C의 결핍증과 과잉증

대표적인 결핍증세는 괴혈병(scurvy)으로 콜라겐 합성부족에 따른 결체조직 약화로 쉽게 멍이 들거나, 연골, 근육 변형, 잇몸 약화로 인한 출혈 증상 등이 나타나고, 상처치유가 지연되며 방치되면 사망에 이르기도 하는 질병이다. 비타민 공급이 부적절한 유아, 성장기 어린이, 노인의 경우에 발병할 수 있으므로 유의해야 한다.

일반적인 식품을 통한 비타민 C 섭취는 흡수율의 조절과 배설로 인해 축적을 유도하지 않지만, 지나친 고용량의 비타민 C 보충제를 장기간 섭취할 경우 신장 질환을 앓는 환자에게 신장결석을 유발하거나 철의 과다 흡수와 축적이 초래될 수 있다.

(5) 비타민 C의 섭취기준

성인의 1일 상한섭취량은 남녀 모두 2,000 mg이고, 1일 권장섭취량은 남녀 모두 100 mg이다.

표 6-4 수용성 비타민의 기능과 급원식품

비타민조효소형태	급원식품	주요기능	결핍증상	독성증상
티아민 (TPP)	돼지고기, 간, 생선, 가금류 견과류, 콩류 통곡식 강화시리얼	• 해당과정 산물의 탈탄산 반응 • 오탄당인산회로 보존 • 신경계 기능유지	각기병	
리보플라빈 (FMN, FAD)	우유 및 유제품 간, 육류, 달걀 채소, 콩류	• 에너지 합성 조절 • 피부건강유지	구순구각염 구내염, 설염 지루성피부염 광과민증	
니아신 (NAD, NADP)	육류, 생선류, 가금류 우유, 달걀	• 에너지 합성 조절 • 지방산, 스테로이드 호르몬 합성	펠라그라	안면홍조 메스꺼움 간기능장애
비타민 B_6 (PLP)	육류, 생선류 가금류, 콩류 통곡식, 채소	• 단백질 대사 보조 • 프로피린 합성 • 트립토판에서 니아신으로 전환	신경계 장애 피부발진 빈혈	말초신경손상
엽산 (THF)	녹색채소, 간, 콩류, 종실류, 감귤류, 강화식품	• 적혈구 생성 • 단백질 대사 • 세포분열 촉진	거대적아구성빈혈 태아의 신경관 손상	
비타민 B_{12} (메틸코발라민)	동물성 식품 강화시리얼	• 신경세포 유지 • 적혈구 생성 • 엽산조효소의 활성화	악성빈혈 신경퇴화	
판토텐산 (CoA)	모든 식품	• 에너지 대사 보조 • 지방산 산화 • 지방산 합성	피로	
비오틴 (biotin)	육류, 생선류 가금류, 달걀 곡식, 통곡식	• 당질과 지방대사 보조	근육통 우울	
비타민 C	감귤류, 딸기 피망, 풋고추	• 콜라겐 합성 • 카르니틴 합성 • 항산화 • 철 흡수 보조	괴혈병	신장결석

Chapter 7
무기질

Chapter 7

무기질

무기질은 비타민과 마찬가지로 식품의 열량원으로 작용하지는 못하지만 체내에서 다양한 생화학반응을 일으키는 효소반응의 보조인자로서 중요한 기능을 수행한다. 유기성분으로 구성된 비타민과 달리 무기질은 지구 지각을 구성하는 무기성분 그 자체이며, 인체의 신체구성성분으로서의 기능도 수행한다.

영양학에서 무기질은 다량무기질(major minerals)과 미량무기질(trace minerals) 두 가지로 분류한다(표 7-1). 다량무기질은 체내에 다량 존재하며, 매일 식사를 통해 100 mg 이상 섭취를 필요로 한다. 미량무기질은 체내에 미량 존재하며, 1일 필요량은 100 mg 이하이다.

무기질들은 탄수화물, 지질, 단백질의 다량영양소에 비하면 상대적으로 소량이 필요하지만 식이로부터 무기질 섭취가 부족할 경우 결핍증이 나타날 수 있으므로 반드시 식이를 통한 섭취가 필수적이다.

표 7-1 무기질의 분류

다량무기질(major minerals)			미량무기질(trace minerals)		
	영문명	원소기호		영문명	원소기호
나트륨	Sodium	Na	요오드	Iodine	I
칼륨	Potassium	K	철분	Iron	Fe
염소	Chloride	Cl	아연	Zinc	Zn
칼슘	Calcium	Ca	구리	Copper	Cu
인	Phosphorus	P	불소	Fluoride	F
마그네슘	Magnesium	Mg	셀레늄	Selenium	Se
황	Sulfur	S	망간	Manganese	Mn
			몰리브덴	Molybdenum	Mo
			크롬	Chromium	Cr
			코발트	Cobalt	Co

7-1 무기질의 대사

1. 무기질의 생체이용률

무기질은 여러 가지 식품에 함유되어 있지만 인체가 무기질을 흡수하고 이용할 수 있는 능력은 제한적이다. 섭취한 영양소가 흡수되어 체내에서 이용될 수 있는 정도를 생체이용률(Bioavailability)이라고 하는데, 식이성 무기질의 생체이용률은 여러 가지 요인에 의해 영향을 받는다.

첫째, 무기질은 섭취하는 시점의 체내 요구도에 따라 생체이용률이 다르다. 성장기에 반드시 필요한 무기질은 다른 생애 주기보다 증가할 수 있으며 만일, 체내 저장량이 충분할 경우 흡수율은 감소한다.

둘째, 무기질은 다른 무기질의 생체이용률에 영향을 끼친다. 무기질은 분자량과 전하가 서로 유사하기 때문에 여러 무기질 상호간에 서로 경쟁적으로 흡수되며 상대적 불균형을 초래할 수 있다.

셋째, 무기질의 생체이용률은 식이 중 존재하는 다른 성분에 의해 큰 영향을 받는다. 예를 들어 식이섬유, 피틴산, 옥살산, 폴리페놀 등은 무기질과 결합하여 소화 흡수를 방해한다. 반면에 일부 비타민은 무기질의 흡수를 증가시킨다. 비타민 C는 철분의 흡수를 돕고, 비타민 D는 칼슘과 인, 마그네슘의 흡수를 촉진한다.

넷째, 위산은 산성 환경을 만들어 무기질의 흡수를 촉진한다. HCl은 전자를 공여하여 Fe^{3+}를 Fe^{2+}로 환원시켜 철분의 흡수를 돕는다. 노화로 인한 위산의 분비 감소는 무기질의 생체이용률을 낮추는 원인이 된다.

2. 무기질의 흡수와 대사

섭취한 무기질은 소장과 대장에서 흡수되는데, 일단 흡수된 무기질은 유리형태이거나 단백질에 결합된 형태로 혈액을 따라 이동한다. 혈액에서 칼슘이온은 유리상태 또는 알부민과 결합한 형태로 존재하듯이 많은 미량무기질들은 특별한 결합단백질을 가지고 있다.

유리형태의 무기질은 대부분 반응성이 높아서 단백질과 결합하지 않으면 독성이 있기 때문에 세포 안에서 미량무기질은 특정 세포단백질과 다시 결합한다. 많은 무기질이 소변을 통해 배설되지만 구리 같은 일부 무기질은 간에서 담즙으로 배출되어 변으로 배설된다. 신장 기능 이상이 있을 때 무기질 배설이 제한되어 독성이 나타날 수 있으므로 섭취제한이 필요하다.

무기질의 대사적 기능은 다양하다. 무기질은 체액 중에 전해질 상태로 존재하여 수분 균형에 필수적이다. 나트륨, 칼륨과 칼슘은 신경 자극 전달에 중요하고, 마그네슘, 구리, 셀레늄은 효소반응의 보조인자로서 대사조절에 필수적이다. 철분은 적혈구 헤모글로빈의 성분이며, 칼슘과 인은 신체성장과 발달에 필요하다.

국민건강영양조사에 의하면 우리나라 국민의 무기질 섭취는 부족한 실정이며, 특히, 성장기, 성인여성, 노인은 무기질 영양이 취약한 것으로 나타났다. 그러나 무기질의 과잉섭취는 독성을 초래할 수 있다.

특히 영양 보충제를 통한 무기질 섭취는 여러 무기질 간의 불균형과 독성을 방지하기 위해 주의가 필요하다. 한국인의 영양섭취기준에 설정된 모든 미량 무기질에는 상한섭취량이 설정되어 있으며 다량무기질 중에는 칼슘, 인, 마그네슘에 상한섭취량이 설정되어 있다.

7-2 다량무기질

1. 칼슘(calcium, Ca)

체내 가장 많이 함유된 무기질로 성인 체중의 약 1~2%를 차지한다. 그 중 99%는 뼈와 치아를 구성하고 나머지 1%는 혈액과 연조직에 존재하며 신경흥분 전달, 근육 수축, 효소작용 및 호르몬 대사과정 등에 관여한다.

(1) 칼슘의 급원식품

칼슘함량이 높은 식품은 우유 및 유제품, 뼈째 먹는 생선, 녹색채소와 해조류이다. 우유 및 유제품은 칼슘 함량이 많을 뿐만 아니라 함유된 칼슘과 인의 비율이 약 1.1:1로 흡수율과 생체이용률이 좋다. 우유에 함유된 유당은 칼슘 흡수를 증진시켜주는 요소가 되어 우유는 더욱 이상적인 급원식품이다.

뼈째 먹는 생선은 칼슘 함량이 높은 편이지만 흡수 효율이 우유만큼 높지 않다. 육류는 칼슘 함량은 낮고 인의 함량이 높아 좋은 칼슘 근원이 되지 못한다. 녹색채소의 수산(옥살산)과 통곡류의 피티산은 칼륨 흡수를 방해하며 대두에는 피틴산 함량이 높지만 생체 이용률은 좋은 편이다.

그림 7-1 칼슘의 급원 식품

칼슘 급원의 질은 함유량이 아닌 생체 흡수율과 이용률로 평가되며 한국인의 주요 칼슘 급원 식품은 우유, 멸치, 해조류, 두부, 난황 등이다.

(2) 칼슘의 흡수와 대사

칼슘의 흡수율은 성장단계, 개인별 칼슘 보유상태, 연령, 임신, 수유여부에 따라 달라진다. 골격 발달이 왕성한 유아기 및 성장기 어린이는 칼슘 필요량이 매우 크므로 칼슘 흡수율이 가장 높은 50~70%이다. 임신기에는 태아조직과 골격, 모체조직의 증가를 위해 그리고 수유부는 유즙 분비와 모체 골격 건강 유지를 위한 필요량이 증가하므로 칼슘 흡수율이 높아 60% 정도이다.

성장기를 지나 성인이 되면서 칼슘흡수율은 차츰 20~40%로 감소하며 노년기에는 더욱 흡수율이 감소하여 골다공증 등의 칼슘결핍증이 나타난다. 건강한 한국 성인의 일반적 칼슘 흡수율은 약 30%로 그 필요성과 중요도에 비해 낮은 편이므로 많은 주의가 필요하다. 특히, 폐경기 여성의 경우 흡수율은 25% 정도에 불과하다.

칼슘 섭취량도 흡수율에 영향을 미친다. 칼슘은 대부분 소장상부에서 능동수송을 통해 흡수되며 소량이 소장 전체에서 수동확산을 통해 흡수된다. 그러나 식이 칼슘 섭취량이 지나치게 증가하면 수동확산이 주요 흡수 경로가 되어 총 칼슘 섭취량은 많아지나 흡수율은 오히려 감소한다.

칼슘흡수의 능동운반은 비타민 D에 의존해 합성되는 소장점막의 칼슘결합단백질 칼빈딘(calbindin)에 의해 일어난다. 따라서 비타민 D가 부족하면 칼슘의 능동운반에 지장이 생겨 흡수율이 감소한다. 이처럼 칼슘의 흡수에 영향을 주는 다양한 요인들이 있다(표 7-2).

혈중 칼슘농도는 항상 일정하게 유지되고 있는데 혈액 중에 9~11mg/dL 수준의 농도를 항상 유지하도록 조절되며 이것을 '칼슘의 항상성'이라고 한다. 칼슘의 항상성 조절에 관여하는 인자로 부갑상선 호르몬(parathyroid hormone: PTH), 칼시토닌(calcitonin), 활성형 비타민 D(calcitriol: 1,25-dihydroxycholecalciferol)가 있다.

표 7-2 칼슘의 생체이용률에 영향을 주는 요소

칼슘 흡수 증진 요인	칼슘 흡수 저해 요인
생리적 요구 증가	비타민 D 결핍
비타민 D	식이 중 칼슘보다 높은 인의 비율
부갑상선호르몬 분비	피틴산(phytic acid); 곡류외피
식이 중 칼슘 : 인 비율=1:1(영아 전기 2:1)	수산(oxalic acid); 시금치, 근대, 코코아
유당	식이섬유; 무기질을 흡착배설
비타민 C	과잉지방산
위산분비	높은 장내 pH
	기타; 스트레스, 운동부족, 노령연령

만일 혈중 칼슘이온 농도가 감소하면 부갑상선 호르몬의 합성과 분비가 증가한다. 이 호르몬은 신장에서 칼슘 재흡수를 촉진시키고, 뼈에서 칼슘이 용출되도록 한다. 또한 부갑상선호르몬은 활성형 비타민 D의 생성을 촉진하고 소장점막세포에서 칼슘결합단백질(calcium binding protein)의 합성을 조절하여 간접적으로 칼슘 흡수의 증가를 돕는다.

혈중 칼슘이온 농도가 회복되어 지속적으로 상승하게 되면 갑상선의 칼시토닌이 분비되어 신장에서의 칼슘 재흡수를 억제하고 뼈에서의 칼슘 용출을 제어하여 더 이상 칼슘이온 농도가 증가되지 않도록 조절한다.

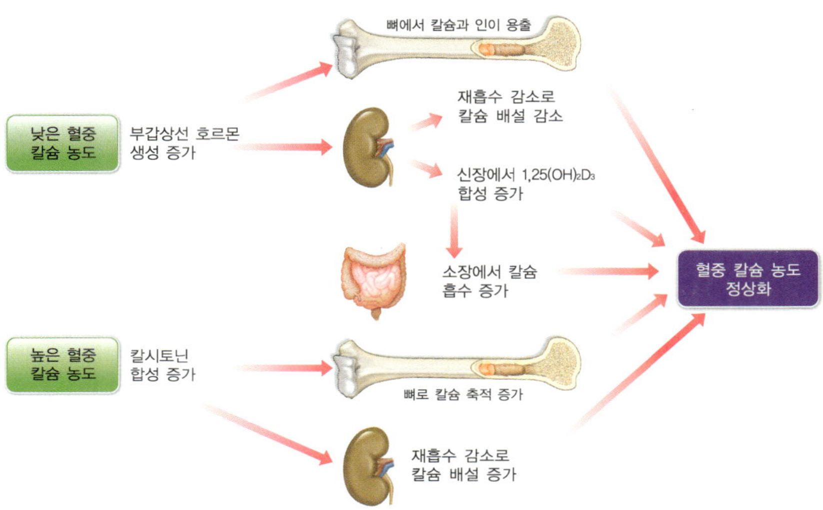

그림 7-2 혈중 칼슘농도의 조절

(3) 칼슘의 기능

① 뼈와 치아의 성분

칼슘은 인과 함께 수산화인회석(hydroxyapatite, $Ca_{10}(PO_4)_6OH_2$, 인산칼슘)을 형성하여 뼈의 주요 골질성분이 된다. 뼈는 콜라겐 단백질과 점액다당질로 된 기질에 무기질이 침착되어 형성된다. 뼈는 형성과 분해가 지속되어 성장기에는 형성이 분해보다 많아 뼈성장이 이루어지고, 노년기에는 뼈의 분해가 많아져 골질량이 상당히 감소한다.

성인기에는 뼈의 형성과 분해가 평형을 이루는 동적평형 상태를 나타낸다. 뼈의 말단 부분인 해면골의 다공성 조직은 모세혈관을 통해 지속적으로 칼슘을 공급받아 저장하며, 혈청칼슘이온농도가 낮을 때 칼슘을 용출시켜 농도를 조절한다.

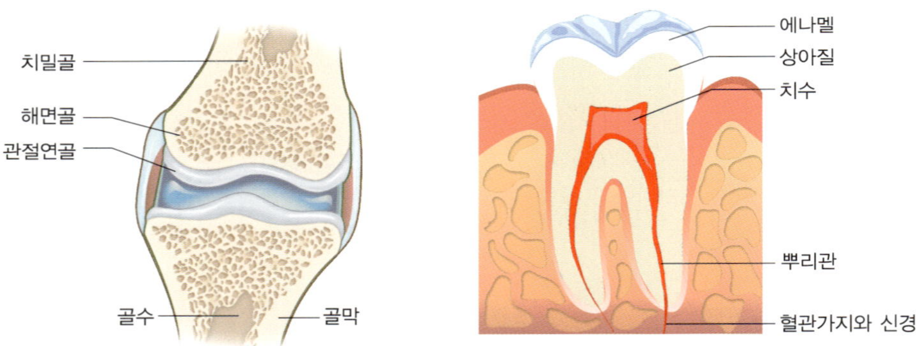

그림 7-3 칼슘의 뼈와 치아 구성

치아는 법랑질(enamel), 상아질, 치수, 치강으로 구성되어 있다. 법랑질은 인체에서 가장 단단한 조직으로 97%의 무기질로 구성되어 있으며 수분함량이 가장 낮은 조직으로 법랑질을 구성하는 무기질의 교체는 거의 일어나지 않는다. 상아질은 60%의 무기질로 구성되어 있으며, 뼈와 성분이 비슷하며 무기질의 부분적 교체가 일어난다.

② 근육의 수축과 이완작용

신경자극이 전달되어 근육이 흥분되면 근소포체에서 칼슘이 방출되어 이온화

되고 근육단백질인 액틴(actin)과 미오신(myosin) 사이에 화학적 결합반응을 촉진하여 수축작용을 유도한다. 칼슘이 근소포체로 되돌아가 액틴, 미오신이 서로 분리되면 근육 이완으로 나타난다. 특히 칼슘은 심장 근육의 수축과 이완작용에 매우 중요하다.

③ 신경 흥분 전달

칼슘은 신경자극의 정상적인 전달을 위해 필요하며 신경세포 간의 자극전달 물질인 아세틸콜린의 분비를 촉진시킨다. 신경세포에 활동전위가 도달하면 신경세포내로 칼슘이온이 유입되고 높아진 신경세포 내 칼슘이온 농도는 신경전달물질 아세틸콜린의 방출을 자극하여 신경세포간극 사이에 자극전달을 완성한다.

④ 혈액응고작용

칼슘은 혈액응고에 관여하는 피브린 단백질의 형성에 필수적인 무기질이다. 혈관이 파열되면 혈소판에서 트롬보플라스틴 효소가 방출되고 프로트롬빈(prothrombin)에서 트롬빈(thrombin)으로의 전환이 유도된다. 칼슘이온은 트롬빈으로 전환되는 과정에 촉매제로 작용하며 형성된 트롬빈은 수용성 단백질 피브리노겐(fibrinogen)을 불용성의 피브린(fibrin)으로 전환시켜 혈구와 혈액응고체를 형성한다.

⑤ 세포막투과성 조절

세포 간질액에 칼슘 이온이 많으면 세포막 투과성이 감소하고 칼슘 이온 농도가 저하되면 세포막 투과성이 증가한다.

(4) 칼슘의 결핍증과 과잉증

① 결핍증

칼슘 흡수량이 감소하거나 식이 칼슘 섭취가 부족하여 만성적으로 칼슘공급량이 부족하게 되면 신체는 낮아진 혈청 칼슘 농도를 유지하기 위하여 뼈의 칼슘 용출 과정을 지속하게 된다. 이는 골질량 감소로 나타나고 골다공증 등의 주요원인이 된다.

골다공증(osteoporosis)은 골질량과 골밀도 감소로 골절 위험이 증가하는 질환으로 폐경기 이후 여성과 노년기에 높은 빈도로 발생한다. 성장기 아동에게 나타나는 구루병(ricket)은 만성적으로 칼슘이 부족하게 되면 골격 석회화가 불충분해져 성장이 저하되며 뼈에 기형이 발생하게 된다.

성인형 구루병으로 불리는 골연화증(osteomalacia)은 임신경험이 많은 중년여성에게 주로 나타나며, 전체 골격 양에는 변화가 없으나 무기질 침착이 잘 되지 않아 골격이 약해져 쉽게 구부러지게 된다. 또한, 혈청 칼슘 이온 농도의 감소는 신경성 근육 경련인 칼슘테타니(calcium tetany)를 발생시켜 근육 수축, 경련, 진통 등을 유발하게 된다.

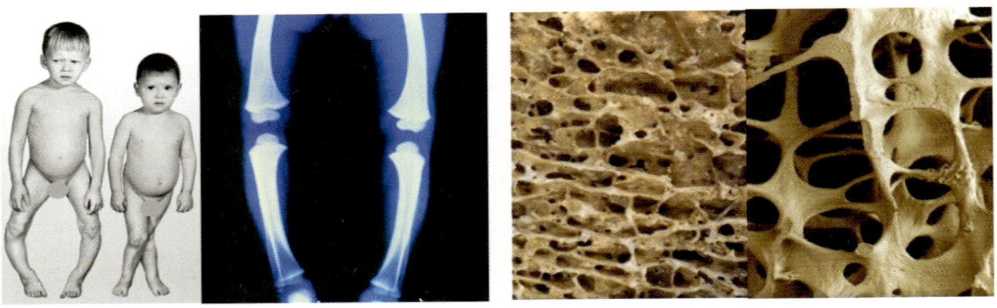

구루병 정상뼈조직 골다공증

그림 7-4 칼슘 결핍증

② 과잉증

칼슘의 과다섭취는 철분, 아연 등 다른 무기질의 흡수를 저해하고 칼슘 과잉 섭취가 장기화되면 고칼슘혈증(hypercalcemia)이나 신장결석(kidney stone)이 발생할 수 있다.

(5) 칼슘의 섭취기준

국민건강영양조사에 의하면 한국인의 1일 평균 칼슘 섭취량은 2008년까지도 400~600 mg/일으로 매우 부족하게 섭취하고 있으며 한국인이 가장 결핍되기 쉬운 영양소 중의 하나로 나타났다.

성인(19~49세)의 칼슘 권장섭취량은 남자 800 mg/일, 여자 700 mg/일인데, 폐경기 이후 50세 이상 여성은 골다공증 예방을 위해 칼슘 권장섭취량이 800 mg/일으로 같은 연령대 남자의 권장섭취량 700~750 mg/일에 비해 높게 설정되었다.

전 연령 중에 칼슘 축적량에 도달하는 12~14세의 칼슘권장섭취량은 남자 1,000 mg/일, 여자 900 mg/일로 전 생애 중 가장 높게 설정되었다.

임신부와 수유부를 위한 별도의 칼슘 추가 설정량은 없으며 비임신기에 섭취하던 수준의 칼슘 섭취를 권장한다. 칼슘 과잉 섭취의 위험을 예방하기 위해 19~49세 성인의 칼슘 상한 섭취량으로 2,500 mg/일, 50세 이상은 2,000 mg/일으로 설정하였다.

2. 인(phosphorus, P)

인은 성인 체중의 약 0.7~1.1%를 차지하며 칼슘 다음으로 많은 무기질이다. 체내 함유된 인의 약 85%는 칼슘과 함께 뼈와 치아를 형성하는 경조직을 구성하고, 나머지 15%는 혈액, 근육, 뇌, 신경, 간 등 연조직에 함유되어 있다. 인은 대부분 산소와 결합한 인산(phosphate)으로 존재하는데, 연조직에 함유된 인의 절반은 혈청 인산 이온형태로, 나머지는 단백질, 지질 등의 화합물과 결합한 형태로 구성되어 있다.

(1) 인의 급원식품

동물성 단백질 식품인 육류, 어류, 달걀, 우유와 식물성 식품인 견과류, 곡류, 두부 등이 인의 좋은 급원이다. 곡류의 껍질에는 피틴산이 많아 흡수율이 떨어지지만 효모 발효과정을 거치면 피틴산이 가수분해 되므로 발효식빵, 발효떡 등의 곡류 발효식품은 인의 급원이 될 수 있다. 인은 식품첨가물에 많으므로 가공식품과 청량음료도 인의 공급원이다.

(2) 인의 흡수와 대사

식품으로 섭취되는 인은 대부분 당질, 지질, 단백질과 결합한 유기화합물로 존재하지만 흡수는 주로 무기인산 형태이다. 소화관 내에서 췌장, 소장의 가수분해 효소에 의해 분해된 후 무기형의 인으로 유리되어 주로 농도에 의존하는 수동확산에 의해 흡수된다.

칼슘처럼 산성 환경이 유지되는 소장의 상부에서 주로 흡수되지만 칼슘과 달리 흡수율은 60~70% 정도이다. 흡수된 인은 뼈나 치아에 축적되거나 체조직으로 옮겨져 이용되며 혈청 내 인의 농도가 낮아지면 뼈나 체조직의 인이 방출되어 혈액으로 이동되어 나온다.

체내 인의 양은 흡수율보다는 주로 신장을 통한 배설과 재흡수의 조절로 이루어진다. 혈청의 무기인산은 사구체에서 여과되고 세뇨관에서 90% 정도 재흡수되는데 혈청 무기인산 농도가 정상 이하로 떨어지면 대부분을 재흡수하여 요 중 인의 배설이 거의 없다. 활성형 비타민 D는 인의 재흡수를 촉진시키고 부갑상선 호르몬(PTH)은 인의 배설을 촉진한다. 인의 배설은 섭취와 흡수가 많을수록 비례하여 증가하며 영양불량 상태에서는 인의 배설량이 감소한다.

(3) 인의 기능

① 뼈와 치아의 성분

체내 인의 85%는 뼈와 치아를 구성하는데 사용되며 충분한 양이 공급되지 않으면 뼈의 석회화가 잘 일어나지 않는다. 칼슘과 인은 수산화인회석 형태(하이드록시아파타이트)로 골격을 형성하며 칼슘과 인의 구성비율은 약 2:1이다.

② 핵산 구성성분

인은 생명체의 유전물질인 DNA와 세포 재생산, 단백질 합성에 필수적인 RNA 핵산의 구성성분으로 필수적이다. 인산은 오탄당, 염기와 1:1:1 비율로 결합되어 뉴클레오타이드(nucletide)라는 핵산의 단위를 구성한다.

③ 인지질 구성성분

인지질은 1개의 인산기와 2개의 지방산 그리고 콜린(choline) 등의 유기물이 결합된 물질로 생체막의 주요성분이 된다. 인산기가 있는 부위는 물과 쉽게 섞이는 친수성을 나타내고 지방산 부위는 비극성 물질과 섞이는 소수성을 나타낸다. 인지질의 이러한 특성으로 세포막의 이중막 구조를 형성하여 적혈구 세포막을 포함한 인체 모든 세포의 세포막을 이룰 뿐 아니라 혈장 지단백질의 외부 표면 구성성분으로도 참여한다.

④ 에너지 대사

당질, 지질, 단백질의 3대 열량영양소는 체내 산화과정을 통하여 인체의 주요 에너지원인 고에너지인산화합물(ATP)을 생성한다. 형성된 ATP는 함유된 3개의 인산결합에 에너지를 저장하며 에너지를 필요로 할 때 분리시켜 방출한다. ATP는 에너지 저장 및 방출과정은 물론 다양한 체내 대사과정에도 참여한다.

⑤ 조효소의 활성화

인은 티아민, 리보플라빈, 니아신, 비타민 B_6, 판토텐산의 여러 비타민 B군에 첨가되어 조효소를 생성하며, 형성된 조효소들은 해당 비타민들을 필요로 하는 체내 여러 대사과정을 조절한다. 이 외에도 체내의 많은 반응들은 인산화 효소(kinase)와 탈인산효소(phosphatase)의 활성을 위하여 인산화와 탈인산화 과정을 반복한다.

⑥ 완충작용

인은 체액에서 완충작용을 하는 화합물(phosphate buffer)을 형성하여 수소이온의 배설을 도우며, 체액 산도를 일정하게 유지하여 산-염기 평형조절에 관여한다. 인산완충계는 $H_2PO_4^-$와 HPO_4^{-2}의 2가지 형태로 존재한다.

(4) 인의 결핍증과 과잉증

① 결핍증

인은 식품 중에 널리 분포하므로 정상적 식이섭취를 하는 경우 인의 결핍증상은 거의 나타나지 않는다. 드물게 토양에 인이 부족한 지역의 주민들에게 음식물이 아닌 흙, 모래, 나무 등의 물질을 먹고 싶어 하는 이식증(異食症, pica)의 형태로 나타난다.

제산제를 장기 복용하는 위장병 환자, 위산 분비가 저하된 노인의 경우 장기적인 인의 흡수 저하로 인한 결핍증상이 나타날 수 있다. 인이 부족해지면 ATP가 소모되는 모든 체내 대사과정 조절이 어려워지고 필요 성분 합성이 저하되므로 신경계, 근육, 골격, 신장기능 유지 등에 문제가 생긴다.

② 과잉증

최근에는 인이 천연식품뿐 아니라 각종 가공식품과 탄산음료에 다양한 첨가물 형태로 함유되어 있는 경우가 많아 결핍증보다는 과잉섭취로 인한 문제가 더욱 중요시 되고 있다. 2007년 국민건강영양조사 결과에 의하면 한국인의 칼슘 : 인 섭취비율은 1 : 2.3으로 인의 섭취가 다소 많은 편이다.

인의 과잉섭취는 고인산혈증을 초래하여 부갑상선호르몬 분비항진, 칼슘흡수 장애 등의 증상으로 나타난다. 칼슘보다 높은 비율의 과잉 인 섭취를 장기간 지속할 경우 저칼슘혈증으로 부갑상선호르몬(PTH)의 분비량이 증가되고 뼈에서의 칼슘용출이 지속되어 골질량 감소가 초래될 수 있으므로 특히 성장기 청소년에게 주의가 필요하다.

(5) 인의 섭취기준

성인 남녀의 인 권장섭취량은 모두 700 mg/일이다. 영아 전기(0~5개월)는 전적으로 모유 공급에 의존하는 시기이고 영아기 골격 성장에 좋은 칼슘과 인의 이상적 섭취 비율도 2 : 1이므로, 인의 충분섭취량은 칼슘의 절반인 100 mg/이다(모유에 함유된 칼슘: 인의 비율도 약 2 : 1 정도이다). 영아 후기는 조제유와 이유식 공급을 받기 시작하므로 이를 고려하여 칼슘 : 인의 섭취량이 1 : 1이 되도록 정하였다.

3. 마그네슘(magnesium, Mg)

마그네슘은 체내에 두 번째로 많이 함유된 이온이다. 체내에 존재하는 마그네슘의 50~60%는 칼슘, 인과 함께 골격조직을 형성하고, 40~50%는 연조직에 고루 분포한다. 체내 마그네슘의 약 1% 정도만이 세포외액에 존재한다.

(1) 마그네슘의 급원식품

마그네슘은 식물 색소성분인 클로로필(chlorophyll, 엽록소)의 구성성분이므로 녹색 엽채류는 마그네슘의 좋은 급원이다. 견과류, 두류, 전곡류에도 마그네슘이 풍부하다.

채소 견과류 두류 현미

그림 7-5 마그네슘의 급원식품

인산이 많이 함유된 가공식품은 마그네슘의 흡수를 방해하므로 인스턴트 식품의 과다한 섭취는 바람직하지 않다. 정제된 곡류, 육류, 유제품에는 마그네슘이 적에 함유되어 있으므로 급원으로 활용하지 않는다.

(2) 마그네슘의 흡수와 대사

마그네슘은 주로 공장과 소장 하단부인 회장에서 흡수되며 단순확산 및 능동수송에 의해 흡수된다. 일상 식이에서의 흡수율은 40~60% 정도이며 식이 중에 마그네슘 함량이 높으면 흡수율이 감소한다.

유리 인산과 곡류의 피틴산은 마그네슘과 불용성 염을 형성하여 흡수를 방해하고, 식이섬유가 풍부한 식사도 마그네슘의 흡수를 방해하여 생체 이용률을 낮춘다. 다량의 칼슘 섭취도 마그네슘 흡수율을 감소시키고 특히, 체내 마그네슘은 칼슘의 영향을 받아 다량의 칼슘 섭취 시 신장에서 마그네슘 배설이 증가한다.

혈청 마그네슘은 항상 일정 농도로 유지되고 있으며, 저장된 골격 마그네슘의 일부가 서서히 유출 되어 세포외액의 마그네슘 농도 유지를 위해 사용된다. 체내 마그네슘의 항상성은 주로 신장에서 배설되는 양에 따라 조절된다.

(3) 마그네슘의 기능

① 뼈와 치아의 성분

마그네슘은 칼슘, 인과 함께 복합체를 형성하여 뼈와 치아의 구성을 단단하게 한다. 마그네슘은 골격 형성에 중요한 역할을 하여 골격세포의 기능뿐 아니라 뼈를 구성하는 수산화인회석(hydroxyapatite)의 형성에 직접적인 영향을 준다. 따라서 만성적인 마그네슘의 결핍은 폐경 후 골다공증을 악화시키는 요인이 될 수 있다.

② 신경안정과 근육 이완

마그네슘은 칼슘과 함께 신경자극 전달과 심근 및 내장근의 수축, 이완 조절 작용에 관여한다. 특히 칼슘과 상반되는 길항작용을 하여 칼슘이 근육을 수축시키고 신경전달물질인 아세틸콜린의 분비를 촉진하는 동안, 마그네슘은 근육 이완 및 아세틸콜린 분비감소와 분해를 통해 신경을 안정시키는 작용을 한다.

③ Mg-ATP 복합체 형성으로 에너지 대사 보조

ATP를 필요로 하는 인산화 반응에서 마그네슘과 ATP는 Mg-ATP 복합체를 형성하여 에너지 대사과정에 참여한다. 마그네슘은 ATP와 일대일로 결합함으로써 구조적 안정성에 기여하고 직접 효소를 활성화 시켜 에너지 방출에 중요한 역할을 한다. ATP의 활성화에는 반드시 마그네슘이 필요하며 대사 작용이 활발한 근육, 심장, 간 등의 조직기관에 고루 분포한다.

④ 다양한 효소의 보조인자

마그네슘은 300종 이상의 효소작용에 보조인자로 작용하며 지질, 단백질, 핵산의 합성 과정 등에 중요한 무기질이다.

(4) 마그네슘의 결핍증과 과잉증

① 결핍증

마그네슘의 결핍은 불규칙한 심장박동과 근육 약화 및 떨림, 심신 불안정 등의 증세를 동반한다. 만성 알코올 중독의 경우 알코올에 의한 마그네슘 배설 촉진, 부실한 식사 등이 원인이 되어 저마그네슘혈증(hypomagnesemia)이 발생하고 신경성 근육경련을 동반하는 마그네슘테타니(magnesium tetany)가 나타난다.

② 과잉증

마그네슘은 정상적인 식사를 하는 경우 과잉증이 거의 나타나지 않으며, 약품이나 보충제의 형태로 과량의 마그네슘을 섭취하는 경우 경미한 설사증상 등이 나타날 수 있다. 다만 마그네슘의 체내 수준은 주로 신장의 배설 기능에 의존하기 때문에 신장기능 이상이 있는 환자의 경우 과잉 섭취로 인한 혈청 마그네슘 수준의 급상승으로 혼수, 사망에 이를 수 있으므로 주의한다.

(5) 마그네슘의 섭취기준

마그네슘의 1일 권장섭취량은 남자 19~29세 350 mg, 30세 이상 370 mg이고 여자 19세 이상은 280 mg이다. 마그네슘은 식품을 통해 섭취하는 경우 유해 영향이 거의 나타나지 않으므로 상한섭취량은 약리적 목적의 약품 섭취, 영양 보충제를 통한 섭취 등에만 해당되며 성인의 마그네슘 상한섭취량은 1일 350 mg이다.

임신기에는 모체의 혈청 마그네슘 농도가 감소하므로 비 임신여성의 권장량에 40 mg/일을 추가하였다. 수유부의 마그네슘 섭취는 모유의 마그네슘 함량에 영향을 미치지 않으므로 일반 성인여성과 동일하다.

4. 나트륨(sodium, Na)

기원전 300년부터 사람들은 식품의 맛을 내고 오랫동안 보존하기 위하여 소금을 사용해 온 것으로 기록되어 있다. 체내에서 나트륨은 세포외액의 중요한 양이온(Na^+) 전해질로 존재하며, 칼륨(K^+), 염소(Cl^-)와 더불어 삼투압 유지와 수분평형에 관여한다. 그밖에도 나트륨은 산-염기 균형을 조절하고 근육의 흥분성 유지, 신경 자극 전달에도 관여한다.

(1) 나트륨의 급원식품

나트륨은 천연식품에는 거의 없거나 함유량이 높지 않은 편이며 우유 1컵에 100mg 정도가 함유되어 있다. 인간영양에서 나트륨은 식품 자체에 존재하는 형태로 섭취되기보다 가공이나 조리과정 또는 식사 때 첨가하는 형태로 섭취한다. 식염($NaCl$)은 나트륨의 주요급원으로 소금 1 작은술 (약 6g)은 나트륨 2,300mg을 함유한다.

한국인의 경우 김치나 양념류(소금, 간장, 된장, 고추장 등)를 통하여 섭취하는 나트륨은 일일 나트륨 섭취량의 상당 부분을 차지한다.

나트륨과 식염의 함량 관계는 다음과 같다.

식염량(g) = 나트륨(g) × 58.5/23 = 나트륨(g) × 2.54

현대인의 나트륨 과다 섭취의 또 다른 요인은 가공식품에서 기인한다. 예를 들면 베이킹파우더(중탄산나트륨, sodium bicarbonate), 화학조미료(글루탐산나트륨, mono sodium glutamate: MSG), 보존제(벤조산나트륨, sodium benzoate), 발색제(아질산나트륨, sodium nitrite) 등은 나트륨을 함유하는 첨가물이다.

만일 가공식품이나 소금을 전혀 사용하지 않으면 하루에 섭취하는 나트륨 총량은 500 mg 정도이다. 현대인의 나트륨 섭취량이 2,300~4,700 mg인 것을 고려하면 가공식품이 나트륨에 기여하는 바가 얼마나 큰 지 알 수 있다.

표 7-3 식품 중의 나트륨 함량 (1인 1회 분량)

분 류	식품명	목측량	중량(g)	나트륨(mg)
곡류 및 전분류	라면	1개	90	643
	식빵	3쪽	100	346
	밀가루		90	3.6
	쌀밥	1공기	90	1.8
	고구마	1/2개	130	19.5
	돼지고기(등심)	8~10쪽	100	66
	쇠고기(등심)	8~10쪽	100	53
고기 · 생선 · 달걀 및 콩류	달걀	1개(중)	60	63
	오징어	작은 것 1토막	70	66
	두부	1/5모	80	6.4
과일 및 채소류	배추김치	1/2컵	60	2,000
	깍두기	1접시	50	1,000
	귤	1개(중)	100	6
	바나나	1/2개(중)	60	1.2
우유	우유	1컵	200	132

(2) 나트륨의 흡수와 대사

나트륨은 염소와 함께 주로 염화나트륨(NaCl) 형태로 섭취되어 위에서 일부 흡수되고 대부분은 소장과 대장에서 능동수송을 통해 거의 대부분 흡수된다. 1일 섭취량의 90% 정도는 소변을 통해 배설되고 일부는 대변과 땀을 통해 일부 배설된다.

만일, 나트륨 섭취가 증가하면 인체는 소변을 통하여 일부 나트륨을 배설시키는 조절을 한다. 반면에 나트륨 섭취가 감소하면 레닌-안지오텐신-알도스테론계(renin-angiotensin-aldosterone system)에 의해 조절된다. 세포외액량 감소는 나트륨 항상성 기전의 신호가 된다.

저 나트륨으로 인하여 세포외액량이 감소하면 신장의 신동맥 혈압 저하로 사구체 세포에서 레닌효소가 분비되고, 레닌의 작용으로 안지오텐신 Ⅱ가 생성되어 알도스테론 분비를 촉진한다. 분비된 알도스테론은 신장에서 나트륨과 수분의 재흡수를 촉진시키므로 세포외액량이 증가하면서 나트륨농도의 항상성이 유지된다. 이는 체액의 증감을 통한 혈압 조절기전이기도 하다(그림 7-6).

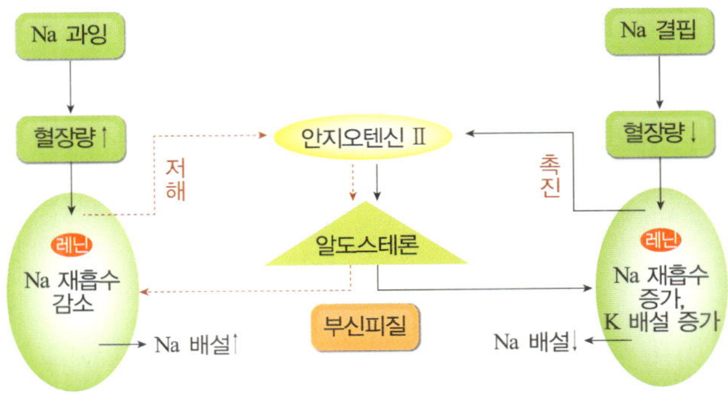

그림 7-6 레닌-안지오텐신-알도스테론계 나트륨 항상성 조절기전

(3) 나트륨의 기능

① 산-염기 평형 유지

나트륨은 세포외액에서 수소이온과 작용하는 염기반응 물질 중탄산나트륨($NaHCO_3$)과 인산나트륨($NaHPO_4$)형성에 관여하며 완충계로 산-염기 평형 유지에 기여한다.

② 수분평형조절

나트륨은 세포외액의 주요한 전해질로서 체액의 삼투압 유지에 기여하고 수분의 이동량을 결정한다. 세포외액의 나트륨이온 농도가 감소하면 삼투압 저하로 세포내로 수분이 이동하고, 나트륨이온 농도가 상승하면 혈장의 수분 농도 상승과 함께 고혈압 증상이 나타나기도 한다. 신장 기능 이상으로 신장의 나트륨 배출에 문제가 생기면 수분이 지나치게 체내 보유되는 부종 현상이 초래되기도 한다.

③ 포도당과 아미노산의 흡수촉진

나트륨 펌프(Na/K-ATPase ion pump)는 나트륨 이온을 세포 밖으로 내보내고 동시에 세포내로 칼륨이온을 들여보내는 기능을 갖고 있다.

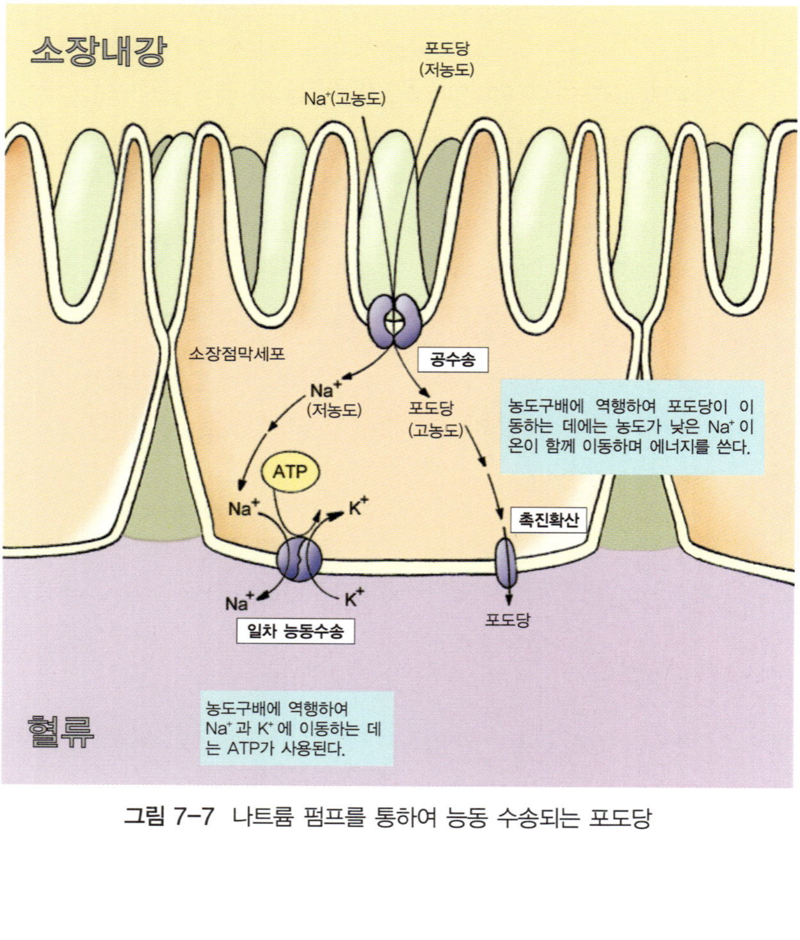

그림 7-7 나트륨 펌프를 통하여 능동 수송되는 포도당

이 과정을 위하여 나트륨 펌프의 ATP분해효소 기능을 활용하여 ATP로부터 에너지를 얻게 되며 나트륨펌프의 능동수송 과정은 포도당과 아미노산의 세포 내 유입경로로 활용된다(그림 7-7).

④ 근육과 신경의 자극 전달

근육수축과 신경계 흥분전달은 나트륨과 칼륨이 나트륨펌프를 통하여 세포막을 통과하면서 발생되는 전위차에 의해 일어난다.

(4) 나트륨의 결핍증과 과잉증

① 결핍증

한국인은 소금 섭취량이 높기 때문에 나트륨 결핍증은 거의 없다. 나트륨 섭취가 낮은 경우라 해도 저나트륨혈증(hyponatremia)이 초래되지는 않는다. 그러나 일시적인 땀의 분비로 다량의 나트륨 손실이 생긴 경우에는 보충해 줄 필요가 있다. 나트륨 결핍은 무기력, 메스꺼움, 구토, 어지럼증 등의 증세로 나타난다. 이뇨제의 사용은 수분, 나트륨, 염소의 배출을 증가시키므로 일시적인 저나트륨혈증이 나타나기도 한다.

② 과잉증

한국인의 나트륨 목표섭취량은 2,000 mg으로 설정되어 있다. 그러나 국민의 95%가 목표량을 초과하여 섭취하고 있다. 나트륨의 과다 섭취는 혈압상승, 뇌졸중, 심근경색, 심부전 등의 심장질환 및 신장질환의 발병률을 증가시킨다. 특히, 혈압상승은 심혈관 질환에 대한 가장 큰 위험 요인이다.

더욱이 나트륨의 과잉 섭취는 소변을 통한 칼슘 배설을 증가 시킨다. 따라서 염화나트륨 즉, 식염의 만성적이고 과도한 섭취는 골다공증의 위험을 증가시키는 요인이 될 수 있다. 또한 식염의 과다섭취는 위암 발생과도 관계가 있는 것으로 보고되었다.

(5) 나트륨의 섭취기준

건강한 성인의 1일 나트륨 최소 필요량은 500 mg 이다. 2015년 한국인 영양소 섭취기준에서 제안하는 19~49세 성인의 나트륨 충분섭취량은 1,500 mg/일 으로 중등 정도의 노동을 하는 사람들을 기준으로 설정하였다.

한국인은 김치 및 양념류와 다양한 가공식품 등을 통해 과잉의 나트륨을 섭취하는 경향이 있으므로 이를 감안하여 상한섭취량 대신 목표섭취량을 설정하였다. 세계보건기구(WHO)에서는 나트륨 과다 섭취 관련 만성질환 예방차원에서 목표섭취량을 2,000 mg/일 으로 설정하였고 우리나라에서도 이를 따르고 있다.

5. 염소(chloride, Cl)

염소는 세포외액의 주된 음이온(Cl^-)으로 삼투압 유지, 수분 평형에 관여하는 필수무기질이다.

(1) 염소의 급원식품

식이 중 염소는 식염(NaCl)을 통하여 섭취되며 그 밖에 해조류, 육류, 채소류에도 존재한다.

(2) 염소의 흡수와 대사

염소는 나트륨 흡수와 함께 소장과 대장에서 거의 모두 흡수된다. 나트륨, 칼륨과 마찬가지로 염소의 배출도 신장을 통해 이루어진다. 알도스테론 자극은 염소의 재흡수도 촉진시킨다.

(3) 염소의 기능

① 수분과 전해질 평형

염소는 나트륨과 함께 체액의 수분평형 조절을 통한 삼투압 유지에 관여한다. 또한 세포외액의 주요 음이온(Cl^-)으로 나트륨의 양전하와 균형을 이루어 전해질 평형 유지에도 기여한다.

② 위산성분

위산의 구성성분으로 소화에 필요한 산성환경을 제공하고 섭취 식품의 미생물을 파괴한다. 위산은 단백질 소화효소인 펩신(pepsin)의 활성화에도 필요하다.

(4) 염소의 결핍증과 과잉증

소금 섭취량이 높은 한국인의 식사에서 염소의 결핍은 흔하지 않다. 그러나 장기간 잦은 구토로 위액의 손실이 많은 경우 염소를 보충해 주도록 한다. 이뇨제의 사용도 염소 배출을 증가시키므로 저염소 혈증성 알칼리 혈증이 발생할 수 있다. 과잉섭취된 염소이온은 나트륨 이온의 작용을 상승시켜 고혈압 유발 요인이 될 수 있으므로 주의한다.

(5) 염소의 섭취기준

성인의 염소 충분섭취량은 1일 2,300mg으로 이것은 식염(NaCl) 3.8 g 중 나트륨 1,500mg(65mmol), 염소 2,300mg(65mmol)에 준한 것이다.

6. 칼륨(potassium, K)

칼륨은 세포내액의 주요 양이온으로 체내 칼륨의 95%가 세포 안에 존재한다. 세포내액의 칼륨 농도는 약 145 mmol/L, 세포외액에는 3.5~5.0 mmol/L 정도로 유지되는데 이는 나트륨 펌프(Na/K-ATPase pump)에 의해 유지되며 세포외액의 칼륨이온 농도가 약간만 변화해도 세포외액과 세포내액의 칼륨 농도비가 달라져 신경전달, 근육 수축 등에 영향을 주게 된다.

(1) 칼륨의 급원식품

칼륨의 주요 급원식품은 채소와 과일이며 토마토, 오이, 호박, 근채류 등과 콩류, 사과, 바나나, 우유, 육류 등에도 상당량 들어있다. 그 밖에 보존제나 감미료 등 식품첨가물에도 상당량 함유되어 있다.

그림 7-8 칼륨의 급원식품

(2) 칼륨의 흡수와 대사

정상 성인은 섭취한 칼륨의 약 85%를 흡수하고 흡수된 칼륨의 80~90%는 소변으로 배설한다. 소화액으로 소장에 배출된 칼륨의 대부분은 재흡수되고 소량만 대변으로 배설된다. 소장 내 흡수의 경우를 제외하고 칼륨의 모든 이동흡수는 능동운반이며, 특히 세포 내 칼륨농도는 Na/K-ATPase pump에 의존하여 유지된다.

혈중 칼륨이 증가하면 부신피질의 알도스테론 분비가 자극되어 신장에서 칼륨 배설이 증가한다. 알도스테론의 나트륨 보전 기전을 통해 나트륨은 재흡수 촉진되고 칼륨은 배설이 촉진되므로 칼륨은 나트륨과의 교환으로 손실된다.

(3) 칼륨의 기능

① 수분과 전해질 평형

칼륨은 세포내액의 주요 전해질로서 세포외액의 나트륨과 함께 삼투압을 조절하고 수분평형 유지, 세포액의 보전 등의 기능을 하며 산-염기 균형에도 영향을 미친다.

② 근육과 신경의 자극 전달

칼륨은 나트륨과 함께 신경근육 흥분, 자극 및 전기화학적 충격 전달, 근섬유의 수축 등의 조절작용에 같이 참여하고, 특히 칼륨은 심장근육활동 조절에 매우 중요하다.

③ 당질 대사 조절

칼륨은 혈당이 간에 글리코겐으로 저장되는 것을 돕는다.

④ 단백질 합성

근육단백질과 세포단백질에 질소의 저장을 위해서도 칼륨은 필요하다. 체내 단백질에 저장된 칼륨 양은 일정하므로 체내 칼륨 양을 측정하여 제지방량(Lean Body Mass: LBM)의 추정이 가능하다.

⑤ 혈압 조절

충분한 칼륨의 섭취는 혈압을 낮추는 효과가 있으며 뇌졸중과 심근경색도 예방한다. 칼륨의 혈압강하 효과는 소금섭취량이 많을수록 더욱 크게 나타난다.

(4) 칼륨의 결핍증과 과잉증

① 결핍증

건강한 사람에게 칼륨의 결핍증은 잘 나타나지 않지만 계속된 구토와 설사, 이뇨제 과다 복용, 수술, 영양실조 등이 원인이 되어 저칼륨혈증(hypokalemia) 같은 칼륨 결핍증이 나타날 수 있다. 저칼륨혈증(3.5 mmol/L)은 심부정맥, 근육 약화, 당불내성 등의 증세로 나타난다.

② 과잉증

정상인의 경우 칼륨의 다량 섭취 시 소변으로 칼륨 배설량을 증가시켜 고칼륨혈증을 예방할 수 있지만 신장 질환자의 경우 칼륨 배설에 문제가 생겨 고칼륨혈증이 나타나기도 한다. 제1형 당뇨병, 만성 신부전증, 말기 신장질환 등에서 칼륨 과잉은 위험하다. 보충제로써 칼륨을 과잉 섭취하면 위장 장애가 오기도 하고, 혈관에 칼륨을 직접 주사하는 경우 심장박동의 정지로 치명적일 수 있다.

(5) 칼륨의 섭취기준

칼륨의 최소 필요량은 불가피 손실량을 보충하기 위한 1일 2,000 mg 정도이다. 즉, 칼륨 섭취가 나트륨 과잉 섭취로 인한 혈압상승을 완화하는 혈압강하작용이 크므로 나트륨과의 적정 섭취 비율이 고려된 것이다. 한국인의 나트륨 섭취량을 참고한 성인의 칼륨 충분섭취량은 3,500 mg이다.

임신부는 칼륨 요구량이 달라진다는 근거자료가 없어 비 임신부와 동일한 수준이나, 수유부는 식이로 섭취한 칼륨의 모유 전환 효율이 100%로 추정되므로 비수유부보다 400 mg/일을 더 추가하였다.

7. 황(sulfur, S)

황은 다른 무기질과 달리 단독으로 작용하지 못하며 결체조직, 피부, 손톱, 모발 등에 풍부하며 타액, 담즙 등을 구성하며 체중의 약 0.25% 정도 함유되어 있다. 황은 밝은 노랑색을 띠는 광물질로 함황아미노산인 메티오닌(methionine), 시스틴(cystine), 시스테인(cysteine)에 존재하므로 단백질로 이루어진 체내의 거의 모든 세포에 존재한다.

(1) 황의 급원식품

황의 섭취기준은 설정되어 있지 않으나 함황아미노산 함유량이 많은 육류, 난황, 우유, 치즈, 두류 등의 섭취로 충분한 유황 공급이 가능하다.

육류 계란 유제품(우유 · 치즈) 두류

그림 7-9 황의 급원식품

(2) 황의 흡수와 대사

무기황의 형태로는 흡수되지 않으며 거의 대변으로 배설된다. 유기물질과 결합한 유기황 형태로만 소장에서 흡수되며 과잉 유입된 유황은 소변을 통해 배설된다.

(3) 황의 기능

① 신체 구성성분

황은 연골, 골격, 피부, 심장판막 등의 결합조직을 이루는 뮤코다당류(mucopolysaccharide)의 구성성분이다. 손톱, 발톱, 머리카락은 물론 함황아미노산을 포함하는 모든 단백질에 함유되어 있다. 두 개의 시스테인 원소간에 생성되는 결합인 이황화결합(disulfide bond, -S-S-)은 단백질의 3차, 4차 구조를 형성하여 단백질의 구조적 안전성을 유지하는 데 기여한다.

② 다양한 대사 조절 물질의 성분

황은 비타민 B군 중에 티아민과 비오틴에 함유되어 있고, 판토텐산의 조효소 형태인 CoA에도 황화수소(-SH) 형태로 결합되어 있다. 특히, CoA는 에너지대사에서 필수적인 조효소이므로 유황은 에너지 생산 및 방출 과정에 매우 중요한 인자라 할 수 있다. 트리펩티드인 글루타티온(glutathione)은 시스테인을 함유하고 있으며, 생체의 산환-환원반응에 중요한 역할을 한다. 적혈구 세포에 많은 글루타티온은 생체 방어 기전인 항산화에 대한 기여도가 크다. 혈당조절 호르몬인 인슐린에도 황이 구성성분으로 존재한다.

③ 해독작용

황은 유독물질과 결합하여 무독물질로 전환시킨 후 소변이나 담즙으로 배설시키는 해독작용이 있다. 함황아미노산이 많은 메탈로티오네인(metallothionein) 단백질은 -SH기가 중금속과 결합하는 성질이 있어 카드뮴, 수은 등과 결합하여 독성을 중화시키는 해독 작용을 나타낸다. 글루타티온도 여러 가지 유독 물질을 중화시키는 효과가 있으며 특히 해독 기관인 간에 글루타티온이 다량 함유되어 있다.

(4) 황의 결핍증과 과잉증

황은 단백질 합성에 관련되어 있으므로 부족 시 성장지연이 나타난다. 특히, 손톱, 발톱처럼 황을 많이 함유하는 부분의 생성이 느려진다. 그러나 일반적으로 결핍증이나 과잉 증세는 보고된 바 없다.

(5) 황의 섭취기준

황의 영양섭취기준은 설정되어 있지 않다.

7-3 미량무기질

1. 철분(iron, Fe)

모든 살아있는 세포는 철분을 함유한다. 철분은 적혈구 세포에서 헤모글로빈 단백질과 결합한 상태로 존재하며 폐로부터 산소를 조직에 전달하고 세포가 기능을 할 수 있도록 에너지를 생산한다. 철분의 섭취가 부족하면 철결핍성 빈혈이 발생한다. 세계보건기구에 따르면 전세계인구의 75%가 철분섭취가 부적절하다. 개발도상국가의 경우 철결핍성 빈혈 발병률은 약 5~20%이다.

(1) 철분의 급원식품

동물성 식품 가운데 가장 좋은 철분 급원 식품은 간, 붉은 살코기, 가금류, 생선, 굴, 조개 등이며 이중 육류, 생선류, 가금류는 1인 분량을 기준으로 공급하기에 좋은 철분 급원식품이다. 곡류 중에는 통곡식과 철분 강화된 빵이나 시리얼, 말린 콩이 철의 급원식품이다. 과일과 야채에도 상당량의 철분이 함유되어 있다. 반면에 유제품군은 철분함유량이 낮다.

그림 7-10 철의 급원식품

(2) 철분의 흡수와 대사

철분의 생체 이용률은 여러 가지 요소에 의해 영향을 받는다. 철분은 헴철(heme iron)과 비헴철(nonheme iron)의 두 가지 형태로 존재하는데 헴철(20~25%)이 비헴철(1~10%)보다 흡수율이 좋다. 헴철은 동물성 식품의 헤모글로빈, 미오글로빈, 시토크롬 효소에 포함된 헴(heme) 형태이고 비헴철은 그 밖의 형태의 철을 의미한다.

함께 섭취하는 식품에 의해서도 흡수율이 상승하는데 비타민 C는 산화철(ferric iron, Fe^{+3}, 제2철)을 환원철(ferrous iron, Fe^{+2}, 제1철)로 전환시켜 흡수율을 높여준다. 위산도 산성 환경을 조성하여 환원철로의 전환을 도우며, 젖산·구연산 등의 유기산도 비슷한 효과를 나타낸다. 포유동물의 유즙에 들어있는 유당은 철의 가용성을 높여주어 흡수가 잘 되도록 돕는다.

체내 철 필요량이 증가하면 철의 흡수율이 상승한다. 임신부, 수유부, 청소년기, 빈혈환자의 경우 철 흡수율이 일시적으로 60%까지 증가하기도 한다. 반대로 체내 저장된 철이 많으면 철 흡수효율이 감소한다.

철이 불용성 화합물을 형성하는 경우에 흡수율이 낮아지게 된다. 곡류외피의 피틴산(phytic acid), 짙푸른 채소의 수산(oxalic acid), 식물체의 탄닌(tannin), 가공식품에 많은 인산 등은 철과 불용성 염을 형성하여 흡수를 방해한다. 식이섬유도 무기질에 흡착하여 흡수를 방해하는 요인이 된다.

위산분비가 저하된 환자나 노인의 경우 철 흡수율이 감소하고 위장관 질환이나 감염, 설사 등으로 흡수불량인 경우에도 철 흡수율이 저하된다.

흡수된 철은 철수송단백질 트랜스페린(transferrin)에 결합하여 운반된다. 체내 철 함량은 성인 기준 3~5 g 정도로 약 70%가 적혈구의 헤모글로빈 형태로 함유되어 있다. 약 5%는 근육색소인 미오글로빈의 헴을 구성하고, 시토크롬 등의 산화관련 효소의 구성성분으로 약 5%의 철이 사용된다. 나머지 20%는 페리틴(ferritin)이나 헤모시데린(hemosiderin)의 형태로 간, 비장, 골수에 저장된다. 체내에서 사용된 철의 대부분은 재이용된다.

표 7-4 철분의 생체 이용률에 영향을 주는 요인

철 흡수 증진요인	철 흡수 저해요인
낮은 체내 저장량	높은 체내 저장량
적혈구의 생리적 요구량 증가	피틴산 (곡류 외피)
헴철 식품	수산 (시금치, 근대, 코코아 등)
동물성 단백질	탄닌 (차, 와인, 감, 도토리묵 등)
유당	제산제 섭취
비타민 C, 유기산	감염, 위장질환
위산분비	위산감소

(3) 철분의 기능

① 산소의 운반과 저장

철분은 산소의 운반과 저장에 관여하는 적혈구속 헤모글로빈의 헴 구성 성분이다. 적혈구 1개당 약 2억 8천만 개의 헤모글로빈이 포함되어 있으며, 1개의 헤모글로빈에는 4개의 헴이 결합되어 있다. 각각의 헴은 폐를 지나면서 산소와 결합하고 혈액순환을 통해 온몸으로 전달된다. 산소를 전달한 헤모글로빈은 노폐물인 이산화탄소와 결합 후 폐로 운반하여 배출을 돕는다. 적혈구의 생명은 약 120일 정도이며 인체는 골수에서 끊임없이 적혈구를 합성해내고 있다.

근육색소단백질인 미오글로빈의 헴에도 철이 포함되어 있다. 근육의 철에는 산소가 저장되어 있어 근육활동에 필요한 산소를 공급한다. 철분이 결핍되면 골격근과 심장근에 산소공급이 부족하게 되어 쉽게 피로해지고 육체활동이 힘들게 된다.

② 산화 · 환원반응

철분은 산화·환원 반응에 관여하기 때문에 다양한 체내 기능을 수행할 수 있다. 카탈라제(catalase) 효소의 보조인자로 산화 대사에 참여하여 과산화수소를 물과 산소로 분해하는 항산화 기능을 한다.

철은 ATP생성에 관여하는 미토콘드리아의 전자전달계에도 있다. 철을 포함하는 시토크롬(cytochrome) 산화, 환원 효소들은 체내 에너지 생성과정에서 전자의 운반체로 작용한다.

③ 면역 유지기능

면역계 세포의 합성과 유지를 위해 철분이 필요하며 체내 철이 부족하면 감염 위험성이 증가한다. 철은 적절한 면역기능의 유지를 위해 필수적인 영양소이다.

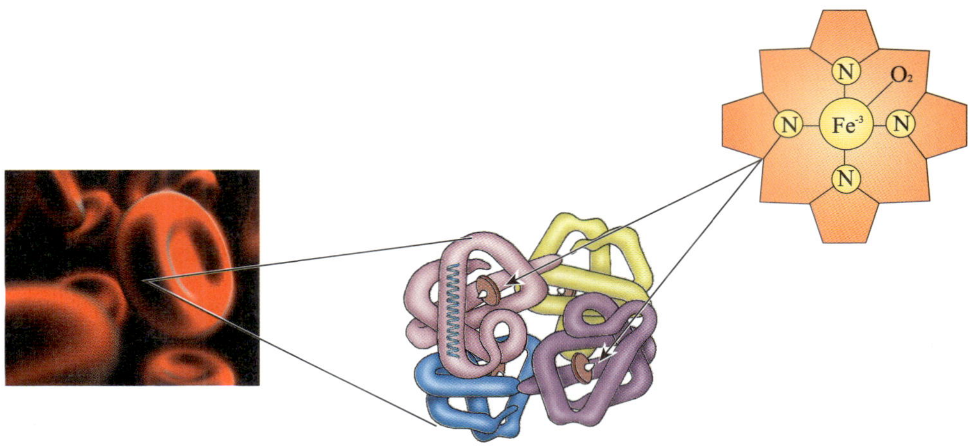

그림 7-11 적혈구, 헤모글로빈 및 헴의 구조

(4) 철분의 결핍증과 과잉증

① 결핍증

지속적인 철분 결핍 식이는 시간이 경과함에 따라 체내 철분 저장량의 감소로 이어지며 단계적 임상 증상을 나타낸다. 초기단계에서 체내 철분 저장량은 감소하기 시작하지만 생리적 변화는 관찰되지 않는다. 철분의 지속적 결핍이 있는 진행단계에서도 적혈구 생성은 감소하지만 임상증세는 아직 나타나지 않는다.

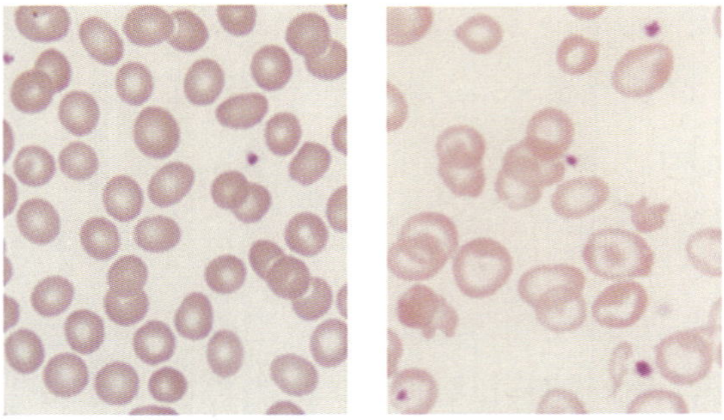

정상세포 철결핍세포

그림 7-12 철 결핍 상태의 적혈구

빈혈증상이 나타나기 시작하는 세번째 단계에서 비로소 철분 결핍성 빈혈증상(iron deficiency anemia)이 관찰되기 시작하므로 철분결핍이 발생하지 않도록 조기 진단이 필요하다. 혈청페리틴 농도 감소와 트랜스페린의 포화도 저하, 헤모글로빈 농도 감소, 적혈구 농도인 헤마토크릿 수치 감소를 통해 판정할 수 있다.

철분 결핍이 생기면 적혈구세포 크기와 수의 부족으로 허약함, 피곤, 두통, 감기, 창백함이 나타난다. 철분 결핍증상의 원인은 철분식품 공급의 불량, 철분함유량이 낮은 식생활 등으로 인한 영양불량 외에 혈액손실로 발생하기도 한다.

전형적인 혼합식이의 경우 1,000 kcal당 철분함유량은 5~6 mg이다. 1일 철분 권장섭취량은 10 mg이고, 일반적으로 성인 남성이 2,000 kcal 이상을 섭취하므로 특별한 보충제를 섭취하지 않아도 식사로부터 충분히 철분을 섭취할 수 있다. 그러나 여성의 경우는 남성보다 식사량이 적고, 철분섭취가 적으며 주기적인 생리적 혈액손실이 있기 때문에 철분 결핍증의 위험도가 더 높다. 여성의 1일 열량섭취량이 2,000 kcal 이하일 경우 체내 철분 요구량을 충분히 만족시키기 어렵다.

② 과잉증

과량의 철분은 인체에 독성으로 작용하여 철분 과잉섭취 시 간조직 손상이 초래된다. 또한 세균은 철분이 풍부한 혈액에서 더 잘 생존하므로 과잉된 철분은 감염률을 높이게 된다. 특히 어린이의 철분 과잉섭취는 치명적이므로 어린이가 철분보충제를 오 · 남용하지 않도록 주의가 필요하다.

(5) 철분의 섭취기준

2015년 한국인 영양소 섭취기준에 의하면 1일 철분 권장섭취량은 성인남성 10 mg, 성인 여성은 월경 손실량을 고려하여 14 mg이다. 반면, 상한섭취량은 성인 남녀 모두 45 mg으로 하였는데 이는 위장장애를 일으키지 않는 수준이다.

2. 아연(zinc, Zn)

아연은 체내 1.5~2.0 g 정도로 소량 존재하지만 체내 모든 세포에서 발견되며 여러 가지 효소의 보조인자로써 대사과정을 조절하는 기능을 한다. 아연은 세포막의 유지, 미각인지, 갑상선 기능, 상처회복, 정자생성, 성적 기관 및 골격 발달에 필수적인 무기질이다.

(1) 아연의 급원식품

아연은 굴, 조개, 육류, 간과 같은 고단백질 동물성 식품에 고농도로 존재한다. 건강한 성인의 체내 아연 요구는 하루 동물성 식품 1인 분량을 2회 섭취하면 충분히 제공할 수 있다. 통곡식은 다량 섭취 시 아연의 급원이 될 수 있다. 일상적인 식사에서 곡류의 피틴산은 아연의 흡수를 저해하지 않는다.

(2) 아연의 흡수와 대사

아연은 대부분 소장에서 흡수되고 소량만이 위나 대장에서 흡수된다. 소장 내강의 아연 농도에 따라 아연 농도가 낮을 때는 촉진확산으로 높을 때는 단순확산

굴　　조개　　육류　　간

그림 7-13 아연의 급원식품

으로 운반된다. 이 과정은 식이 아연의 농도에 따라 영향을 받는다. 장세포 내에서 아연은 메탈로티오네인(metallothionein) 단백질 합성을 유도하며 이 단백질은 아연과 결합하여 아연의 흡수도를 조절하는 인자가 된다.

(3) 아연의 기능

① 금속효소 구성성분

아연은 체내 모든 세포에서 발견되며 총 200여 종 금속효소의 보조인자로 기능한다. 세포증식 및 성장에 관여하는 50여 종의 효소들은 유전자 발현의 조절을 통하여 세포복제, 체세포 성장, 성적 성숙 등의 기능에 필수적으로 작용한다. 탄수화물, 지방, 단백질, 알코올 대사에도 70여 종의 아연 함유 금속 효소들이 관여한다.

② 생체막 구조의 안정화

자유라디칼 제거에 필수적인 미량무기질로 활성산소 제거효소인 SOD(superoxide dismutase)의 구성성분이다. 아연은 세포막의 구조와 기능을 유지하는데 중요한 역할을 하는 영양소이며, 아연이 부족하면 세포막에 산화적 손상을 입고 물질이동 등에 장애가 발생한다.

③ 생리적 기능 유지

아연은 체내 에너지 공급을 조절하는 인슐린 작용을 보조하여 인슐린의 민감성을 높여준다. 아연은 인슐린의 구성 성분으로 아연이 부족하면 인슐린 분비 및 기능 저하가 발생한다.

유전자 발현에 관여하는 아연은 핵산 합성을 도와 단백질 형성에 기여한다. 또한 세포의 신호전달과 호르몬 분비 및 신경자극 전달에도 영향을 미친다. 아연은 지용성 비타민 A의 이용에도 영향을 미쳐 아연 부족 시 상처회복과 성장장애가 발생한다. 그 밖에도 식욕과 미각기능 유지, 생식기관 발달, 면역체계의 정상적 발달 등에도 아연은 필수적인 영양소로 작용한다.

(4) 아연의 결핍증과 과잉증

① 결핍증

아연의 결핍은 야맹증, 탈모, 식욕장애, 감염률 증가, 상처회복 지연, 맛감각과 후각 감퇴, 어린이 성장지연, 성적 성숙지연을 초래한다.

아연은 단백질과 마찬가지로 날마다 손실되기 때문에 매일 식사로 섭취하는 보충이 필요하다. 새로운 조직합성이 필요하거나 유아, 어린이, 청소년, 임산부들은 아연의 요구량이 증가한다. 채식주의자나 다이어트를 하는 경우, 아연 결핍증의 위험도가 증가할 수 있으므로 주의가 필요하다.

② 과잉증

아연은 비교적 독성이 강하지 않다. 그러나 고농도로 섭취할 때 구토, 설사, 발열, 탈진과 같은 아연과잉증이 나타날 수 있다. 과량의 아연 보충제 섭취는 구리나 철분의 불균형을 초래한다.

(5) 아연의 섭취기준

2015년 한국인 영양소 섭취기준에 따르면 19~29세 성인의 1일 아연 권장섭취량은 남자 10 mg, 여자 8 mg이다. 임신부와 수유부는 각각 2.5 mg, 5.0 mg을 추가로 섭취하도록 권장하고 있다. 아연은 성장발달에 중요하므로 체중증가에 따라 사춘기까지 권장섭취량도 증가한다. 성인의 상한섭취량은 35 mg이다.

3. 구리(copper, Cu)

성인은 75~150 mg의 구리를 보유하고 있는데, 이 중 약 2%는 매일 교체된다. 구리는 뇌, 심장, 신장, 간, 안구, 모발에 농축되어 있지만 대부분은 혈액과 근육에 모두 존재한다. 혈액 중의 구리는 130~230 μg/dL 정도로 대부분 구리 운반단백질 세룰로플라스민(celluloplasmin)과 결합되어 존재하고 있다.

(1) 구리의 급원식품

천연식품 내에 널리 분포되어 있는데 주요 급원식품은 소간, 굴, 해산물, 견과류, 음용수 등이다.

간 굴 해산물 견과류

그림 7-14 구리의 급원식품

(2) 구리의 흡수와 대사

섭취한 식품의 구리는 약 25～40%가 흡수된다. 구리는 주로 소장 상부에서 흡수되는데 점막세포 내 함황단백질 메탈로티오네인에 의해 조절된다. 아연과 구리는 메탈로티오네인의 합성을 증가시킨다. 특히 아연은 구리와 메탈로티오네인의 결합체가 생성되는데 필요하고 이 결합체가 산화·분해되는 것을 방지한다.

흡수된 구리는 혈액 알부민이나 유리아미노산과 결합하여 간으로 이동한다. 구리의 배설은 주로 담즙과 장관에서 이루어진다. 소변으로 배설되는 양은 소량이다.

(3) 구리의 기능

① 철 이용 보조

구리를 함유한 세룰로플라스민은 환원철(Fe^{+2})을 산화철(Fe^{+3})로 전환시켜 적혈구 형성을 돕는다. 따라서 구리 결핍 시 적혈구 형성이 어려워져 빈혈이 발생하기도 한다.

② 결합조직 형성

구리는 결합조직인 콜라겐과 엘라스틴 합성에 필수적인 효소의 활성화에 관여한다. 구리가 부족한 경우 골격, 혈관, 피부조직의 비정상적 형성이 발생한다.

③ 금속효소 구성성분

활성산소 제거효소인 SOD(superoxide dismutase)의 구성성분으로 항산화 기능을 하며, 미토콘드리아 시토크롬 산화효소(cytochrome oxidase)의 보조인자로 에너지 생성에 관여한다. 신경전달물질 형성에 관여하는 효소의 보조인자로도 기능한다.

(4) 구리의 결핍증과 과잉증

① 결핍증

일반적으로 정상적인 식사를 하는 경우 구리결핍은 일어나지 않는다. 그러나 저체중 미숙아는 구리부족증이 나타날 수 있다. 태아는 간 속에 많은 양의 구리를 저장하고 태어나는데 미숙아는 정상아에 비해 저장량이 적고, 우유에는 구리함량이 낮기 때문에 빈혈이나 골격이상이 나타난다. 구리의 일반적 결핍현상은 빈혈, 백혈구의 감소, 성장저하, 심장질환 등이다.

② 과잉증

구리를 한 번에 10~15 mg 이상 섭취하면 구토증세가 나타난다. 윌슨씨병은 유전적인 결함으로 구리가 간, 뇌, 망막, 신장 등에 다량 축적되어 성장지연, 뇌손상 등이 일어나는 선천성 결함이다. 출생 후 선천적 결함진단을 통해 구리 침착을 방지하는 약물치료가 가능하다.

(5) 구리의 섭취기준

2015년 한국인 영양소섭취기준에 따르면 19세 이상 성인의 1일 구리 권장섭취량은 800 μg이며, 상한섭취량은 성인남녀 모두 10,000 μg이다.

4. 요오드(iodine, I)

인체의 요오드 함량은 15~30 mg이며, 주로 근육과 갑상선에 존재한다.

(1) 요오드의 급원식품

가장 좋은 급원식품은 해조류와 해산물이다. 기타 천연식품은 토질에 따라 요오드 함량이 다르다. 해안가에서 자란 식물들은 요오드 함량이 많다. 갑상선 예방에 요오드 함유식품의 중요성이 알려진 1930년대 이후로 스위스, 캐나다, 콜롬비아, 미국 등에서는 요오드 강화식염을 활용하고 있다.

미역 조개 굴 새우

그림 7-15 요오드의 급원식품

(2) 요오드의 흡수와 대사

식품의 요오드는 소장상부에서 빠른 속도로 거의 대부분 흡수된다. 흡수된 요오드는 단백질과 느슨하게 결합한 상태로 혈액을 따라 이동한 후 갑상선 호르몬 합성에 이용되고, 나머지는 섭취 2~3일 후 소변으로 배설된다. 뇌하수체 호르몬인 갑상선 자극 호르몬(thyroid stimulating hormone, TSH)은 갑상선으로 요오드를 유입시켜 갑상선 호르몬 합성을 촉진한다.

갑상선호르몬에는 트리요오드티로닌(triiodothyronine, T_3)과 테트라요오드티로닌(tetraiodothyronine, T_4, 티록신)이 있다. 혈중 갑상선 호르몬 티록신(Thyroxine, T_4)의 수준이 감소하면 뇌하수체에서 TSH 분비가 증가하여 갑상선 활성이 늘어나고 혈액으로 T_4 배출이 증가된다.

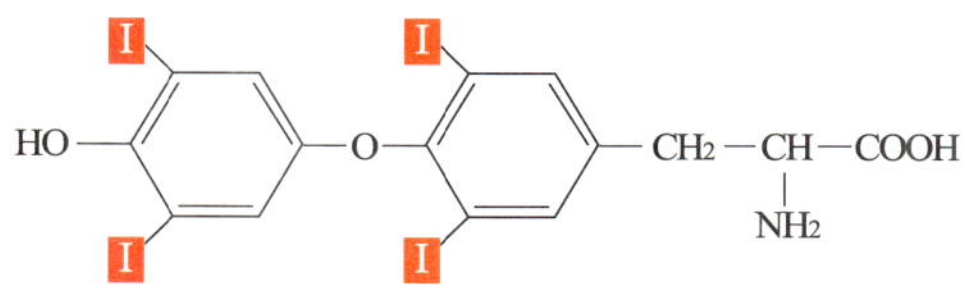

Thyroxine (T4)

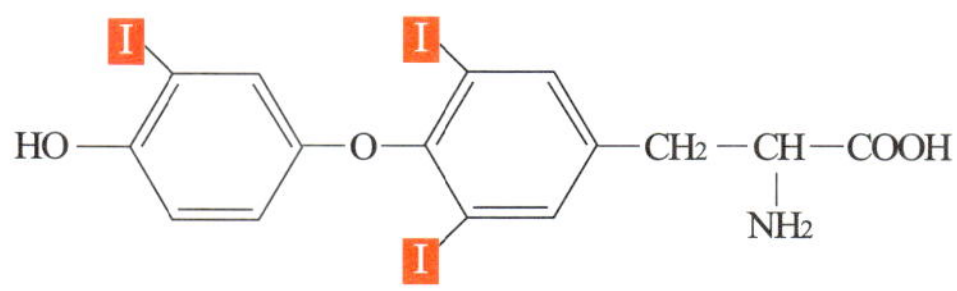

Triiodothyronine (T3)

그림 7-16 티록신과 트리요오드 티로닌

(3) 요오드의 기능

요오드는 갑상선 호르몬의 구성성분이다. 갑상선 호르몬은 요오드와 티록신 아미노산으로부터 합성되는데 만일 요오드가 부족하면 갑상선 호르몬 합성이 지연되거나 방해받는다. 갑상선 호르몬은 기초대사를 증가시키고, 체온을 일정하게 유지해주고, 단백질 합성을 돕기 때문에 성장기에 필수적인 미량무기질이다.

(4) 요오드의 결핍증과 과잉증

① 결핍증

요오드가 결핍될 때 나타나는 대표적 임상증세는 갑상선 비대증으로 단순갑상선종(simple goiter)을 유발한다. 갑상선의 비대는 뇌하수체가 갑상선자극 호르몬 분비를 자극하여 조직이 비대해지면서 나타나는 증상이다. 단순갑상선종은 토양에 요오드 함량이 낮은 지역의 사람들에게 흔히 나타나며, 쉰 목소리와 거친 피부, 탈모증상 등을 동반한다.

임신 중 모체에게 요오드 결핍이 발생하면 유산, 사산, 선천성 기형이 발생하거나 태아의 출생 직후 정신지체, 왜소증, 성장장애를 보이는 크레틴병(cretinism)으로 나타난다.

② 과잉증

1일 3 mg 이상의 요오드 섭취는 독성으로 나타날 수 있다. 일반적으로 식사를 통한 요오드 섭취는 1일 1 mg 이하로 과잉증은 드물다. 그러나 보충제 형태로 과도한 양의 요오드를 섭취한 경우 갑상선 기능 항진증이나 바세도우씨병(basedow's disease)으로 나타날 수 있으며, 기초대사율의 항진, 안구돌출 등의 증상을 보인다.

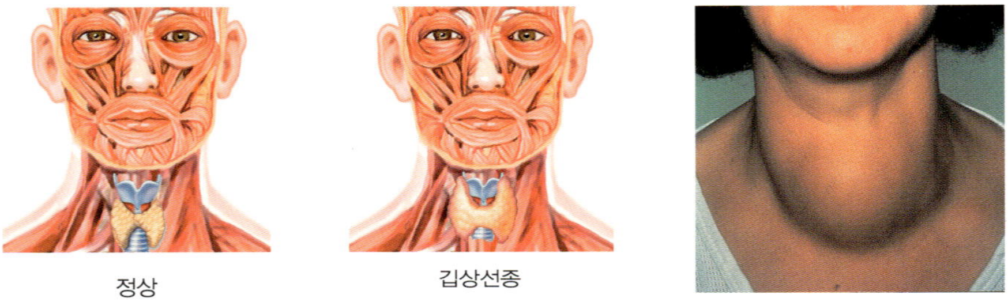

그림 7-17 갑상선 조직이 비대해진 단순갑상선종

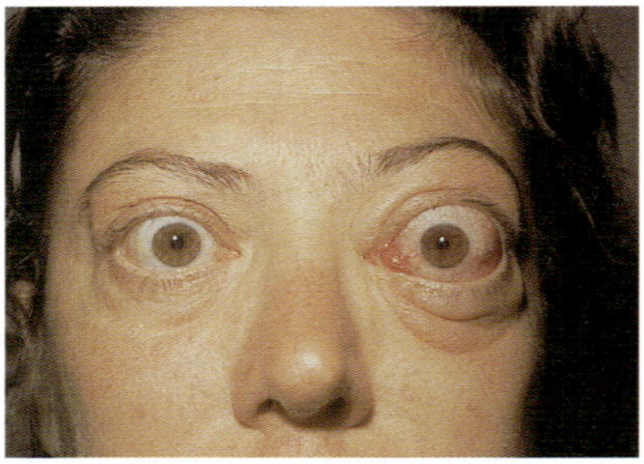

그림 7-18 안구돌출 증상이 나타나는 바세도우씨 병

(5) 요오드의 섭취기준

2015년 한국인 영양소 섭취기준에 따르면 한국 성인의 요오드 권장섭취량은 1일 150 μg으로 제시하였고, 상한섭취량은 2,400 μg으로 설정하였다.

5. 셀레늄(selenium, Se)

셀레늄은 항산화효소계(antioxidant enzyme system)의 구성요소로서 작용하여 자유라디칼에 의한 세포 손상을 예방하는 항산화 무기질이다. 현재 셀레늄을 이용하여 일부 암의 진행을 막는 효과에 대한 연구가 진행 중에 있으며, 중국의 일부 지역에서 셀레늄 농도가 낮은 토질과 심장질환 유병율과의 상관성이 있는 것으로 보고되었다.

(1) 셀레늄의 급원식품

육어류, 내장류, 조개류, 통밀, 종실류, 견과류에 풍부하게 함유되어 있다. 그러나 이들의 함량은 토양의 셀레늄 함량에 따라 다양할 수 있다. 채소나 과일류는 셀레늄 함량이 낮다.

(2) 셀레늄의 흡수와 대사

식품 중의 셀레늄은 대부분 메티오닌과 시스테인 유도체와 결합한 상태로 존재한다. 이들은 쉽게 체내에 흡수되는데 특히, 셀레노메티오닌의 흡수율이 높다. 섭취량의 80%는 소장에서 흡수되며 다른 미량무기질보다 생체이용률이 높다.

셀레늄 배설은 주로 소변을 통해 이루어지며 섭취수준이 매우 높을 때에는 호흡을 통해 배출되기도 한다.

(3) 셀레늄의 기능

셀레늄은 항산화 효소인 글루타티온 과산화효소(glutathione peroxidase)의 성분이다. 글루타티온 과산화효소는 환원형 글루타티온을 이용하여 독성의 과산화물을 안정한 물로 전환시켜서 과산화물에 의한 세포막 파괴를 방지한다. 따라서 셀레늄은 세포를 산화적 손상에서 보호하는 매우 중요한 역할을 하는 무기질이다.

셀레늄은 비타민 E와 같이 자유라디칼의 작용을 억제한다. 기전적 차이는 셀레늄이 세포질에서 과산화물 파괴역할을 하는 반면, 비타민 E는 세포막에서 이미 생성된 유리라디칼이 작용하지 못하도록 하는데 있다. 만일 셀레늄이 충분할 경우 항산화기능을 위한 비타민 E 요구량은 감소하므로 절약작용이 있다.

(4) 셀레늄의 결핍증과 과잉증

① 결핍증

셀레늄 결핍은 근육 손실 및 약화를 초래하여 심근장애, 성장저하로 나타난다. 중국 케샨지방에서 처음 보고된 케샨병은 셀레늄 결핍에 의하여 어린이나 가임기 여성에서 발생한 울혈성 심장병을 뜻한다. 급성적인 셀레늄 결핍은 심부전을 초래하고, 만성적 결핍은 심장비대나 기능저하를 초래한다.

② 과잉증

셀레늄의 과잉섭취는 토양의 셀레늄이 높은 지역에서 또는 보충제의 오남용으로 보고되었다. 과잉증은 구토, 설사, 손톱과 발톱 변화, 피로, 피부손상, 신경계 손상으로 나타난다.

(5) 셀레늄의 섭취기준

2015년 한국인 영양소 섭취기준에 따르면 한국 성인을 위한 셀레늄의 권장섭취기준은 60 μg이다. 상한섭취량은 1일 400 μg으로 설정되어 있다.

6. 망간(manganese, Mn)

망간이 필수무기질로 인식된 것은 1930년대의 일이다. 망간은 체내 수많은 금속효소의 보조인자로 중요하다.

(1) 망간의 급원식품

망간이 풍부한 식품은 통곡식, 견과류, 콩과류, 차류이다. 육류와 유제품은 망간함유량이 매우 낮다.

(2) 망간의 흡수와 대사

망간은 소장에서 단순확산과 능동수송에 의해 흡수된다. 흡수율은 약 10% 정도이다. 흡수된 망간은 간으로 이동된 뒤 췌장, 신장, 뼈 등의 다른 조직으로 운반된다. 담즙을 통한 망간의 배설은 체내 망간 수준을 조절하는 가장 중요한 인자이다. 망간의 섭취량이 적거나 체내 철분 수준이 낮을 때 망간의 흡수는 증가하며, 망간섭취량이 많거나 칼슘, 철분, 피틴산의 섭취는 망간 흡수를 감소시킨다.

(3) 망간의 기능

망간은 체내 여러 효소들의 대사반응을 촉매하는 보조인자로 작용한다. 피루브산 카복시화 효소, 콜레스테롤 합성효소, 요소 합성 등 탄수화물, 지질, 단백질의 대사에 고루 중요하다. 망간은 활성산소 제거효소인 SOD의 구성성분으로도 관여하여 항산화 인자로 기능하다.

(4) 망간의 결핍증과 과잉증

① 결핍증

망간의 결핍증은 지금까지 보고된 바 없다. 추정되는 결핍 증세는 성장지연, 골격근 이상, 포도당 대사 이상, 생식기능 이상 등이 있다.

② 과잉증

망간의 과잉증은 장기간 완전정맥영양을 받는 어린이와 산업가스, 자동차배기가스 흡입에 의한 독성이 보고된 바 있다. 또한 망간 독성은 심각한 신경손상을 일으키고 증상이 발전되면 파킨슨병(근육경직, 경련)이 나타난다.

(5) 망간의 섭취기준

2015년 한국인 영양소 섭취기준에 따르면 망간의 19세 이상 성인의 1일 섭취기준은 최대 무독성량인 11 mg 을 상한섭취량으로 하고, 충분섭취량은 남자 4.0 mg, 여자 3.5 mg 으로 설정되었다.

7. 불소(fluorine, F)

불소는 미국의 특정지역 음용수에서 발견되어 치아에 검은 반점을 나타내는 과잉증세 때문에 연구가 시작되었으나 후에 이들 지역 어린이에게 충치발생률이 낮음이 밝혀져 그 중요성이 인식되었다. 불소는 체내에서 95%가 치아와 뼈에 존재한다.

(1) 불소의 흡수와 대사

불소는 위와 소장에서 쉽게 흡수되는데, 흡수된 불소는 신장을 통하여 대부분 소변으로 배설된다. 골격과 치아에 대한 친화력이 높아 섭취량이 증가하면 쉽게 축적된다. 식이 중 마그네슘은 불소의 흡수율을 낮추어 생체이용률을 떨어뜨린다. 불소의 축적속도는 성장기에 비해 성숙 후에는 감소한다.

음용수 중의 불소는 거의 완전히 흡수되므로 충치예방 효과측면에서 불소정제나 식품보다는 음용수 불소강화가 보다 효과적이다. 우리나라에서는 일부 지역에서 수돗물에 불소를 첨가하고 있다. 일반적으로 불소화된 수돗물은 1~2 ppm 정도의 불소를 함유하고 있다.

(2) 불소의 기능

불소의 주된 기능은 충치예방이다. 충치의 주원인은 미생물에 의해 형성된 산에 의한 치아 에나멜층 부식이다. 불소는 치아에 존재하는 칼슘-인산염 중의 수산기와 대치되어 플루오르아파타이트(fluorapatite)를 형성하여 산에 대한 저항성을 증가시켜 충치발생을 억제한다. 불소는 폐경 이후 여성의 골다공증 방지에도 기여한다.

(3) 불소의 결핍증과 과잉증

① 결핍증

체내 불소 균형을 위해서는 성인의 경우 일일 0.5 mg이 필요하며 1.5~4.0 mg이 권장되고 있다. 미국인의 경우 불소섭취량은 수돗물에 첨가하는 지역에서는 약 0.9 mg을 정책적으로 수돗물에 불소를 첨가하는 경우 약 1.7 mg으로 나타났다. 따라서 음용수를 이용한 불소 강화는 불소결핍예방에 상당한 의미가 있다고 할 수 있다.

② 과잉증

불소를 지나치게 많이 섭취하면 불소의 치아침착 즉, 반점이 나타난다. 장기적인 불소의 과잉섭취는 골격건강, 신장 기능, 근육과 신경계 이상을 초래할 수 있다.

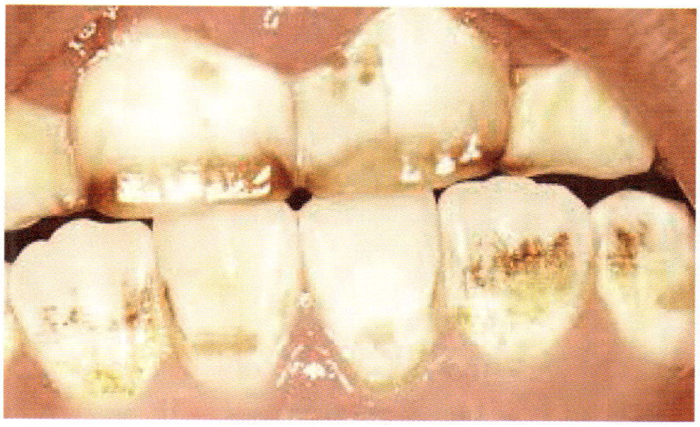

그림 7-19 불소침착증인 반상치(fluorosis)

(4) 불소의 섭취기준

2015년 한국인 영양소 섭취기준에 따르면 한국 성인의 불소섭취는 일일 충분섭취량으로 남자(19~49세) 3.5 mg로 설정되었고, 여자(19~29세)는 3.0 mg, 30세 이후는 2.5 mg으로 설정되었다. 불소의 1일 상한섭취량은 남녀 모두 10 mg이다.

8. 몰리브덴(molybdenum, Mo)

동물과 인체의 몰리브덴 필요량은 다른 미량원소에 비해 매우 소량이다. 그러나 유전적 결함으로 몰리브덴이 결핍되면 대사이상을 초래할 수 있다는 결과를 근거로 몰리브덴은 필수무기질로 인식하게 되었다. 몰리브덴이 풍부한 주요 식품으로 밀배아, 통곡식, 말린 콩 등이 있지만 식이 몰리브덴은 토양과 환경에 따라 차이가 크다.

(1) 몰리브덴의 흡수와 대사

식이 몰리브덴의 흡수율은 25~80%이다. 특히, 식이 내 몰리브덴 함량이 낮을 때 흡수효율은 증가한다. 몰리브덴의 흡수는 여러 가지 식이요인에 의해 영향을 받는데 특히, 철분이나 구리와 경쟁적으로 흡수된다. 흡수된 몰리브덴은 재빨리 전환되는데 신장을 통해 몰리브덴 이온형태로 소변을 통해 배설된다. 몰리브덴의 항상성은 흡수조절보다는 배설을 통해 이루어진다. 소량의 몰리브덴이 담즙으로 배설된다.

(2) 몰리브덴의 기능

몰리브덴은 잔틴탈수소효소나 잔틴산화효소, 알데히드 산화효소 등 산화, 환원에 관여하는 효소의 보조인자이다. 잔틴산화효소는 잔틴을 요산으로 전환시키는 효소이다. 또한, 몰리브덴은 알데히드산화효소의 보조인자로서 피리미딘과 퓨린 등의 산화를 억제한다.

(3) 몰리브덴의 결핍증과 과잉증

몰리브덴의 결핍이나 독성은 드물다. 정상적인 식이를 하는 사람에서 몰리브덴 결핍증은 관찰되지 않지만 정맥영양을 받는 환자에서 결핍증세가 발생한다. 심장박동 증가, 호흡곤란, 부종, 허약증세와 혼수는 대표적인 결핍증이다.

몰리브덴은 비교적 독성이 적은 원소로서 매우 많은 양을 섭취해야만 과잉증이 나타난다. 대표적인 몰리브덴 과잉증은 혈중 요산의 증가나 그 결과로 인한 통풍이다.

(4) 몰리브덴의 섭취기준

한국인을 위한 몰리브덴 영양소 섭취기준(2015)에서는 19세 이상 성인에게만 권장 섭취량을 설정하여 남자 19~29세 30 μg/일, 여자 19~29세 25 μg/일, 30세 이상 남녀 모두 25 μg/일으로 설정하였다.

9. 크롬(chromium, Cr)

동물 실험을 통하여 크롬은 내당성 인자의 주요 활성 성분으로 탄수화물은 물론 지질 대사에도 관여하는 필수 무기질로 알려져 있다.크롬은 내당성 인자(glucose tolerance factor, GTF)와 유기 복합체를 이루어 인슐린의 작용을 강화하여 혈당조절에 기여하며 혈중 중성지방 수치의 감소에도 도움을 준다는 연구결과가 보고되었다. 대표적으로 크롬 급원식품은 간, 달걀, 통곡식, 밀배아, 육류, 효모이다.

당뇨병 환자가 경관급식(tube feeding) 시 크롬을 보충한 이후 당뇨병 증세가 호전되어 인슐린을 투여할 필요가 없어졌다는 연구보고를 근거로 크롬은 인슐린과 상호 작용하는 중요한 무기질로 인식되었다. 크롬은 또한 인슐린 작용을 강화하는 물질합성조절에도 관여한다. 결핍증은 흔하지 않으나 크롬이 결핍될 경우 내당성이 떨어진다. 인체에서 크롬 결핍은 장기간 경관급식을 하는 경우인데 동물실험 결과와 일치하여 당내성과 인슐린 반응이 떨어지며 혈당이 증가하고 당뇨가 나타난다.

2015 한국인의 영양소 섭취기준에 크롬은 미국 국립과 학원의 자료를 참조하여 새로이 설정되었다. 1일 충분섭취량으로 19세 이상 남자 35 μg, 여자 25 μg으로 상한섭취량은 설정되지 않았다.

10. 코발트(cobalt, Co)

코발트는 악성빈혈을 예방하는 비타민 B_{12}의 구성 성분으로 필수 미량무기질이지만 인체는 코발트로부터 비타민 B_{12}를 합성하지 못한다. 반추동물의 내장 박테리아가 코발트 이온을 활용하여 비타민 B_{12}를 합성하면 사람은 동물성 식품을 섭취함으로써 비타민 B_{12}를 공급받는다.

코발트 섭취 부족으로 인해 발생하는 결핍증은 거의 없으나 과잉 섭취 시 독성이 있다. 한국인 영양섭취기준에 코발트의 영양섭취기준은 설정되어 있지 않다.

표 7-5 다량무기질의 기능 및 급원식품

비타민	급원식품	주요기능	결핍증상	독성증상
칼슘	우유, 유제품 뼈째 먹는 생선 두부, 녹색잎채소 콩류, 강화식품	• 뼈와 치아의 주요 무기질 • 근수축과 이완 • 신경전달기능 • 혈액응고	골다공증 골연화증	신장결석
인	육류, 가금류, 생선류, 유제품, 탄산음료, 가공식품	• 체내 모든 세포를 구성함 • 뼈와 치아의 무기질화 • 체액의 산염기 평형 • 에너지 대사에 이용됨	근무력감 뼈통증	고인산혈증
마그네슘	견과류, 콩류, 전곡류, 짙은녹색채소, 해산물, 초콜릿, 코코아	• 뼈의 무기질화 • 단백질합성 • 효소작용 • 정상적인 근수축 • 신경전달	허약감, 혼란 췌장 호르몬 분비 감소 성장저해	하제로부터 과량섭취가능 저혈압 혼수, 사망
나트륨	소금 간장 가공식품 조미료 패스트푸드	• 정상적인 체액의 산염기평형유지 • 신경계자극전달	근육경련 무관심 식욕감퇴	고혈압
염소	소금 간장 가공식품	• 위산 성분 • 소화 • 체액평형	어린이성장저해 근육경련 무관심 식욕감퇴	구토
칼륨	모든 식품	• 글리코겐 저장 • 단백질합성 • 체액균형 • 신경전달 • 근수축	근무력감 탈수 혼란 사망	근무력감 구토 정맥주사 시 심장이 정지할 수 있음
황	단백질 식품	• 함황아미노산 성분 • 비오틴 성분 • 티아민 성분 • 인슐린 성분	성장지연	

표 7-6 미량무기질의 기능 및 급원식품

무기질	급원식품	주요기능	결핍증상	독성증상
철분	붉은살코기, 가금류, 어패류, 달걀, 콩류, 건과일, 강화시리얼	• 헤모글로빈 합성 • 에너지 이용	빈혈, 허약, 두통, 면역력저하, 집중력감퇴, 잦은 감기	감염증가 간손상 구토 변비
아연	동물성단백질 식품	• 인슐린/여러 효소의 성분 • 유전물질합성 • 면역 • 비타민 A운반 • 미각유지 • 상처회복 • 정자생성 • 태아발달	어린이성장저해 생식기발달지연 미각상실 상처회복지연	열 오심 구토 설사 신부전
구리	내장육 해산물 견과류	• 세룰로플라스민 성분 • 산화철 형성 • SOD 성분	빈혈	구토
요오드	요오드강화소금 해산물	• 티록신 성분 • 기초대사조절	갑상선종 크레티니즘	갑상선기증항진증
크롬	전곡류 가공육류	• 내당인자 성분 • 대사조절	비정상적 당대사	피부와 신장손상
불소	음용수, 차, 해산물	• 뼈와 치아의 강화 • 충치예방	치아부식 내성	오심, 구토, 설사

Chapter 8

수분

Chapter 8

수 분

수분(H_2O)은 대부분 세포들의 주요 구성성분으로 깨끗한 맛과 향이 없는 액체이다. 수분은 체내성분의 2/3를 차지하며 혈액의 90%는 수분으로 되어 있다. 우리 신체는 체중의 10%에 해당하는 수분을 잃어버리면 건강을 위협받으며, 20%를 잃게 되면 죽음으로 이어진다. 이처럼 생명유지에 절대적인 수분은 세포 전체 중량의 70~90%를 차지한다.

수분은 세포의 생명활동에 필요한 영양물질을 이동시키고, 그 영양물질을 산화하는 데 필요한 산소를 공급해 주며 대사과정의 결과로 생기는 노폐물을 용해하는 용매로서 대사물질 등의 재분배와 배설하는 경로에 이용된다.

그 밖에도 수분은 우리 몸에서 지속적으로 일어나는 대사과정 중에 발생하는 열을 흡수하고 발산하기도 한다. 이때 발생한 열은 체내 효소나 구조에 손상을 줄 수 있으므로 수분이 열을 흡수하고 발산하여 땀을 통해 열을 발산하는 등의 온도조절의 역할을 한다. 또한 수분은 체내에서 산-염기 평형조절, 체액의 항상성과 분배, 배설 및 재흡수 등의 생리적 기능에 관여하므로 생명체에 없어서는 안 될 필수불가결한 요소이다.

8-1 수분의 체내 분포

체수분은 크게 세포내액(intracellullar fluid : ICF)과 세포외액(extracellular fluid : ECF)으로 구분하는데 골격조직, 지방조직, 근육조직 등의 세포를 구성하는 세포내액이 전체의 2/3를 차지하고, 세포외액은 1/3을 차지한다.

세포외액은 혈관을 흐르는 액체혈장, 조직세포 사이의 작은 공간에 위치하는 간질액, 그 밖에 림프액, 뇌척수액, 눈의 내액, 관절액, 장액, 위장소화분비액 등이 해당한다.

세포외액 중 특히, 간질액(interstitial fluid)은 세포조직 층과 혈관 사이에 존재하는 체액으로써 세포내외의 물질교환이 일어나는 장소이다. 이 액체가 림프관으로 유입되면 림프액이 되며 과잉 조직액은 림프관을 통해 제거되기도 한다.

그 밖에 세포횡단액(transcellular fluid)인 타액, 소화액, 각종 점액, 뇌척수액, 안구액 등도 세포외액을 구성한다.

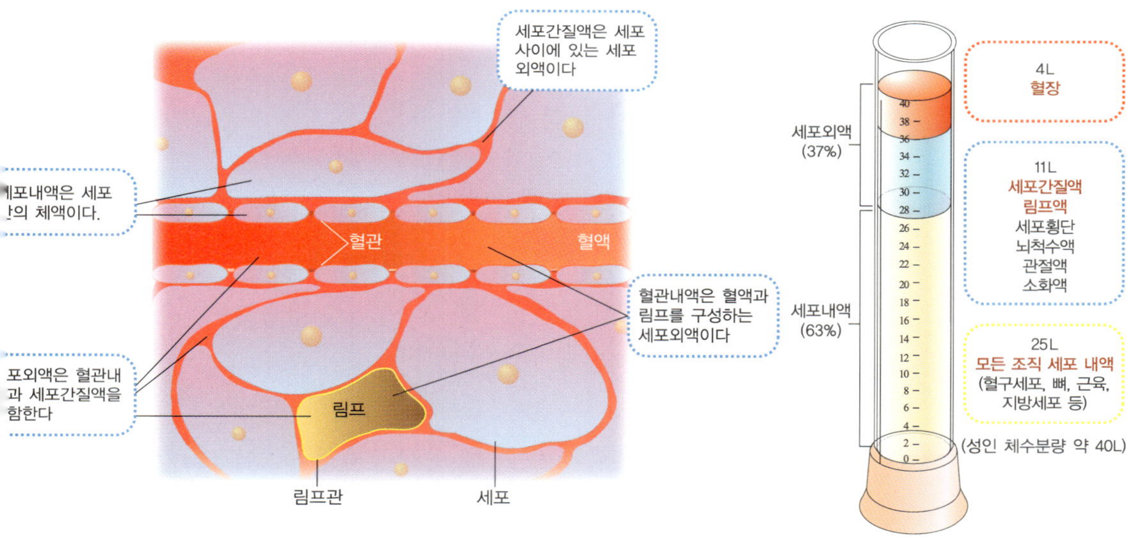

그림 8-1 세포내액과 세포외액

8-2 수분의 영양생리학적 기능

1. 신체 구성분

체내 수분량은 몸의 구성성분 중 가장 많은 부분을 차지하며, 신생아기에는 체중의 약 75~80%, 성인 남성과 여성 각각 60%, 55%, 노인기에는 약 45~50%를 차지한다. 우리 몸의 체수분은 12세까지는 남녀가 유사하나 그 이후에는 근육과 체지방 조성에 성별차이가 생기면서 여성이 남성보다 체수분 함량이 낮아진다.

제지방(fat free mass : 근육, 심장, 간 등)에는 70~75%의 수분이 존재하고, 지방조직(adipose tissue)에는 5~25%의 수분이 존재할 뿐이다. 따라서 체지방 조성 비율이 높아지는 여성과 노인에게서 점차 근육량이 감소하면서 체내 함유된 수분 양이 감소하게 된다.

2. 생화학 반응의 용매

두 개의 수소 원자와 한 개의 산소 원자로 구성되어 있는 수분 분자의 기하학적 구조와 극성 성질은 수분의 여러 가지 화학적 성질과 용매로서의 특성을 결정짓는다. 생체 성분의 대부분은 수분에 용해되어 있을 때 활성을 나타내며 수분은 영양소를 비롯한 다양한 물질들을 위한 생화학 반응의 매개체로 작용한다. 세포수화(cell hydration)는 세포의 물질대사는 물론 세포기능의 유지와 유전자발현을 조절하는데도 매우 중요하다.

3. 운반작용

수분은 체내에서 영양소를 공급하거나 노폐물을 배설하는 운반매체로도 중요하다. 혈장(plasma)에는 영양소와 단백질 등이 녹아 있고 모세혈관 벽을 통과하여 물질교환을 한다. 소화, 흡수된 영양소들도 모세혈관이나 림프액을 따라 체내 조직으로 이동한다. 세포 내에 생성된 대사산물은 세포외액에 노폐물로 배출된다. 세포외액 중 간질액은 수분과 용질분자 확산에 의한 혼합액이고, 혈액은 혈액순환으로 신체 각 부위 간질액이나 세포내액과 항상 교류될 수 있는 순환액이다.

이렇게 체액은 혈액 또는 림프액을 따라 산소, 영양소, 호르몬, 기타 물질들을 각 세포 조직으로 이동시키고, 대사과정에서 나온 노폐물, 탄산가스, 암모니아, 그 밖의 전해질들은 폐와 신장 및 피부와 대장으로 이동시켜 배출시킨다. 체수분의 이동은 운동, 열노출, 체열, 설사, 상처, 피부화상, 수분회전율(water turnover rate) 등에 의해 영향을 받는다.

4. 체온조절

근수축이 발생하면 열생산량은 안정시의 10~20배나 증가하여 근육 온도가 상승하고 근조직을 관류하는 정맥혈에 그 열이 전달되어 심부 체온이 상승하게 된다. 우리 몸은 일정한 체온을 유지하기 위해 신체 여러 영역의 간질액이나 세포내 수분을 배출하여 온도를 낮추게 되는데, 체내의 대사열을 흡수하는 생리적 특성이 있는 수분은 발한과정을 통해 땀으로 체열을 배출하는 중요한 요소로 작용한다.

근육 글리코겐은 저장될 때 많은 양의 수분과 결합되어 있기 때문에(글리코겐 g당 약 3 g 정도) 운동할 때 발생하는 체열을 낮추는데 어느 정도 도움을 준다. 그러나 장시간 운동이나 노동으로 심한 발한이 계속되면 저장성 수분을 잃게 되어 탈수상태에 빠질 수 있다.

탈수현상으로 혈액량이 감소하게 되면 심장은 더 많은 횟수로 수축하게 되므로 체온조절능력 감소와 함께 운동능력도 감소하게 된다. 그러므로 운동을 할 때는 적절한 수분공급을 하여 체온조절은 물론 운동능력이 저하되는 것을 방지해 주어야 한다.

① 고체온증

땀은 피부에서 수증기로 변화할 때 많은 열을 사용하므로 땀이 증발할 때마다 피부표면과 혈액을 식히게 된다. 그러나 무더운 날씨인 경우에는 공기 중에 많은 수분을 품고 있기 때문에 땀이 증발할 수가 없어 우리 몸의 열이 높아지는 고체온증이 나타난다. 이러한 상태에서 육체적인 활동을 하게 되면 열사병으로 이어질 수 있으므로 예방책이 필요하다. 운동 전과 도중에 수분을 충분히 마시고, 힘이 들면 휴식을 취하고 땀이 잘 증발될 수 있는 얇은 옷을 입도록 한다.

② 저체온증

기온이 많이 떨어지는 겨울철에 발생하는 저체온증이나 체온손실은 열사병 못지 않은 치명적 위험요인이다. 저체온증의 초기증상은 추위, 떨림, 무감각, 움츠림 증상 등으로 가볍게 나타나지만, 체온이 내려갈수록 떨림이 사라지고 방향감각의 손실, 불분명한 언어 사용 등의 행동 변화가 나타난다.

저체온 환경에서도 인체에는 피부와 호흡기를 통한 수분손실이 일어나므로 수분섭취가 지속적으로 필요하며 저체온증으로 인한 사망 등을 예방하기 위하여 몸을 따뜻하게 할 수 있는 음료를 공급하도록 한다.

5. 윤활제 및 외부충격으로부터의 보호

수분은 눈, 척추, 태아를 둘러싼 양수, 관절 사이의 관절활액 등을 구성하며 외부 충격으로부터 신체를 보호하는 중요한 역할을 한다. 신경조직 주변의 수분은 윤활제 역할을 하며, 신경은 수분 환경에서 자극 전달이 원활해진다.

6. 전해질 평형(electrolyte balance) 유지

신체의 모든 세포는 항상 세포내·외액의 환경을 일정하게 유지하고 있으며 이것을 세포액의 항상성(homeostasis)이라고 한다. 체액의 삼투압이나 pH도 이러한 항상성에 따라 유지되고 있으며 수분은 이러한 항상성 유지 기전에 중요한 매개체로 작용한다. 체내 수분에 용해되어 있는 생체 성분들은 산이나 염기로 작용하여 pH 조절에 참여하고, 전해질로서 체액의 세포내외 분포를 일정하게 유지시켜 주는 데 관여하기도 한다.

전해질이란 수분에 녹아서 전기적 성질을 띠는 양이온과 음이온으로 세포외액에 주로 분포하는 나트륨(Na^+), 염소(Cl^-) 이온과 세포내액의 칼륨(K^+) 이온이 가장 대표적이다.

체액에 있는 전해질은 세포 안과 밖에 분포 차이가 있으며 생체 세포막에 있는 나트륨–칼륨 이온펌프(Na/K-ATPase ion pump)가 두 전해질의 세포 내외로의 재배치를 돕는다. 이들 두 가지 양이온의 세포 내외 차이로 신경전달과 근육수축 등의 기능이 유지된다.

그 밖의 세포기능에 양이온인 칼슘(Ca^{2+}), 마그네슘(Mg^{2+}) 등도 관여하여 신경 흥분, 막 투과성 조절, 효소 활성화 등의 기능을 수행하며 다양한 대사활동을 조절하기도 한다. 인산, 중탄산이온 등의 전해질은 체액 pH 조절을 위한 중요한 완충계로 작용한다.

표 8–1 세포내액과 외액의 주요 전해질

세포내액	세포외액
양이온	**양이온**
• 칼륨(K^+)	• 나트륨(Na^+)
• 마그네슘(Mg^{2+})	• 칼슘(Ca^{2+})
음이온	**음이온**
• 인산 HPO_4^{2-}, $H_2PO_4^-$ 등	• 염소(Cl^-)
	• 중탄산 이온(HCO^{3-})

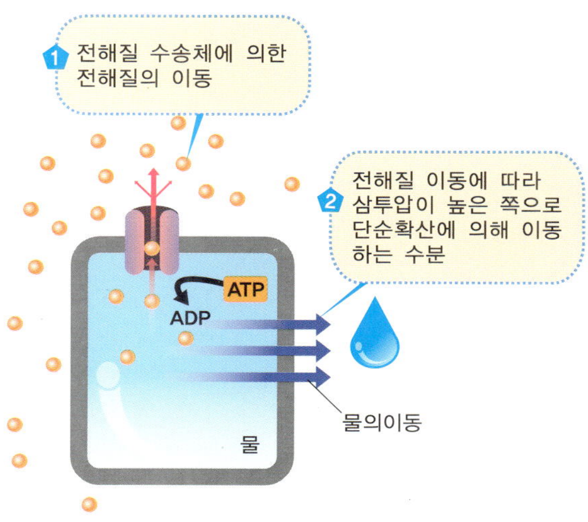

그림 8–2 전해질 손실에 따른 체액의 이동

8-3 수분 급원과 섭취기준

1. 수분 급원

인체는 수분을 식품과 음료의 섭취로 대부분 공급받는다. 일부 식품은 상당량의 수분을 포함하며 매일 공급되는 수분량의 큰 부분을 차지한다. 인체는 또한 탄수화물, 지질, 단백질을 체내 대사 시키며 발생한 대사수를 활용할 수 있다.

표 8-2 식품 100g 당 수분함량

식품명	수분함량(g)	식품명	수분함량(g)
멥쌀(밥)	58.5	감 (연시)	83.8
멥쌀(죽)	82.9	감(단감)	72.3
멥쌀(미음)	95.0	감(곶감)	30.1
라면(건면)	8.2	바나나(생것)	76.9
라면(조리한 것)	77.4	사과(부사)	83.6
소면(마른 것)	11.0	포도(거봉)	84.0
소면(삶은 것)	67.3	감귤(생것)	87.8
식빵	33.8	참외	89.0
비스킷(소프트)	3.2	자몽(생것)	91.4
크래커	4.0	파인애플(생것)	92.9
튀밥	5.6	수박(적육질)	93.2
가래떡	41.9	명태(생것)	80.3
백설기	43.0	명태(마른 것)	31.1
꿀	20.0	명태(마른 것, 노가리)	14.6
대두(노란콩, 마른 것)	9.7	명태(동태)	82.3
대두(노란콩, 불린 것)	10.3	명태(코다리)	75.1
대두(노란콩, 삶은 것)	61.7	명태(포)	11.3
대두(두부)	82.8	명태(황태)	10.6
풋고추	92.6	명태(알)	73.5
오이(재래종)	96.3	오징어(생것)	77.5
김치(깍두기)	88.4	오징어(마른 것)	19.5
김치(나박김치)	95.1	해삼(생것)	91.8
김치(배추김치)	90.8	해삼(마른 것)	1.5
표고버섯(생것)	90.8	골뱅이(생것)	70.5

출처 : 농촌진흥청, 식품 칼로리와 영양성분표(2007년)

영양소 이화과정에서 생산된 대사수는 이산화탄소와 함께 폐를 통한 호흡으로 배출되기도 한다. 탄수화물, 지질, 단백질은 g당 각각 0.6 mL, 1.1 mL, 0.4 mL의 대사수를 배출한다. 따라서 지질식품 섭취가 많은 경우 지질 연소로 발생하는 대사수가 증가하면서 체수분 공급 필요량이 감소하기도 한다.

2. 수분 섭취기준

일상적으로 인체는 수분의 공급과 배출 사이에 균형을 유지하며 체중의 변동 중 300 g 정도는 체액의 이동범위에 해당한다. 사람은 필요한 수분량보다 1 L 정도 더 많은 수분을 마시게 되는데, 더운 환경에서 땀을 흘리는 경우를 제외하면 대체로 이 정도의 양을 소변으로 배설한다.

신장기능이 저하되면 신장의 집합관에서 호르몬 조절작용이 약해지고 수질의 고삼투질농도가 유지되지 않아 요농축 기능이 감소한다. 정상인의 경우, 밤에 수면 중 수분 섭취가 없는 상태에서는 항이뇨호르몬 작용이 증가하고 요량이 감소하지만, 신장기능이 저하된 환자에게서는 야간 다뇨 증상이 나타나기도 한다.

정상 상태라면 섭취한 수분만큼 배설하므로 일상적으로 배설한 만큼의 수분을 섭취하면 된다. 임상적으로는 24시간 요량을 측정하여 섭취량의 기준을 정한다. 그리고, 배설량에 피부발한이나 호흡을 통한 불감손실량(1일 약 800 mL)이 더해지면 1일 수분손실량을 알 수 있다.

① 수분공급

사람이 하루에 섭취하는 수분량은 계절에 따라 차이가 있으나 약 2 L 정도이다. 음료수로 마시는 수분은 평균 1,200 mL이며, 음식에 든 수분량은 700 mL이고, 대사수는 300 mL로 모두 합해서 2,200 mL 정도이다.

② 수분손실

체내에서 수분 손실은 피부의 수분증발(600 mL), 폐호흡(200 mL), 대변(10 mL)과 요(1,300 mL)를 통해 일어나며, 이 중에서 피부를 통한 수분 증발과 날숨을 통한 수분 손실 800 mL 정도는 우리가 느끼지 못하는 불감수분 손실량에 해당한다.

③ 수분공급과 손실의 균형

수분의 공급과 손실은 항상 같은 양으로 이뤄지게 되므로 체내 수분량에 큰 변동이 없는 수분 균형 상태를 이루게 된다. 만약 체내에 수분이 부족하게 되면 갈증을 느껴 수분을 마시게 되고 과잉 수분이 공급되면 소변량을 증가시켜 체내 수분량을 조절하게 된다. 인체가 섭취한 수분량은 식품으로 공급된 수분량과 음료로 섭취된 수분량을 모두 포함한다.

총 수분섭취량(total water intake) = 식품에 함유된 수분량 + 액체음료 섭취량

2015년 한국인의 영양소 섭취기준에서는 연령별로 수분의 충분섭취량을 설정하였다. 대사 에너지 1 kcal당 약 1 mL의 수분이 요구되므로 에너지 필요추정량에 준하여 19~29세 남자 성인의 경우 1일 총수분 2,600 mL(액체 1,200 mL), 여자 성인은 2,100 mL(액체 1,000 mL)로 책정하였다.

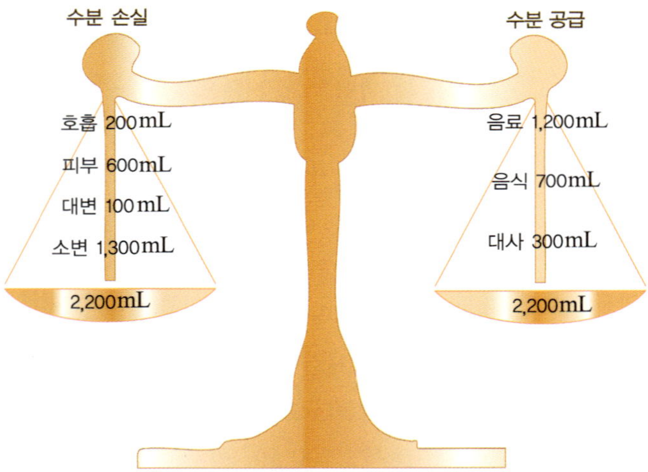

그림 8-3 체내 수분공급과 손실의 일일 균형(mL)

8-4 수분과 건강문제

1. 탈 수

체액 손실은 출혈, 화상, 구토와 설사의 지속 또는 심한 운동에 의해 땀으로 체수분의 손실이 일어나거나 이뇨작용이 일어날 경우 수분균형이 기준 이하가 되어 발생할 수 있다.

탈수(dehydration)를 동반한 과잉손실은 진성당뇨나 요붕증(항이뇨호르몬의 분비나 작용이상) 등의 내분비 이상으로 발생하며 마르고 건조한 피부, 배설물 감소, 혈압저하, 빠른 심장박동, 혼수현상 등을 초래한다. 주로 세포외액의 체액을 잃게 되고 삼투압에 따라 일어나는 탈수도 수분의 부족과 함께 전해질의 손실로 나타난다. 특히 더운 날에는 땀으로 많은 전해질이 손실되므로 혈액의 전해질 균형에도 영향을 미칠 수 있다.

체내 수분 섭취가 부족할 때에는 항상성 유지가 위태롭게 되어 신체기능과 건강을 해칠 수 있다. 고열, 설사, 과도한 발한이 장기간 계속될 때 수분섭취가 부족하면 탈수 현상이 나타난다.

체중의 약 2%에 해당하는 수분이 손실되면 갈증을 느끼고, 4% 손실 시에는 근육피로감, 20% 이상 손실 시에는 사망을 초래할 수도 있다. 특히, 노인들은 탈수 감지기능이 약해져 자신의 몸에서 탈수증상이 있는지 인지하지 못하는 경우가 많으므로 충분한 양의 수분을 매일 섭취하도록 주의한다. 영 · 유아의 경우에도 탈수 증상이 쉽게 나타날 수 있는데 이는 단위체중당 체표면적이 넓어 수분증발량이 많고 요농축 정도가 낮기 때문이다.

체내 부족한 수분은 갈증반응 호르몬으로 알려진 항이뇨호르몬(ADH: antidiuretic hormone)에 의해 요배설량이 조절됨으로써 이루어진다. 뇌하수체 후엽에서 분비되는 이 호르몬은 바소프레신(vasopressin : '혈관수축' 이란 뜻)이라고도 알려져 있으며 수분배출 억제와 동시에 혈관을 수축시켜 탈수로 저하된 혈압을 정상화 시킨다.

2. 수분중독

수분중독(water intoxication)은 단시간에 많은 수분을 섭취하는 경우 발생하며 탈수 못지않게 위험하다. 수분 과잉섭취 시에는 나트륨농도가 저하되어 저나트륨혈증(혈청 나트륨 농도 135 mmol/L 미만)이 발생한다. 전해질이 희석되면 세포내외의 균형을 맞추기 위하여 세포외액의 수분이 세포내로 이동하여 중추신경계 부종, 폐 응혈, 근육약화를 유발한다. 이때 130 mmol/L 이하로 수치가 낮아지면 치명적인 신장손상 등의 장애가 나타난다. 우리 몸에서 신장이 배설할 수 있는 수분량은 시간당 최대 0.7~1.0 L 로 한계가 있다.

수분 과잉섭취에 의한 저나트륨혈증은 장시간 지구력이 필요한 운동선수에게도 나타날 수 있으므로 나트륨이 함유된 음료를 공급하여 예방한다. 수분중독의 증상은 메스꺼움, 구토, 근육경련, 대뇌부종, 방향 감각 상실, 발작, 혼수 등이다. 전해질 희석으로 세포 내로 유입된 수분에 의한 세포팽창이 증상의 주요 원인이며 방치되면 사망에 이를 수도 있다.

3. 부 종

부종(edema)은 세포 간질액에 누적된 수분이 혈류로 되돌아오지 못할 때 발생하며 동맥과 정맥 모세혈관 교질삼투압의 불균형이 원인이 된다. 동맥 끝 쪽 모세혈관에서는 혈장이 강하게 조직 체액으로 나가지만 정맥 쪽 모세혈관으로 되돌아오는 데는 실패하여 세포 사이의 공간이 체액으로 가득하게 되고 혈류에서는 혈장의 손실증가가 일어난다. 세포 간질액의 과잉액체는 영양소와 산소의 확산을 방해하여 정상적인 조직의 기능을 유지하기 어렵게 만든다.

주로 저단백질혈증에 의한 단백질 영양불량의 결과로 나타나며, 간질환(혈장단백질의 정상공급 불가) 환자나 사구체신염(신장 여과기능을 담당하는 사구체에 염증이 발생하여 혈장단백질 손실 증가) 환자에서도 발생한다.

체내에 과량의 나트륨이 보유되는 경우에도 세포외액의 삼투압 증가로 부종이 발생한다. 나트륨 과다 음식을 섭취하고 소변 배출없이 수 시간이 지나면 체내에서는 나트륨 증가로 상승된 삼투압을 저하시키기 위하여 항이뇨호르몬을 분비하여 수분배출을 억제하도록 조절하게 되고 아침에 부종이 발생하게 된다.

4. 체지방 감량과 수분

수분은 글리코겐과 함께 저장됨으로써 에너지 저장에 관여한다. 따라서 수분을 섭취하지 않으면 포도당은 그대로 혈액 속에 남아 간으로 운반된 후, 지방으로 전환하여 저장된다. 즉 수분을 충분히 공급하지 않으면 체지방 증가로 체중이 증가하게 된다.

많은 사람들이 물만 먹어도 체중이 증가한다고 하지만 수분은 열량을 낼 수가 없으므로 체중증가를 걱정할 필요는 없다. 비만인 경우에 수분섭취량이 많은 이유는 지방의 열전도 불량으로 인한 체온 상승을 조절하기 위하여 수분섭취가 많아지는 것이다.

또한 체지방감량을 위해서도 충분한 수분을 마시도록 한다. 지방의 연소에는 많은 양의 산소가 필요한데 원활한 수분의 공급은 혈액순환을 도와 각 근육과 조직으로 산소와 영양 성분을 빠르게 공급해 준다. 이때 간은 체지방을 에너지원으로서 대사에 효과적으로 이용하게 된다.

따라서 체중감량을 목적으로 한 운동시에 효율적인 수분의 공급은 매우 중요하다. 더 나아가 적절한 양의 수분 섭취는 대장암이나 방광암을 예방하고, 과다한 지방섭취를 줄여 체중조절에 효과적이다.

[부록]

2015 한국인 영양섭취기준

[부록] 한국인 영양섭취기준

한국인 영양섭취기준(Dietary Reference Intakes for Koreans: KDRIs) – 다량영양소

보건복지부, 2015

성별	연령	에너지(kcal/일)				탄수화물(g/일)				지방(g/일)				n-6 계 지방산(g/일)			
		평균 추정량	권장 섭취량	충분 섭취량	상한 섭취량	평균 필요량	권장 섭취량	충분 섭취량	상한 섭취량	평균 필요량	권장 섭취량	충분 섭취량	상한 섭취량	평균 필요량	권장 섭취량	충분 섭취량	상한 섭취량
영아	0~5(개월)	550						60				25				2.0	
	6~11	700						90				25				4.0	
유아	1~2(세)	1,000															
	3~5	1,400															
남자	6~8(세)	1,700															
	9~11	2,100															
	12~14	2,500															
	15~18	2,700															
	19~29	2,600															
	30~49	2,400															
	50~64	2,200															
	65~74	2,000															
	75 이상	2,000															
여자	6~8(세)	1,500															
	9~11	1,800															
	12~14	2,000															
	15~18	2,000															
	19~29	2,100															
	30~49	1,900															
	50~64	1,800															
	65~74	1,600															
	75 이상	1,600															
임신부		+0 +340 +450															
수유부		+320															

*에너지 : 임신 1, 2, 3 분기별 부가량

(계속)

한국인 영양섭취기준(Dietary Reference Intakes for Koreans: KDRIs) – 다량영양소

보건복지부, 2015

성별	연령	n-3 계 지방산(g/일)				단백질(g/일)				식이섬유(g/일)				수분(mL/일)			
		평균 필요량	권장 섭취량	충분 섭취량	상한 섭취량	평균 필요량	권장 섭취량	충분 섭취량	상한 섭취량	평균 필요량	권장 섭취량	충분 섭취량	상한 섭취량	평균 필요량	충분섭취량 액체	충분섭취량 총수분	상한 섭취량
영아	0~5(개월)			0.3				10							700	700	
	6~11			0.8		10	15								500	800	
유아	1~2(세)					12	15					10			800	1,100	
	3~5					15	20					15			1,100	1,500	
남자	6~8(세)					25	30					20			900	1,800	
	9~11					35	40					20			1,000	2,100	
	12~14					45	55					25			1,000	2,300	
	15~18					50	65					25			1,200	2,600	
	19~29					50	65					25			1,200	2,600	
	30~49					50	60					25			1,200	2,500	
	50~64					50	60					25			1,000	2,200	
	65~74					45	55					25			1,000	2,100	
	75 이상					45	55					25			1,000	2,100	
여자	6~8(세)					20	25					20			900	1,700	
	9~11					30	40					20			900	1,900	
	12~14					40	50					20			900	2,000	
	15~18					40	50					20			900	2,000	
	19~29					45	50					20			1,000	2,100	
	30~49					40	55					20			1,000	2,000	
	50~64					40	50					20			900	1,900	
	65~74					40	50					20			900	1,800	
	75 이상					40	45					20			900	1,800	
임신부						+12 +25	+15 +30					+5				+200	
수유부						+20	+25					+5			+500	+700	

*단백질 : 임신 1, 2, 3 분기별 부가량

한국인 영양섭취기준(Dietary Reference Intakes for Koreans: KDRIs) – 지용성 비타민

보건복지부, 2015

성별	연령	비타민 A(μgRE/일)				비타민 D(μg/일)				비타민 E(mg α-TE/일)				비타민 K(μg/일)			
		평균 필요량	권장 섭취량	충분 섭취량	상한 섭취량	평균 필요량	권장 섭취량	충분 섭취량	상한 섭취량	평균 필요량	권장 섭취량	충분 섭취량	상한 섭취량	평균 필요량	권장 섭취량	충분 섭취량	상한 섭취량
영아	0~5(개월)			350	600			5	25			3				4	
	6~11			450	600			5	25			4				7	
유아	1~2(세)	200	300		600			5	30			5	200			25	
	3~5	230	350		700			5	35			6	250			30	
남자	6~8(세)	320	450		1,000			5	40			7	300			45	
	9~11	420	600		1,500			5	60			9	400			55	
	12~14	540	750		2,100			10	100			10	400			70	
	15~18	620	850		2,300			10	100			11	500			80	
	19~29	570	800		3,000			10	100			12	540			75	
	30~49	550	750		3,000			10	100			12	540			75	
	50~64	530	750		3,000			10	100			12	540			75	
	65~74	500	700		3,000			15	100			12	540			75	
	75 이상	500	700		3,000			15	100			12	540			75	
여자	6~8(세)	290	400		1,000			5	40			7	300			45	
	9~11	380	550		1,500			5	60			9	400			55	
	12~14	470	650		2,100			10	100			10	400			65	
	15~18	440	600		2,300			10	100			11	500			65	
	19~29	460	650		3,000			10	100			12	540			65	
	30~49	450	650		3,000			10	100			12	540			65	
	50~64	430	600		3,000			10	100			12	540			65	
	65~74	410	550		3,000			15	100			12	540			65	
	75 이상	410	550		3,000			15	100			12	540			65	
임신부		+50	+70		3,000			+0	100			+0	540			+0	
수유부		+350	+490		3,000			+0	100			+3	540			+0	

* RRR-α-tocopherol

한국인 영양섭취기준(Dietary Reference Intakes for Koreans: KDRIs) – 수용성 비타민

보건복지부, 2015

성별	연령	비타민 C(mg/일)				티아민(mg/일)				리보플라빈(mg/일)				니아신(mg NE/일)				
		평균 필요량	권장 섭취량	충분 섭취량	상한 섭취량	평균 필요량	권장 섭취량	충분 섭취량	상한 섭취량	평균 필요량	권장 섭취량	충분 섭취량	상한 섭취량	평균 필요량	권장 섭취량	충분 섭취량	상한 섭취량[1)]	상한 섭취량[2)]
영아	0~5(개월)			35				0.2				0.3				2		
	6~11			45				0.3				0.4				3		
유아	1~2(세)	30	35		350	0.4	0.5			0.5	0.5			4	6		10	180
	3~5	30	40		500	0.4	0.5			0.5	0.6			5	7		10	250
남자	6~8(세)	40	55		700	0.6	0.7			0.7	0.9			7	9		15	350
	9~11	55	70		1,000	0.7	0.9			1.0	1.2			9	12		20	500
	12~14	70	90		1,400	1.0	1.1			1.2	1.5			11	15		25	700
	15~18	80	105		1,500	1.1	1.3			1.4	1.7			13	17		30	800
	19~29	75	100		2,000	1.0	1.2			1.3	1.5			12	16		35	1,000
	30~49	75	100		2,000	1.0	1.2			1.3	1.5			12	16		35	1,000
	50~64	75	100		2,000	1.0	1.2			1.3	1.5			12	16		35	1,000
	65~74	75	100		2,000	1.0	1.2			1.3	1.5			12	16		35	1,000
	75 이상	75	100		2,000	1.0	1.2			1.3	1.5			12	16		35	1,000
여자	6~8(세)	45	60		700	0.6	0.7			0.6	0.8			7	9		15	350
	9~11	60	80		1,000	0.7	0.9			0.8	1.0			9	12		20	500
	12~14	75	100		1,400	0.9	1.1			1.0	1.2			11	15		25	700
	15~18	70	95		1,500	1.0	1.2			1.0	1.2			11	14		30	800
	19~29	75	100		2,000	0.9	1.1			1.0	1.2			11	14		35	1,000
	30~49	75	100		2,000	0.9	1.1			1.0	1.2			11	14		35	1,000
	50~64	75	100		2,000	0.9	1.1			1.0	1.2			11	14		35	1,000
	65~74	75	100		2,000	0.9	1.1			1.0	1.2			11	14		35	1,000
	75 이상	75	100		2,000	0.9	1.1			1.0	1.2			11	14		35	1,000
임신부		+10	+10		2,000	+0.4	+0.4			+0.3	+0.4			+3	+4		35	1,000
수유부		+35	+40		2,000	+0.3	+0.4			+0.4	+0.5			+2	+3		35	1,000

1) 니코틴산(mg/일), 2) 니코틴아미드(mg/일)

(계속)

한국인 영양섭취기준(Dietary Reference Intakes for Koreans: KDRIs) – 수용성 비타민

보건복지부, 2015

비타민 B_6(mg/일)				엽산(μg DFE/일)[3]				비타민 B_{12}(μg/일)				판토텐산(mg/일)				비오틴(μg/일)			
평균 필요량	권장 섭취량	충분 섭취량	상한 섭취량	평균 필요량	권장 섭취량	충분 섭취량	상한 섭취량	평균 필요량	권장 섭취량	충분 섭취량	상한 섭취량	평균 필요량	권장 섭취량	충분 섭취량	상한 섭취량	평균 필요량	권장 섭취량	충분 섭취량	상한 섭취량
		0.1				65				0.3				1.7				5	
		0.3				80				0.5				1.9				7	
0.5	0.6		25	120	150		300	0.8	0.9					2				9	
0.6	0.7		35	150	180		400	0.9	1.1					3				11	
0.7	0.9		45	180	220		500	1.1	1.3					3				15	
0.9	1.1		55	250	300		600	1.5	1.7					4				20	
1.3	1.5		60	300	360		800	1.9	2.3					5				25	
1.3	1.5		65	320	400		900	2.2	2.7					5				30	
1.3	1.5		100	320	400		1,000	2.0	2.4					5				30	
1.3	1.5		100	320	400		1,000	2.0	2.4					5				30	
1.3	1.5		100	320	400		1,000	2.0	2.4					5				30	
1.3	1.5		100	320	400		1,000	2.0	2.4					5				30	
1.3	1.5		100	320	400		1,000	2.0	2.4					5				30	
0.7	0.9		45	180	220		500	1.1	1.3					3				15	
0.9	1.1		55	250	300		600	1.5	1.7					4				20	
1.2	1.4		60	300	360		800	2.0	2.4					5				25	
1.2	1.4		65	320	400		900	2.0	2.4					5				30	
1.2	1.4		100	320	400		1,000	2.0	2.4					5				30	
1.2	1.4		100	320	400		1,000	2.0	2.4					5				30	
1.2	1.4		100	320	400		1,000	2.0	2.4					5				30	
1.2	1.4		100	320	400		1,000	2.0	2.4					5				30	
1.2	1.4		100	320	400		1,000	2.0	2.4					5				30	
+0.6	+0.8		100	+200	+220		1,000	+0.2	+0.2					+1				+0	
+0.6	+0.8		100	+130	+150		1,000	+0.3	+0.4					+2				+5	

3) Dietary Folate Equivalents, 가임기 여성의 경우 400 μg/일의 엽산보충제 섭취를 권장함, 엽산의 상한섭취량은 보충제 또는 강화식품의 형태로 섭취한 μg/일에 해당됨.

한국인 영양섭취기준(Dietary Reference Intakes for Koreans: KDRIs) – 다량무기질

보건복지부, 2015

성별	연령	칼슘(mg/일)				인(mg/일)				나트륨(mg/일)				
		평균 필요량	권장 섭취량	충분 섭취량	상한 섭취량	평균 필요량	권장 섭취량	충분 섭취량	상한 섭취량	평균 필요량	권장 섭취량	충분 섭취량	상한 섭취량	목표 섭취량
영아	0~5(개월)			210	1,000			100				120		
	6~11			300	1,500			300				370		
유아	1~2(세)	390	500		2,500	380	450		3,000			900		
	3~5	470	600		2,500	460	550		3,000			1,000		
남자	6~8(세)	580	700		2,500	490	600		3,000			1,200		
	9~11	650	800		3,000	1,000	1,200		3,500			1,400		2,000
	12~14	800	1,000		3,000	1,000	1,200		3,500			1,500		2,000
	15~18	720	900		3,000	1,000	1,200		3,500			1,500		2,000
	19~29	650	800		2,500	580	700		3,500			1,500		2,000
	30~49	630	800		2,500	580	700		3,500			1,500		2,000
	50~64	600	750		2,000	580	700		3,500			1,500		2,000
	65~74	570	700		2,000	580	700		3,500			1,300		2,000
	75 이상	570	700		2,000	580	700		3,000			1,100		2,000
여자	6~8(세)	580	700		2,500	450	550		3,000			1,200		
	9~11	650	800		3,000	1,000	1,200		3,500			1,400		2,000
	12~14	740	900		3,000	1,000	1,200		3,500			1,500		2,000
	15~18	660	800		3,000	1,000	1,200		3,500			1,500		2,000
	19~29	530	700		2,500	580	700		3,500			1,500		2,000
	30~49	510	700		2,500	580	700		3,500			1,500		2,000
	50~64	580	800		2,000	580	700		3,500			1,500		2,000
	65~74	560	800		2,000	580	700		3,500			1,300		2,000
	75 이상	560	800		2,000	580	700		3,000			1,100		2,000
임신부		+0	+0		2,500	+0	+0		3,000			1,500		2,000
수유부		+0	+0		2,500	+0	+0		3,500			1,500		2,000

(계속)

한국인 영양섭취기준(Dietary Reference Intakes for Koreans: KDRIs) – 다량무기질

보건복지부, 2015

성별	연령	염소(mg/일)				칼륨(mg/일)				마그네슘(mg/일)			
		평균 필요량	권장 섭취량	충분 섭취량	상한 섭취량	평균 필요량	권장 섭취량	충분 섭취량	상한 섭취량	평균 필요량	권장 섭취량	충분 섭취량	상한* 섭취량
영아	0~5(개월)			180				400				30	
	6~11			560				700				55	
유아	1~2(세)			1,300				2,000		65	80		65
	3~5			1,500				2,300		85	100		90
남자	6~8(세)			1,900				2,600		135	160		130
	9~11			2,100				3,000		190	230		180
	12~14			2,300				3,500		265	320		250
	15~18			2,300				3,500		335	400		350
	19~29			2,300				3,500		295	350		350
	30~49			2,300				3,500		305	370		350
	50~64			2,300				3,500		305	370		350
	65~74			2,000				3,500		305	370		350
	75 이상			1,700				3,500		305	370		350
여자	6~8(세)			1,900				2,600		125	150		130
	9~11			2,100				3,000		180	210		180
	12~14			2,300				3,500		245	290		250
	15~18			2,300				3,500		285	340		350
	19~29			2,300				3,500		235	280		350
	30~49			2,300				3,500		235	280		350
	50~64			2,300				3,500		235	280		350
	65~74			2,000				3,500		235	280		350
	75 이상			1,700				3,500		235	280		350
임신부				2,300				+0		+32	+40		350
수유부				2,300				+400		+0	+0		350

*식품외 급원의 마그네슘에만 해당

한국인 영양섭취기준(Dietary Reference Intakes for Koreans: KDRIs) – 미량무기질

보건복지부, 2015

성별	연령	철(mg/일)				아연(mg/일)				구리(μg/일)				불소(mg/일)			
		평균 필요량	권장 섭취량	충분 섭취량	상한 섭취량	평균 필요량	권장 섭취량	충분 섭취량	상한 섭취량	평균 필요량	권장 섭취량	충분 섭취량	상한 섭취량	평균 필요량	권장 섭취량	충분 섭취량	상한 섭취량
영아	0~5(개월)			0.3	40			2				240				0.01	0.6
	6~11	5	6		40	2	3					310				0.5	0.9
유아	1~2(세)	4	6		40	2	3		6	220	280		1,500			0.6	1.2
	3~5	5	6		40	3	4		9	250	330		2,000			0.8	1.7
남자	6~8(세)	7	9		40	5	6		13	340	440		3,000			1.0	2.5
	9~11	8	10		40	7	8		20	440	580		5,000			2.0	10.0
	12~14	11	14		40	7	8		30	570	740		7,000			2.5	10.0
	15~18	11	14		45	8	10		35	650	840		7,000			3.0	10.0
	19~29	8	10		45	8	10		35	600	800		10,000			3.5	10.0
	30~49	8	10		45	8	10		35	600	800		10,000			3.0	10.0
	50~64	7	10		45	8	9		35	600	800		10,000			3.0	10.0
	65~74	7	9		45	7	9		35	600	800		10,000			3.0	10.0
	75 이상	7	9		45	7	9		35	600	800		10,000			3.0	10.0
여자	6~8(세)	6	8		40	4	5		13	340	440		3,000			1.0	2.5
	9~11	7	10		40	6	8		20	440	580		5,000			2.0	10.0
	12~14	13	16		40	6	8		25	570	740		7,000			2.5	10.0
	15~18	11	14		45	7	9		30	650	840		7,000			2.5	10.0
	19~29	11	14		45	7	8		35	600	800		10,000			3.0	10.0
	30~49	11	14		45	7	8		35	600	800		10,000			2.5	10.0
	50~64	6	8		45	6	7		35	600	800		10,000			2.5	10.0
	65~74	6	8		45	6	7		35	600	800		10,000			2.5	10.0
	75 이상	5	7		45	6	7		35	600	800		10,000			2.5	10.0
임신부		+8	+10		45	+2.0	+2.5		35	+100	+130		10,000			+0	10.0
수유부		+0	+0		45	+4.0	+5.0		35	+370	+480		10,000			+0	10.0

(계속)

한국인 영양섭취기준(Dietary Reference Intakes for Koreans: KDRIs) – 미량무기질

보건복지부, 2015

성별	연령	망간(mg/일)				요오드(μg/일)				셀레늄(μg/일)				몰리브덴(μg/일)				크롬(μg/일)			
		평균 필요량	권장 섭취량	충분 섭취량	상한 섭취량	평균 필요량	권장 섭취량	충분 섭취량	상한 섭취량	평균 필요량	권장 섭취량	충분 섭취량	상한 섭취량	평균 필요량	권장 섭취량	충분 섭취량	상한 섭취량	평균 필요량	권장 섭취량	충분 섭취량	상한 섭취량
영아	0~5(개월)			0.01				130	250			9	45							0.2	
	6~11			0.8				170	250			11	65							5.0	
유아	1~2(세)			1.5	2.0	55	80		300	19	23		75				100			12	
	3~5			2.0	3.0	65	90		300	22	25		100				100			12	
남자	6~8(세)			2.5	4.0	75	100		500	30	35		150				200			20	
	9~11			3.0	5.0	85	110		500	39	45		200				300			25	
	12~14			4.0	7.0	90	130		1,800	49	60		300				400			35	
	15~18			4.0	9.0	95	130		2,200	55	65		300				500			40	
	19~29			4.0	11.0	95	150		2,400	50	60		400	25	30		550			35	
	30~49			4.0	11.0	95	150		2,400	50	60		400	20	25		550			35	
	50~64			4.0	11.0	95	150		2,400	50	60		400	20	25		550			35	
	65~74			4.0	11.0	95	150		2,400	50	60		400	20	25		550			35	
	75 이상			4.0	11.0	95	150		2,400	50	60		400	20	25		550			15	
여자	6~8(세)			2.5	4.0	75	100		500	30	35		150				200			15	
	9~11			3.0	5.0	85	110		500	39	45		200				300			20	
	12~14			3.5	7.0	90	130		2,000	49	60		300				400			25	
	15~18			3.5	9.0	95	130		2,200	55	65		300				400			25	
	19~29			3.5	11.0	95	150		2,400	50	60		400	20	25		450			25	
	30~49			3.5	11.0	95	150		2,400	50	60		400	20	25		450			25	
	50~64			3.5	11.0	95	150		2,400	50	60		400	20	25		450			25	
	65~74			3.5	11.0	95	150		2,400	50	60		400	20	25		450			25	
	75 이상			3.5	11.0	95	150		2,400	50	60		400	20	25		450			25	
임신부				+0	11.0	+65	+90			+3	+4		400				450			+5	
수유부				+0	11.0	+130	+190			+9	+10		400				450			+20	

참고 문헌

김일성, "식품과 건강", 신광문화사, 2004.

김재호 역, "생물화학", 청문각, 2001.

김혜영 외, "식이요법", 지구문화사, 2011.

대한영양사협회 공저, "임상영양 관리지침서", 대한영양사협회, 2008.

대한영양사협회 공저, "임상 영양사 국가시험을 위한 온라인 특강", 경희정보인쇄(주), 2011

박태선, 김은경, "현대인의 생활영양", 교문사, 2011.

백희영, "건강한 미래를 위한 식생활 길라잡이", 신광출판사, 2009.

보건복지부, "한국인을 위한 식생활지침", 2009.

서광희, 서정숙, 이복희, 이승교, 최미숙, "New 임상영양사를 위한 고급영양학", 지구문화사, 2011.

서광희, 서정숙, 이승교, 정현숙, "New 영양학", 지구문화사, 2011.

손숙미, 임현숙, 김정희, 이종호, 서정숙, 손정민, "임상 영양학", 교문사, 2012.

오정원, "우리나라 성인의 당질 섭취가 혈청 중성지방 수준에 미치는 영향", 한국영양학회지 37(6):448-454, 2004.

이명천, 김명기, 김영수, 윤병곤, 이건재, 이대택, 차광성 역, "스포츠영양학", 라이프사이언스, 2012.

이상선 외 역, "New 영양과학", 지구문화사, 2008.

이연숙, 구재옥, 임현숙, 강영희, 권종숙, "이해하기 쉬운 인체생리학", 파워북, 2012.

이형주, 장해동, 이기원, 이홍진, 강남주, "기능성식품학", 수학사, 2011.

최혜미, 김정희, 이주희, 김초일, 송경희, 장경자, 민혜선, 임경숙, 변기원, 송은승, 여의주, 이홍미, 김경원, 김희선, 김창임, 윤은영, 김현아, "21세기 영양학", 교문사, 2012.

한국영양학회, "한국인영양소 섭취기준", 2015.

Applegate EA, "Nutrition Basics for better health and performance", Kendall Hunt publishing, Dubuque, 2008.

Bischoff-Ferrari HA, Giovannucci E, Willett WC, Dietrich T, Dawson-Hughes B, "Estimation of optimal serum concentrations of 25-hydroxyvitamin D for multiple health outcomes", Am J Clin Nutr 84:18-28, 2006.

Boyle MA, Roth SL, "Personal nutrition. 7th ed", Wadsworth, Belmont, 2010.

Clarke R, Armitage J, "Antioxidant vitamins and risk of cardiovascular disease: Review of large-scale randomized trials", Cardiovasc Drugs Ther 16(5):411-415, 2002.

Costanzo LS, "Physiology. 4th ed", Saunders, Philadelphia, 2010.

Cunnane SC, "Problems with essential fatty acids: time for a new paradigm", Prog Lipid Res 42(6):544?68, 2003.

Dawson-Hughes B, "Racial/ethnic considerations in making recommendations for vitamin D for adult and elderly men and women", Am J Clin Nutr 80(6): 1763S-1766S, 2004.

DeLuca HF, "Overview of general physiologic features and functions of Vitamin D", Am J Clin Nutr 80(6):1689S-1696S, 2004.

F?rst P, Stehle P, "What are the essential elements needed for the determination of amino acid requirements in humans", J Nutr 134(6):1558S-1565S, 2004.

Greenwald P, "Cancer prevention clinical trials", J Clin Oncol 20:14S-22S, 2002.

Gropper SS, Smith JL", Advanced nutrition and human metabolism", Wadsworth, Belmont, 2005.

Heaney RP, "Bone health", Am J Clin Nutr 85(1):300S-303S, 2007.

Holick MF, "Vitamin D deficiency", N Engl J Med 357:266-281, 2007.

Hypponen E, Power C, "Hypovitaminosis D in British adults at age 45 y: Nationwide cohort study of dietary and lifestyle predictors", Am J Clin Nutr 85(3):860-868, 2007.

Institute of Medicine, "Dietary Reference Intakes for calcium, phosphorus, magnesium, vitamin D, and fluoride", The National Academies Press, Washington, D.C., 1997.

Institute of Medicine, "Dietary Reference Intakes for thiamin, riboflavin, niacin, vitamin B_6, folate, vitamin B_{12}, pantothenic acid, biotin and choline", The National Academies Press, Washington D.C., 1998.

Institute of Medicine, "Dietary Reference Intakes for vitamin A, vitamin K, arsenic, boron, chromium, copper, iodine, iron, manganese, molybdenum, nickel, silicon, vanadium, and zinc", The National Academies Press, Washington, D.C., 2001.

Institute of Medicine, "Dietary Reference Intakes for vitamin C, vitamin E, selenium, and carotenoids", The National Academies Press, Washington, D.C., 2000.

Kirsh VA, Mayne ST, Peters U, Chatterjee N, Leitzmann MF, Dixon LB, Urban DA, Crawford ED, Hayes RB, "A prospective study of lycopene and tomato product intake and risk of prostate cancer", Cancer Epidemiol Biomarkers Prev 15(1):92-98, 2006.

Lappe JM, Travers-Gustafson D, Davies KM, Recker RR, Heaney RP, "Vitamin D and calcium supplementation reduces cancer risk: Results of a randomized trial", Am J Clin Nutr 85(6):1586-1591, 2007.

Le TT, Huff TB, Cheng JX, "Coherent anti-Stokes Raman scattering imaging of lipids in cancer metastasis", BMC Cancer 9:42-55, 2009.

Mark BL, Carson JAS, "Vitamin D and autoimmune disease-implications for practice from the multiple sclerosis literature", J Am Diet Assoc 106(3):418-424, 2006.

Meydani SN, Han SN, Wu D, "Vitamin E and immune response in the aged: Molecular mechanisms and clinical implications", Immunol Rev 205(1):269-284, 2005.

Morris MC, Evans DA, Tangney CC, Bienias JL, Wilson RS, Aggarwal NT, Scherr PA, "Relation of the tocopherol forms to incident Alzheimer disease and to cognitive change", Am J Clin Nutr 81(2):508-514, 2005.

Murtaugh MA, Ma KN, Benson J, Curtin K, Caan B, Slattery ML, "Antioxidant, carotenoids and risk of rectal cancer", Am J Epidemiol 159(1):32-41, 2004.

Penniston KL, Tanumihardjo SA, "The acute and chronic toxic effects of vitamin A", Am J Clin Nutr 83(2):191-201, 2006.

Rajakumar K, Greenspan SL, Thomas SB, Holick MF, "Solar ultraviolet radiation and vitamin D: A historical perspective", Am J Pub Health 97(10):1746-1754, 2006.

Ribaya-Mercado JD, Blumberg JB, "Lutein and zeaxanthin and their potential roles in disease prevention", J Am Coll Nutr 23:567S-587S, 2004.

Roos N, Wahab A, Chamnan C, Thilsted SH, "The role of fish in food-based strategies to combat vitamin A and mineral deficiencies in developing countries", J Nutr 137(4):1106-1109, 2007.

Rosenfeld L, "Vitamine-vitamin. The early years of discovery", Clin Chem 43:680-685, 1997

Seal AJ, Creeke PI, Dibari F, Cheung E, Kyroussis E, Semedo P, Van den Briel T, "Low and deficiency niacin status and pellagra are endemic in post war Angola", Am J Nutr 85(1):218-224, 2007.

Shils ME, Shile M, "Modern nutrition in health and disease. 10th ed", Lippincott Williams & Wilkins, Philadelphia, 2006.

Traber MG, "Heart disease and single vitamin supplementation", Am J Clin Nutr 85(1):293S-299S, 2007.

Wardlaw GM, "Perspectives in Nutrition. 6th ed", McGraw Hill Education, Boston, 2005.

Ziegler EE, filer LJ, "Present Knowledge in Nutrition", ILSI, Washington, D.C., 1996.

The Micronutrient initiative. http://www.micronutrient.org/home.asp 2012.10.5.

찾아보기 (INDEX)

ㅅ

ㅇ

ㅈ

ㅊ

ㅋ

ㅌ

ㅍ

ㅎ

INDEX

베이직 영양학

1판 1쇄 발행_2014. 1. 5
2판 1쇄 발행_2016. 8. 1
2판 2쇄 발행_2018. 3. 15

저　자_김덕희 / 김서현 / 김정연 / 박수진
백진경 / 오희경 / 조재선 / 한성희

발행처_지구문화사 JIGU PUBLISHING Co.

발행인_주 병 오

등록번호_제9-57호
등록일자_1979. 7. 13

경기도 파주시 회동길 209
파주출판문화정보산업단지

마케팅부 (031) 955-7566·7577
편집부 (031) 955-7731/FAX (031) 955-7730

값 18,000원
ISBN 978-89-7006-788-9

독자의견 전화_031-955-7577
홈페이지_http://www.ji-gu.co.kr/